IMPRENSADOS NO TEMPO DA CRISE

A GESTÃO DAS AFETAÇÕES NO DESASTRE DA SAMARCO (VALE E BHP BILLITON)

FLÁVIA AMBOSS
MERÇON LEONARDO

IMPRENSADOS NO TEMPO DA CRISE

A GESTÃO DAS AFETAÇÕES NO DESASTRE DA SAMARCO (VALE E BHP BILLITON)

1ª EDIÇÃO

EXPRESSÃO POPULAR

SÃO PAULO – 2025

Produção editorial: Marcos Visnadi
Preparação de texto: Lia Urbini
Revisão: Marcos Visnadi e Miguel Yoshida
Projeto gráfico e diagramação: Zap Design
Capa: Betina Guimarães Marques, Gabrielle Sodré
Impressão e acabamento: Paym

Dados internacionais de catalogação na publicação (cip)

Leonardo, Flávia Amboss Merçon
L581i Imprensados do tempo da crise: a gestão das afetações do desastre da Samarco (Vale e BHP Billiton) / Flávia Amboss Merçon Leonardo.--1. ed. – São Paulo : Expressão Popular, 2025.
245 p. : il., fots, tabs.

ISBN 978-65-5891-167-8

1. Samarco (Vale e BHP Billiton) – Desastre. 2. Antropologia. 3. Samarco (Vale e BHP Billiton) - Minas e mineração. 4. Degradação ambiental - Mariana (MG). 5. Barragens de rejeitos - Samarco (Vale e BHP Billiton). 6. Samarco (Vale e BHP Billiton) - Calamidades públicas. I. Título.

CDU 306

Catalogação na Publicação: Eliane M. S. Jovanovich CRB 9/1250

Editora Expressão Popular
Alameda Nothmann, 806, Campos Elíseos
CEP 01216-001 – São Paulo – SP
atendimento@expressaopopular.com.br
ed.expressaopopular
editoraexpressaopopular

SUMÁRIO

LISTA DE ABREVIATURAS E SIGLAS

ACP – Ação Civil Pública
ADR – Alternative Dispute Resolution (Resolução Alternativa de Disputa)
AFE – Auxílio Financeiro Emergencial
AGU – Advocacia-Geral da União
Ales – Assembleia Legislativa do Espírito Santo
AME – Associação dos Meliponicultores do Espírito Santo
Amor – Associação de Moradores de Regência
ANA – Agência Nacional das Águas
ANP – Agência Nacional do Petróleo, Gás Natural e Biocombustíveis
APA – Área de Proteção Ambiental
Asper – Associação de Pescadores de Regência
ASL – Associação de Surf de Linhares
ASR – Associação de Surf de Regência
CBH-Doce – Comitê da Bacia Hidrográfica do Rio Doce
CIF – Comitê Interfederativo
Conar – Conselho Nacional de Autorregulação Publicitária

Condema – Conselho Municipal de Defesa e Conservação do Meio Ambiente
DNOS – Departamento Nacional de Obras de Saneamento
DP – Defensoria Pública
DP-ES – Defensoria Pública do Estado do Espírito Santo
DPF – Defensoria Pública Federal
DP-MG – Defensoria Pública do Estado de Minas Gerais
EIA – Estudo de Impacto Ambiental
ELAPN – Escritório de Licenciamento das Atividades de Petróleo e Nuclear
ETA – Estação de Tratamento de Água
FBDH – Fundo Brasil de Direitos Humanos
FGV – Fundação Getúlio Vargas
Gesta – Grupo de Estudos em Temáticas Ambientais
Gepsa – Grupo de Estudos e Pesquisas Socioambientais
Geppedes – Grupo de Estudos e Pesquisa em Populações Pesqueiras e Desenvolvimento no Espírito Santo
GT – Grupo de Trabalho
Ibama – Instituto Brasileiro do Meio Ambiente e dos Recursos Naturais Renováveis
ICMBio – Instituto Chico Mendes de Conservação
Iema – Instituto Estadual de Meio Ambiente
IUCN – União Internacional para a Conservação da Natureza
MAB – Movimento dos Atingidos por Barragem
MMA – Ministério do Meio Ambiente e Recursos Naturais
MP – Ministério Público
MPE – Ministério Público Estadual
MPF – Ministério Público Federal
MP-MG – Ministério Público de Minas Gerais
MPT – Ministério Público do Trabalho
OMS – Organização Mundial da Saúde
ONG – Organização Não Governamental

Organon – Núcleo de Estudo, Pesquisa e Extensão em Mobilizações Sociais
PCAP – Plano de Compensação da Atividade Pesqueira
PCPDCS – Programa Comunicação, Participação, Diálogo e Controle Social
PIM – Programa de Indenização Mediada
PLCI – Programa de Levantamento e Cadastro dos Impactados
Poemas – Grupo Política, Economia, Mineração, Ambiente e Sociedade
PPGAN – Programa de Pós-Graduação em Antropologia
PTCEL – Programa de Turismo, Cultura, Esporte e Lazer
Rebio – Reserva Biológica
RGP – Registro Geral de Pesca
Rima – Relatório de Impacto Ambiental
Saae – Serviço Autônomo de Água e Esgoto
Semad – Secretaria de Estado de Meio Ambiente e Desenvolvimento Sustentável
Semam – Secretária Municipal de Meio Ambiente e Recursos Hídricos Naturais
Sisnama – Sistema Nacional de Meio Ambiente
SistCon – Sistema de Conciliação da Justiça Federal
SNUC – Sistema Nacional de Unidades de Conservação
STJ – Superior Tribunal de Justiça
TAP – Termo de Ajustamento Preliminar
TCSA – Termo de Compromisso Socioambiental
Tereg – Terminal Aquaviário de Regência
TJ-MG – Tribunal de Justiça de Minas Gerais
TRF – Tribunal Regional Federal
TTAC – Termo de Transação e Ajustamento de Conduta
UC – Unidade de Conservação
Ufes – Universidade Federal do Espírito Santo
UFJF – Universidade Federal de Juiz de Fora

UFMG – Universidade Federal de Minas Gerais
UFRJ – Universidade Federal do Rio de Janeiro
UHE – Usina Hidroelétrica

APRESENTAÇÃO A ESTA EDIÇÃO

COORDENAÇÃO NACIONAL DO MOVIMENTO DOS ATINGIDOS POR BARRAGENS (MAB)

"Há alguns que no caminho dão sua vida na edificação dessa obra. Esses que se vão, na verdade, nunca vão por completo, porque seus tijolos, ensinamentos e cada pedacinho dos seus sonhos coletivos permanecem. São oxigênio para os que chegam e para os que virão."

Marina Calisto
Coordenação Nacional do Movimento dos Atingidos por Barragens, maio de 2019

Alguns militantes da luta popular se encontram em pontos de intersecção entre grandes crimes-tragédias de nosso tempo. É o caso de Flávia Amboss Merçon Leonardo, cuja história liga, em uma ponta, os crimes corporativos que destroem tudo em nome do lucro e, em outra, a violência neofascista que emerge das entranhas de uma sociedade adoecida, para a qual o capitalismo não pode mais oferecer respostas. Nossa companheira Flávia foi uma dessas sementes, que lutou em vida e deixou um legado após a morte, renascendo em cada uma e cada um que faz da organização do povo uma escolha de vida.

Ao publicar seu trabalho na coleção "Água, energia e sociedade", junto à editora Expressão Popular, buscamos fazer jus à sua memória como intelectual orgânica da luta das populações atingidas. O presente livro – *Imprensados no tempo da crise: a gestão das afetações no desastre da Samarco (Vale e BHP Billiton)* – é fruto de sua tese de doutorado no Programa de Pós-Graduação em Antropologia da Universidade Federal de Minas Gerais (UFMG). Flávia conduziu uma rigorosa investigação sobre os arranjos institucionais e as estratégias corporativas das empresas e do Estado na gestão do maior crime socioambiental da história do país: o rompimento da barragem da Samarco (Vale e BHP Billiton) em Mariana (MG).

Com a ruptura da barragem de Fundão, em 5 de novembro de 2015, 62 milhões de metros cúbicos de rejeitos foram despejados sobre os municípios de Mariana e Barra Longa, em Minas Gerais. A lama tóxica contaminou 684 quilômetros do rio Doce e chegou aos litorais capixaba e baiano. Dezenove pessoas morreram e uma mulher sofreu um aborto. Mais de 2,5 milhões de pessoas em três estados da federação foram atingidas. As investigações trouxeram à tona a existência de relatórios conhecidos pelas empresas que já indicavam riscos de rompimento, mas nenhuma medida foi adotada: pelo contrário, as empresas aceleraram a produção. O crime continua impune.

Flávia analisou como os agentes estatais e corporativos se movimentaram para gerenciar a crise e os conflitos ambientais deflagrados com o rompimento, em especial no litoral norte do Espírito Santo, onde está localizada a foz do rio Doce. Entre as questões elucidadas durante a pesquisa, a autora descreveu as estratégias usadas pelas empresas para se eximir de responsabilidade diante dos danos provocados nos territórios atingidos – inclusive manipulando a linguagem, reduzindo o crime às ideias de "evento" e de "situação de emergência".

A pesquisa de Flávia, assim, contribuiu para lançar luz sobre a prática das empresas, tornando públicas suas estratégias e problematizando suas ações. Trata-se de informações valiosas para as pessoas atingidas. Não só pelo crime da Vale e da BHP, mas para todos aqueles que sofrem com os impactos das transnacionais de setores estratégicos em seus territórios.

Outro aspecto que torna este estudo ainda mais relevante é o fato de traduzir o esforço de decodificar histórias do tempo presente, como a história recente das populações atingidas por rompimentos de barragens. A obra de Flávia retrata as transformações sociais na comunidade Regência Augusta, em Linhares (ES), após o desastre, como isso afetou e segue afetando a vida de centenas de pessoas na comunidade e provocou mudanças significativas em seu cotidiano. A chegada da lama contaminou os corpos hídricos e deixou a população sem acesso à água potável; causou, ainda, a mortandade de peixes e mariscos, prejudicando a pesca e o turismo locais, que são algumas das principais atividades econômicas da comunidade.

A escolha do tema ainda carrega muitos significados: em 2015, Flávia morava nessa comunidade e foi uma das atingidas pela lama. Meses antes do rompimento, ela havia se mudado para Regência, onde pôde trabalhar no turismo local e estudar, pois admirava profundamente essa comunidade. A indignação com o ocorrido e o carinho pela comunidade fizeram com que ela se somasse nas lutas e organizasse a população atingida, junto ao seu companheiro, João Paulo.

A sua admirável dedicação aos estudos, a sua indignação frente aos conflitos ambientais e o seu profundo sentimento de amor pela comunidade Regência Augusta a fizeram desenvolver este importante estudo. Esta obra é fruto de um trabalho que uniu teoria e pesquisa-ação militante, e deve significar, para a militância atingida, um valioso instrumento de luta e conhecimento da realidade.

No dia 25 de abril de 2022, Flávia defendeu com excelência sua tese de doutorado na UFMG, em Belo Horizonte, fruto de longos anos de pesquisa, reflexão, estudo e militância a favor da luta das atingidas e atingidos por barragens.

Flávia Amboss Merçon Leonardo nasceu em 16 de maio de 1986 na cidade de Vitória. Iniciou a sua vida acadêmica no ano de 2006, ao ingressar no curso de bacharelado em Ciências Sociais da Universidade Federal do Espírito Santo (Ufes). Desde o início, Flávia demonstrava interesse nos temas da justiça ambiental, da ecologia política e da luta contra as injustiças. Durante a graduação, participou de encontros universitários e já mobilizava estudantes em torno dessas temáticas. Nesse período, Flávia também passou a atuar no projeto "A gestão política do meio ambiente na cidade de Vitória: as propostas de desenvolvimento local e os critérios de definição da sustentabilidade socioambiental", coordenado pela professora Aline Trigueiro, do Departamento de Ciências Sociais da Ufes. Em 2012, iniciou o mestrado no Programa de Pós-Graduação em Ciências Sociais da Ufes, onde, em 2014, defendeu a dissertação *Entre o desenvolvimento econômico e a preservação ambiental: o caso da pesca artesanal e a configuração de um cenário de injustiça ambiental em Regência Augusta (ES).*

Quando passou a morar na comunidade de Regência Augusta e a conhecer de perto a realidade dos pescadores, Flávia já possuía uma notável experiência de pesquisa e extensão em relação aos conflitos ambientais. Atuou em diversos grupos de pesquisa e trabalhou em projetos voltados a compreender os conflitos sociais e as injustiças ambientais existentes no estado do Espírito Santo. Desde 2011, atuava como colaboradora do Grupo de Estudos e Pesquisas em Populações Pesqueiras e

Desenvolvimento no Espírito Santo (Geppedes/Ufes). Em 2018, ingressou no doutorado em Antropologia Social no Programa de Pós-Graduação em Antropologia da UFMG, onde passou a atuar como colaboradora no Grupo de Estudos em Temáticas Ambientais (Gesta/UFMG). Desde 2022 trabalhava como professora de Sociologia da Escola Estadual Primo Bitti, em Aracruz (ES).

Em 25 de novembro de 2022, Flávia Amboss Merçon Leonardo nos deixou, vítima de um crime brutal. Trata-se do atentado neonazista à escola onde trabalhava, que vitimou Flávia e mais duas professoras, Maria da Penha de Melo Banhos e Cybelle Passos Bezerra Lara, além de uma estudante, Selena Sagrillo Zucolotto.

Esse crime, que deixou mais de 18 vítimas internadas, algumas em estado grave, e atingiu toda a comunidade escolar e a comunidade de Coqueiral de Aracruz, escancarou para toda a sociedade os tempos sombrios que vivíamos e viveríamos em nosso país. Esse crime até hoje deixa dores e revolta nos que lutam por justiça.

Flávia foi vítima do capitalismo, do patriarcado, do modelo energético e mineral e do fascismo.

Flávia, atingida por barragem, pesquisadora e militante, vivenciou e sentiu, ao longo dos anos de estudo, a violência praticada pelas grandes empresas do capital internacional contra as populações atingidas e, em especial, contra as mulheres. Enquanto escrevia sua tese, viu outras companheiras atingidas tombarem na luta: Nicinha, em Rondônia; Berta Cáceres, em Honduras; Dilma Ferreira, no Pará; Débora Moraes, no Rio Grande do Sul. Uma semana antes de sua morte, Flávia, seguindo os exemplos dessas lutadoras que tanto a inspiravam, conduziu um último encontro com mulheres atingidas na comunidade que tanto amou e lutou para defender, Regência Augusta.

Esperamos que o legado de lutas da Flávia contra a mineração predatória, pelos direitos das atingidas e atingidos, e pela construção de uma sociedade social e ecologicamente mais justa inspire as leitoras e leitores desta obra a se engajar na luta popular.

Flávia Amboss Merçon Leonardo presente!

DUAS ATINGIDAS POR BARRAGENS

JULIANA NICOLI[1]

Uma atingida por barragem
Na foz do rio Doce vivia
Quando viu a lama da Samarco destruir a vida
De toda sua vivência
A vila Augusta de Regência

Se engajou na luta
Fez da sala de aula frente de resistência
Sobre nós, os atingidos, foi sua pesquisa acadêmica
Nossa primeira doutora
Lutadora, cientista e professora

Sete anos de lutas e de organização da revolta
Fez parte de tudo, conquistas e derrotas
No coletivo de mulheres construiu
O bordado da resistência das atingidas do Chile e do Brasil

Uma atingida por barragem
Na beira da Lomba do Sabão
A casa número um
Rodeada da imensa contradição
Não só pela represa foi atingida,
As dores de ser mulher faziam parte do seu dia a dia

1 Militante do Movimento dos Atingidos por Barragens (MAB).

Mas nada a impedia de lutar
Por uma grande conquista
As famílias que ajudou a reassentar
No conjunto residencial Marista

Ao entrar na luta, dentro de si um sonho renasceu,
Pra romper com o ciclo de violência
E se é preciso se organizar,
Por sua filha, pela luta, pela resistência
Voltar a estudar

Duas atingidas por barragem
Destino, realidade, coincidência
Uma professora
Uma que voltava aos estudos
Duas guerreiras
Débora e Flávia
Não se conheciam, mas eram companheiras

Hoje não vou falar de seus algozes, porque isso já é demais
Me basta por hoje afirmar:
Fascismo, machismo e misoginia, nunca mais!
O ódio, a educação
E sobre a mulher a subalternização
Nunca mais!

Nossa luta é justa e feliz
A realidade é que é dura
E é preciso falar delas com alegria
Nicinha, Berta, Dilma, Flávia e Débora
Serão lembradas por sua bravura

Suas lutas por justiça não serão em vão
São sementes da luta das atingidas
De Regência a Lomba do Sabão

2023

À FLÁVIA, COM CARINHO. UM PREFÁCIO AFETIVO

ANDRÉA ZHOURI[2]

Flávia veio do Espírito Santo para Belo Horizonte em 2018, com a finalidade de realizar o seu doutorado sob minha orientação no Programa de Pós-Graduação em Antropologia da Universidade Federal Minas Gerais (UFMG). De imediato, ela se envolveu com as atividades de pesquisa e extensão do Grupo de Estudos em Temáticas Ambientais (Gesta-UFMG), que atuava em Mariana desde janeiro de 2016. Naquele momento, o Gesta se dedicava ao delicado trabalho de construção de uma cartografia na comunidade de Paracatu de Baixo, além de realizar outros trabalhos de campo e análise documental sobre o processo do desastre no rio Doce.

Sem perder de vista o contexto da "outra ponta" do desastre, no litoral do Espírito Santo, Flávia participava ativamente das tarefas e da vida cotidiana do grupo em Minas Gerais, como se o Gesta fosse um lugar já há muito conhecido. Por certo, uma

2 Professora titular da Universidade Federal de Minas Gerais, onde criou as linhas de pesquisa Meio Ambiente e Sociedade na pós-graduação em Sociologia (1999-2012) e Território, Poder e Ambiente na pós-graduação em Antropologia.

familiaridade tecida nas tramas da experiência similar por ela vivida na Universidade Federal do Espírito Santo (Ufes), durante o período de graduação e de mestrado, como também uma afinidade sentida por quem tinha uma vivência do desastre, sendo ela própria moradora de Regência Augusta "quando a lama chegou".

Flávia buscava a formação acadêmica com afinco, mas, acima de tudo, visava a contribuição da sua pesquisa para o reconhecimento dos direitos das pessoas atingidas pelo rompimento da barragem de Fundão no litoral capixaba. Era uma pesquisadora implicada na realidade sob investigação, de forma ética, sem proselitismos políticos. Sua seriedade se revelava no cuidado com a forma e com o rigor metodológicos, na preocupação com a precisão conceitual e a elaboração de análises fundamentadas, circunscritas aos fatos e processos etnografados em Regência Augusta.

Flávia era atenta, focada, dedicada, prestativa, ciosa do seu compromisso com os pescadores de Regência, indignada com a impunidade e voltada para a construção da justiça. Uma pessoa determinada, porém doce, leve e respeitosa. De certo modo discreta, sabia ouvir, atributo fundamental para quem quer conhecer e refletir sobre a realidade social, sem nunca deixar de se posicionar quando a situação assim o exigia.

De forma comovente, laborou a escrita da tese, que foi defendida em 2022, mesmo ano em que teve a sua vida brutalmente interrompida por um ataque covarde à escola onde tinha a felicidade de ser professora. Nós, do Gesta, expressamos o privilégio e a gratidão por termos com ela compartilhado "as dificuldades, os sofrimentos, as angústias de viver e de pesquisar os terríveis efeitos do desastre sobre as comunidades de Regência e sobre tantas formas de vida; mas também por compartilharmos com ela pequenas alegrias cotidianas, como o sentimento de realização que advém da luta e da construção laboriosa e corajosa de um conhecimento sensível, compromissado com a defesa dos direitos e da vida".

Fica o seu legado, Flávia querida, por meio dos seus escritos ora publicados, no sentimento amoroso plantado nos corações e mentes de quem contigo conviveu e na história de luta contra as injustiças socioambientais em nosso país.

Belo Horizonte, 29 de outubro de 2024

AGRADECIMENTOS

Não trilhei sozinha o caminho para chegar até aqui. Ao longo da trajetória que resultou neste livro, muitas pessoas e instituições contribuíram para a condução e concretização desta pesquisa. Certa de que não é possível contemplar todas e todos, gostaria de agradecer a alguns que foram fundamentais e que possibilitaram a conclusão deste trabalho enquanto tese de doutorado.

Nesse sentido, gostaria de agradecer aos atingidos e atingidas dos estados de Minas Gerais e Espírito Santo, especialmente aos moradores de Regência Augusta, Entre Rios e Areal. Mesmo diante de uma situação de intenso sofrimento, receberam-me sempre da melhor maneira possível. Sempre estiveram dispostos a sentar, conversar, compartilhar e ensinar. Agradeço em especial a Nilton, Carmem, Robson, Aline, Adélia, Arnoilton, Luciana, Zé de Sabino, Glaucimar, Elisangela, Solange, Budega, Zenaide, Thalena, Glória, Zé Barcelos, dona Ziza, dona Derilia, Celinho, Adilson, Adrielly, seu Paizinho, Fabrício, Fernanda, Lucas, Bianca, Matheus, Miguel e Hauley, e a dona Helena, dona Ilda e dona Ziula (*in memoriam*). Agradeço a acolhida das irmãs Ana Helena e Judith. Também agradeço aos integrantes do Movimento de Atingidos por Barragens (MAB).

Agradeço o carinho, a atenção e a torcida de toda a família, em especial minha mãe, Grayce, e meu pai, Alexandre. O amor e a oportunidade que vocês me deram possibilitaram-me chegar até aqui. Também agradeço às minhas avós Iracy e Marilda (*in memoriam*). Esta última faleceu durante a pandemia, deixando um vazio imenso nessa jornada.

Agradeço ao João Paulo pelo carinho, paciência e companheirismo no dia a dia. Sou grata por estar ao meu lado, apoiando indireta e diretamente na execução da pesquisa. Também agradeço aos seus pais, Elsa e Álvaro, e aos seus tios, Preta e Joaquim. A acolhida e a convivência durante parte do período de escrita da tese, que coincidiu com o período de isolamento social, medida de precaução frente à pandemia da covid-19, foram fundamentais.

Na Universidade Federal de Minas Gerais, sou grata especialmente à professora Andréa Zhouri, pela orientação e pelo carinho com que acompanhou a trajetória de pesquisa. Também agradeço aos integrantes do Grupo de Estudos em Temáticas Ambientais (Gesta/UFMG) pela acolhida, diálogo interdisciplinar, disponibilização de textos e trocas constantes de ideias. Aos professores do Programa de Pós-Graduação em Antropologia (PPGAN) e aos colegas do curso pelas trocas e discussões em sala de aula. E agradeço a Ana Lúcia Mercês, secretária da PPGAN. Sua competência e disponibilidade tornaram os assuntos burocráticos que envolvem a relação com o PPGAN um pouco mais leves.

Também agradeço a acolhida e as amizades construídas em Belo Horizonte, em especial à Lúnia Costa Dias, que compartilhou comigo um lar cheio de afeto. Agradeço ainda a Luana, Vânia, Ana Beatriz, Alice, Isadora, Bruna, Bárbara, Natália, Agustina, Maryellen, Ilkyn e Jéssica. Além de me apresentar os horizontes mineiros, a amizade dessa turma ajudou a preencher o vazio provocado pela distância entre os estados do Espírito Santo e Minas Gerais.

Às professoras Raquel Oliveira, Ana Beatriz Mendez e Ana Flávia Moreira Santos, agradeço pela leitura atenta e pelas reflexões realizadas ao longo das bancas de qualificação. Também agradeço às professoras Felisa Cançado Anaya, Aline Trigueiro e ao professor Marcos Zucarelli pelo interesse e disponibilidade em fazer parte da banca de avaliação.

Agradeço ainda aos integrantes do Grupo de Pesquisa e estudos em Populações Pesqueiras e Desenvolvimento no Espírito Santo (Geppedes/Ufes), que contribuíram com a minha formação acadêmica durante a graduação e o mestrado, possibilitando ainda a interlocução, por meio de atividades de pesquisa e extensão, com os pescadores e pescadoras artesanais no estado do Espírito Santo. Em especial, agradeço à professora Aline Trigueiro, coordenadora do grupo, e às professoras Eliana Creado e Daniela Zanetti, que estiveram juntas nas atividades de campo que precederam a minha inserção no doutorado.

Por fim, agradeço à Coordenação de Aperfeiçoamento de Pessoal de Nível Superior (Capes) pela bolsa concedida durante o curso de doutorado em Antropologia no PPGAN/UFMG e à Fundação de Amparo à Pesquisa do Estado de Minas Gerais (Fapemig) pelo financiamento da pesquisa "O desastre e a política das afetações: compreensão e mobilização em um contexto de crise", realizada pelo Gesta/UFMG, viabilizando atividades de campo no estado de Minas Gerais.

"É uma cena que eu não esqueço nunca e
toda vez que eu lembro, eu choro.
Eu choro quando lembro daquela lama,
quando lembro daquela
avalanche de lama, chegando no nosso rio.
Tá marcado, tá gravado.
Todo dia eu lembro."

Adélia Peçanha, moradora
de Regência, outubro de 2019

INTRODUÇÃO

A questão que motiva a escrita deste trabalho é apresentar como a chegada da lama da Samarco e os agenciamentos engendrados por ela – refiro-me aos "procedimentos administrativos adotados para a gestão do desastre" – afetaram e permanecem afetando a vida dos moradores atingidos no distrito de Regência Augusta, município de Linhares, situado no litoral norte do estado do Espírito Santo. O distrito integra a região da planície costeira do rio Doce, onde vivem diversas comunidades litorâneas com características tradicionais e campesinas: ao norte da foz do rio Doce, destacam-se a vila de Povoação (formada por pescadores artesanais) e a comunidade de Degredo (com quilombolas e pescadores artesanais); ao sul, destacam-se a Terra Indígena de Comboios (de grupos indígenas Tupiniquim), a vila de Regência (de pescadores artesanais), a comunidade de Entre Rios (de ribeirinhos) e a comunidade do Areal (de indígenas Botocudos). Esses grupos sociais tiveram seus modos de vida e respectivas estratégias de reprodução severamente alterados em função da crise engendrada com a chegada da lama e os procedimentos administrativos adotados no contexto da gestão desse desastre, que afetou todo o vale do rio Doce e o litoral do estado do Espírito Santo.

A "lama da Samarco" – nome popular para aquilo que o jargão científico nomeia de rejeitos ou pluma – foi despejada no ambiente em decorrência do rompimento de uma barragem localizada em Mariana, no estado de Minas Gerais, em 5 de novembro de 2015. A estrutura era operada pela Samarco Mineração S.A., controlada por duas gigantes da mineração mundial, a Vale S.A. e a BHP Billiton. Na ocasião do rompimento, aproximadamente 40 milhões de metros cúbicos de rejeitos foram despejados no ambiente e carreados pelo leito do rio Doce em direção ao oceano Atlântico, percorrendo cerca de 600 quilômetros até a sua foz. Além das milhares de toneladas de peixes e outros animais mortos, 19 pessoas morreram em decorrência imediata do rompimento da barragem e centenas de moradias foram destruídas nos municípios de Mariana e Barra Longa (MG). A esses danos se acrescenta a descida da lama da Samarco pela calha do rio Doce, que espraiou prejuízos nas atividades produtivas de comunidades urbanas e rurais situadas nas margens do rio, além de crises de abastecimento de água (Zucarelli; Leonardo, 2020) e produção de alimentos, atingindo milhões de pessoas que convivem e dependem economicamente do rio Doce.

A situação é compreendida neste trabalho como um momento crítico na vida dos moradores da foz sul do rio Doce, engendrando mudanças no cotidiano da localidade mesmo antes de os rejeitos atingirem suas imediações (Creado *et al.*, 2016; Leonardo *et al.*, 2017). O termo "momento crítico" é recuperado das reflexões da antropóloga Veena Das sobre a categoria "eventos críticos"[3] e as relações que ela estabelece entre "evento

[3] Por opção metodológica e ética, evito usar a palavra "evento" neste trabalho, pois ela passou a fazer parte da gramática adotada pela Samarco Minera-

e cotidiano" (Das, 1995, 2020). As reflexões da autora partem da análise antropológica de dois eventos na Índia – a Partição, em 1947, e o assassinato da então primeira-ministra Indira Gandhi, em 1984 –, em que a violência sobressai de forma avassaladora e impõe diversas vulnerabilidades à vida ordinária das suas interlocutoras. Por meio da "descida ao ordinário", Das "narra a vida de pessoas e comunidades particulares que estiveram profundamente inseridas em tais eventos e descreve o modo como o evento se prende, com seus tentáculos, à vida cotidiana e penetra os recessos do ordinário" (Das, 2020, p. 21). Em face dessa relação entre evento e cotidiano, este trabalho tecerá reflexões acerca dos processos relacionados à vivência cotidiana do desastre da Samarco pelos moradores que residem na vila de Regência Augusta e buscará compreender como o desastre se inscreve, nos cotidianos das pessoas atingidas, enquanto processo contínuo no tempo.

Entre o rompimento da barragem de Fundão e a chegada dos rejeitos até a foz do rio Doce transcorreram 16 dias. Com a notícia do rompimento da barragem, o cotidiano dos moradores na vila foi drasticamente abalado. O ritmo das atividades observadas foi perceptivelmente alterado. Se por um lado o período foi marcado por uma pausa no cotidiano, tendo em vista que as atividades econômicas relacionadas à pesca e ao turismo foram imediatamente suspensas, por outro lado observou-se uma aceleração das atividades corporativas na vila, com a adoção de um conjunto de práticas classificadas como "emergenciais"

ção e pela Fundação Renova ao longo do processo de gestão do desastre (Zhouri *et al.*, 2018; Oliveira, 2018). A utilização da categoria "evento" pelas corporações busca reduzir a situação de crise ao momento da emergência, caracterizado pelo rompimento da barragem e pelo carreamento dos rejeitos pelo leito do rio Doce. Sendo assim, o uso da categoria simplifica os efeitos do desastre e desconsidera o caráter processual da crise ensejada no vale do rio Doce e no litoral do Espírito Santo.

pelos representantes das empresas que atuaram em Regência durante o período em questão. Ademais, a intensa presença de jornalistas, pesquisadores e curiosos também movimentou o cotidiano da vila, que já se mostrava devastado pela lama antes mesmo da sua chegada física.

Foi no dia 21 de novembro de 2015 que a lama chegou fisicamente à foz do rio Doce e encontrou o mar, espraiando-se, em seguida, pelo litoral capixaba. Ela se espalhou por toda a região, chegando ao extremo sul da Bahia e ao extremo norte do Rio de Janeiro (Instituto Chico Mendes de Conservação da Biodiversidade – ICMBio, 2017). A lama também foi identificada no Parque Nacional de Abrolhos, situado a 250 metros da foz do rio Doce. Ambientalistas e profissionais da conservação alertam para as incertezas em torno dos efeitos desses rejeitos da mineração no ambiente, especialmente a médio e longo prazo (ICMBio, 2017). Em linhas gerais, a lama permanece no ambiente estuarino da foz do rio Doce, com os demais agenciamentos provocados por ela. E a cada novo ciclo de chuvas, geralmente concentradas no período do verão, a coloração da água no ambiente fluvial e no marinho se altera novamente. A turbidez aumenta e fica novamente visível a cor alaranjada, marcando a sua dolorosa presença no cotidiano de Regência.

Para Das (2020), o tempo é um elemento decisivo, pois é por meio dele que as vítimas se confrontam cotidianamente com o desastre (Vianna, 2020). Com a chegada dessa lama e o transcorrer do tempo, os múltiplos efeitos do desastre não cessaram. Ao contrário, foram ampliados na vida dos interlocutores situados na foz sul do rio Doce, que passaram a conviver com a presença física da lama e com os procedimentos administrativos adotados para a gestão do desastre. Dessa forma, em virtude da permanência da lama, a crise passa a ser experimentada no cotidiano daquela comunidade por meio de um sentimento de descontrole e perda da ordem social, da estabilidade econômica e da segurança hídrica e alimentar outrora vivenciadas.

Ao longo da vivência com o desastre, esse sentimento de descontrole e perda, bem como a relação estabelecida com os agentes da reparação, revolveu entre os interlocutores o histórico de transformações capitalistas impostas na região desde meados do século passado e que engendraram conflitos territoriais e ambientais. A memória dessas transformações – outrora praticadas pelo Estado, mediante a implementação de políticas desenvolvimentistas e conservacionistas – foi acionada e mobilizada pelos interlocutores durante todo o desenvolvimento da minha pesquisa. Os testemunhos foram compartilhados no âmbito privado, durante conversas esporádicas ou entrevistas semiestruturadas realizadas em diversos momentos de campo, mas também foram protagonizados em espaços públicos, como em reuniões e audiências, apresentando, inclusive, um caráter público de denúncia. Apesar do tempo, os relatos apontam similaridades entre as ações praticadas pelas instituições e corporações na região. Esses relatos apontam para a existência de uma "experiência crônica da crise" (Vigh, 2008) na foz sul do rio Doce, experimentada no formato de uma "violência lenta" (Nixon, 2011), possibilitando a perpetuação das relações de poder e engendrando vulnerabilidades diversas.

A "violência lenta" no cotidiano

Os conflitos ambientais constituíram temas de meu interesse desde o final de 2000, quando ingressei na faculdade de Ciências Sociais da Universidade Federal do Espírito Santo. Desde então, fiz um percurso dentro das Ciências Sociais voltado para a compreensão do campo ambiental (Acselrad, 2004; Zhouri; Laschefski, 2010). Nesse percurso, a temática dos conflitos ambientais envolvendo grupos pesqueiros que habitam o litoral do Espírito Santo surgiu por meio da participação no

Grupo de Estudos e Pesquisa em População Pesqueira e Desenvolvimento (Geppedes/Ufes), no qual realizei as atividades de extensão e pesquisa durante a iniciação científica e o mestrado.

Os problemas ambientais no estado do Espírito Santo são de ordens diversas e sempre me chamaram a atenção. Nesse amplo universo, se destaca a relação que os grandes projetos voltados para a extração da natureza – como Aracruz Celulose S.A. (atual Suzano), Arcelor Mittal (antiga CST), Vale (CVRD), Samarco – estabelecem com o ambiente e, particularmente, com as pessoas que vivem nos territórios onde tais empreendimentos são instalados. Essa instalação, na segunda metade do século XX, marcou um período caracterizado pela modernização tardia do estado capixaba.

De um lado, observa-se a "vontade de progresso" (Li, 2007, p. 4), com a construção de narrativas oficiais e locais que estimulam a instalação dos empreendimentos, tratando-a como uma intervenção necessária, capaz de produzir o bem-estar, a prosperidade da população e o chamado "desenvolvimento local". De outro lado, a realidade nos territórios aponta para um acúmulo desigual entre as benesses desses empreendimentos, especialmente quando as comparamos à arrecadação econômica das gestões municipais e às condições estruturais e materiais de reprodução da vida. Os efeitos de tais empreendimentos se mostraram nefastos tanto no meio ambiente como nos territórios e na vida das pessoas. Em linhas gerais, os problemas ambientais e seus prejuízos – como o desmatamento e a contaminação das águas e das áreas férteis que acompanham as atividades de cunho extrativistas – não são incorporados ao custo desses empreendimentos, sendo considerados como "externalidades ambientais" (Martinez-Alier, 2007).

Na costa litorânea do Espírito Santo, soma-se a essas relações territoriais já conflituosas a inserção dos embates acerca das áreas protegidas destinadas à conservação da biodiversidade, em especial as de proteção integral, que legalmente impedem a permanência de grupos sociais em seu interior (Creado; Trigueiro; Torres, 2018). Segundo Bis dos Santos (2017), das 26 Unidades de Conservação (UC) implementadas no estado, 16 são classificadas como de proteção integral. Dentre as categorias de manejo escolhidas, as Áreas de Proteção Ambiental (APA) e as Florestas Nacionais (Flona) se destacam, sendo duas categorias que "não respaldam necessariamente os direitos dos chamados povos e comunidades tradicionais e moradores locais" (Creado; Trigueiro; Torres, 2018, p. 20). No período compreendido entre 2010 e 2018, todas as UCs criadas no estado foram costeiras/marinhas, "demonstrando uma tendência atual do conservacionismo nacional e internacional de enfocar os ambientes marinhos" (Creado; Trigueiro; Torres, 2018, p. 20).

Concomitantemente à ampliação das UCs marinhas desde 2000, em face de um contexto neoextrativista e de reprimarização da economia (Gudynas, 2009; Svampa, 2013; Milanez; Santos, 2013), observa-se um aumento dos chamados grandes projetos de desenvolvimento no território capixaba. Durante o *boom* das *commodities,* entre 2002 e 2011, grandes projetos de mineração se multiplicaram e foram acompanhados pela proliferação de conflitos ambientais (Zhouri; Laschefski, 2010). Para atender à demanda logística de produção e exportação de *commodities*, torna-se necessária a implantação de um conjunto de infraestrutura logística, com portos, superportos, estaleiros, rodovias e ferrovias, criando zonas ou territórios de sacrifícios (Losekann; Vervloet, 2016). O estado do Espírito Santo tem sido desde então caracterizado como um importante polo portuário de exportação de minério de ferro, além de produzir petróleo e gás natural, extrair granitos e rochas e possuir florestas para a produção de celulose (Losekann; Vervloet, 2016).

Dessa forma, criam-se áreas que são mais ou menos sacrificadas ambientalmente, ou seja, áreas cedidas para o desenvolvimento e áreas que são (ou deveriam ser) contrabalanceadas pela conservação (Creado; Trigueiro; Torres, 2018). Os efeitos da intensificação das atividades extrativistas e de conservação ambiental têm sido vivenciados nos territórios, inclusive nos ambientes litorâneos e costeiros, conforme identificado entre os interlocutores na foz sul do rio Doce.

O distrito de Regência Augusta, espaço privilegiado para as interações em campo, está localizado na região da planície costeira do rio Doce, no entroncamento mais ao sul entre o rio Doce e o mar. O lugar é classificado como uma típica vila de pescadores artesanais, da qual também faz parte um conjunto de moradores que lá se refugiaram em busca de tranquilidade, de qualidade de vida em meio à natureza e de condições ambientais favoráveis à prática de surfe. Distante cerca de 30 quilômetros da sede do município de Linhares, Regência Augusta pode ser acessada por uma estrada que, assim como suas ruas, é de terra batida, e a dificuldade de acesso reforça sua atmosfera pacata. Essa situação somente se altera no verão, nas temporadas propícias para a prática de surfe e nas ocasiões festivas, quando há um significativo movimento turístico. Assim, o cotidiano da vila é marcado pelas atividades em torno da pesca e do turismo, e é na conjunção dessas atividades, articuladas ao assalariamento temporário junto às empresas de pesquisa e prospecção de petróleo e gás, que os pescadores e demais moradores mantêm suas estratégias de reprodução social (Oliveira; Zucarelli, 2021). Nos arredores da vila – especialmente no povoado de Areal e na Fazenda Entre Rios – também predominam, além da pesca, a pequena agricultura e atividades de assalariamento rural, sobretudo nas fazendas produtoras de cacau e gado.

Desde as décadas de 1960 e 1970, em face da "modernização tardia" experimentada no estado do Espírito Santo, com a instalação de grandes empresas produtoras de *commodities* – os chamados Grandes Projetos (Rocha; Casseti, 1983; Bittencourt, 1987; Rocha; Morandi, 1991; Zorzal e Silva, 2019) –, a região da foz sul do rio Doce tem sido palco simultâneo de ações tanto desenvolvimentistas quanto preservacionistas/conservacionistas.

De um lado, temos o incentivo e o fortalecimento das atividades relacionadas à extração e à produção de *commodities*, especialmente a pesquisa, prospecção e armazenamento de petróleo e gás, realizadas inicialmente pela empresa Petrobras e, na sequência, também por suas terceirizadas. Desde os anos 2000, com a descoberta de petróleo e gás em águas profundas – o chamado pré-sal –, a atividade se constituiu como o carro-chefe dos rumos econômicos preconizados pela agenda estratégica do estado do Espírito Santo (Ferreira, 2016). Para atender a essa "nova era desenvolvimentista", as empresas intensificaram as atividades sísmicas na região da foz do rio Doce, acarretando alterações no ambiente marinho e ampliando as dificuldades relacionadas à atividade pesqueira (Bicalho, 2012; Bicalho *et al.*, 2014; Leonardo, 2014). Ao norte do rio Doce, foram projetados um porto e um mineroduto destinados ao transporte e à exportação de minério de ferro oriundo da região do Morro do Pilar (Médio Espinhaço, MG), inicialmente planejados pela empresa Manabi S.A. (atualmente, Mlog) (Ferreira, 2016; Oliveira; Zucarelli, 2021). Esse empreendimento não foi concretizado, tendo sido vetado após intensa atuação do movimento ambientalista na região; todavia, já teve as suas obras iniciadas no estado mineiro (Oliveira; Zucarelli, 2021).

De outro lado, cresce também, desde os anos 1960-1970, a preocupação com a preservação ambiental, observada na criação e implementação de áreas destinadas à preservação ambiental, especialmente as de proteção integral, como a Reserva Biológica de Comboios (Rebio Comboios), tendo como principal objetivo a proteção das tartarugas marinhas e de seus locais de desova (Ibama, 1997). Esse trabalho deu ao distrito destaque nacional, sendo o Projeto Tamar – Programa Brasileiro de Conservação das Tartarugas Marinhas –responsável, desde então, pela preservação das tartarugas marinhas. Tanto as ações relacionadas à Rebio de Comboios quanto as ações do Projeto Tamar desencadeiam um processo de restrição às práticas tradicionais na região (Suassuna, 2007; Leonardo, 2014; Fontinelli, 2016). A partir dos anos 2000, surgem movimentações pela criação de novas Unidades de Conservação (Leonardo, 2014; Torres *et al.*, 2018). Apesar de não terem sido concretizadas até o momento, os agenciamentos e embates em torno da sua efetivação provocam alterações nas dinâmicas sociais e políticas na vila de Regência e nos povoados situados nos arredores.

A conjunção de processos de cunho desenvolvimentista e conservacionista impôs transformações ao ambiente e às relações sociais, provocando um processo de expropriação territorial e de restrições a práticas tradicionais na região da foz do rio Doce. Ademais, também possibilitou o estabelecimento e enraizamento de uma dinâmica política, econômica e cultural centrada na compensação ambiental. A situação é relatada pelos mais velhos como um processo de "imprensamento", em que as dinâmicas tradicionais, os modos e as estratégias de vida precisam se rearticular (Bebbington, 2007a, 2007b). O termo também é mobilizado pelos quilombolas no norte do estado do Espírito Santo frente às disputas em torno das plantações de eucalipto da Aracruz Celulose, atual Suzano, e a constituição de grandes fazendas de gado (Lacruz *et al.*, 2013). Processo semelhante é vivenciado pelas comunidades tradicionais vazanteiras no norte de Minas Gerais, cuja experiência em relação à sobreposição das terras na baixada média do rio São Francisco foi classificada localmente com o termo "encurralados", que dá origem política aos sujeitos atingidos, classificados então como "vazanteiros em movimento" (Anaya, 2012, 2014).

Portanto, o desastre sociotécnico no rio Doce, deflagrado no ano de 2015, soma-se a esse processo de imprensamento vivenciado desde os anos 1960-1970 e intensificado com o *boom* das *commodities* de 2002 a 2011. É interessante salientar que, no entanto, o efeito perverso da mineração na região da foz do rio Doce não partiu da instalação de um porto destinado ao escoamento do minério de ferro, mas sim do rompimento de uma barragem, distante mais de 600 quilômetros. Essa situação evidencia de forma dramática o alcance dos danos oriundos das atividades extrativistas e as limitações dos procedimentos adotados na formalização jurídico-administrativa para implementar e fiscalizar esses empreendimentos (Santos; Ferreira; Penna, 2018). Observa-se, portanto, o efeito derrame (Gudynas, 2016) da lógica neoextrativista, que permite a mobilização de mecanismos para flexibilizar as normas e possibilitar a fragmentação dos empreendimentos, realizando o subdimensionamento dos impactos (Santos; Ferreira; Pena, 2018) previstos nos estudos de impacto ambiental realizados pelas corporações para atender aos interesses das empresas durante o processo de licenciamento ambiental. Tal situação pode ser verificada tanto no caso Manabi (Oliveira; Zucarelli, 2021) quanto no caso Minas-Rio (Santos; Ferreira; Penna, 2018).

Caminhos percorridos e metodologia de pesquisa

O desastre emergiu enquanto tema de pesquisa no doutorado em Antropologia a partir da experiência com o desastre sociotécnico (Zhouri *et al.*, 2018) provocado pela Samarco. Na ocasião do rompimento da barragem e da chegada da lama de rejeitos à região da foz do rio Doce, eu residia na vila de Regência Augusta, e foi dessa posição que acompanhei os primeiros agenciamentos da lama na região.

Eu e meu companheiro mudamos para a vila em março de 2015. Nossa expectativa era morar em um lugar pacato e próximo à praia. Nesse intuito, aluguei – com meu companheiro e um amigo – uma casa com um espaço amplo e quatro suítes. De maio a novembro de 2015, hospedamos amigos e turistas que visitavam a vila durante as festas e também, rotineiramente, de acordo com as condições favoráveis para a prática de surfe. Naquele período, o turismo na vila estava em franca ascensão. Apesar da pouca estrutura que a gente tinha com o espaço alugado, não era difícil preencher a lotação em dias de festas e celebrações. Lembro que durante a Festa de Caboclo Bernardo, em junho de 2015, conseguimos encher a hospedagem sem nenhum esforço de divulgação. A expectativa era enorme para os meses seguintes. Naquele ano, outros amigos, que permanecem lá ainda hoje, também estavam em busca desse mesmo deslocamento da cidade grande para uma vila de pescadores.

Em novembro de 2015 fomos surpreendidos, assim como os demais moradores, com o anúncio do desastre deflagrado com o rompimento da barragem de Fundão. Em face do problema vivenciado, nosso projeto pessoal sucumbiu. A chegada da lama alterou abruptamente as relações sociais e o turismo na vila. Sem possibilidade financeira para continuar morando em Regência e receosos com o recente problema da contaminação da água com os rejeitos da mineração de ferro despejados no leito do rio Doce, finalizamos o acordo de aluguel e retornamos para a capital, Vitória. É preciso ressaltar que a saída da vila não foi fácil; como dizem os moradores e amigos, "quem ama Regência não abandona a vila".

A vila de Regência Augusta me afetou de maneira muito forte e, diante da tragédia em curso, senti a necessidade de manter o vínculo com os amigos, de alguma forma. O tempo em que estive acompanhando a espera e a chegada da lama entre os moradores da vila de Regência e dos povoados adjacentes me afetaram de forma especial, algo próximo ao que Favret-Saada (2005) relata em sua pesquisa sobre a feitiçaria no Bocage francês. Os acontecimentos que marcaram sua presença entre os interlocutores fizeram a autora reconsiderar a noção de afeto como um problema metodológico. Ela passou a trabalhá-lo como um elemento central do fazer etnográfico, compreendendo-o como uma modalidade específica. Favret-Saada (2005) descreve que, em determinada situação de campo, ela abandonou seus diários e passou a vivenciar as interações por meio de outra ordem metodológica. Na situação que vivenciei, especialmente os 21 dias de espera pela chegada da lama, o caderno em si não foi abandonado, pois as situações de interação entre os moradores e os gestores da crise –as reuniões, por exemplo – permitiam-me seguir com essa ferramenta metodológica. Apesar disso, a vivência com o desastre também foi experimentada por outra ordem de interações.

Após três meses intensos, acompanhando alguns procedimentos administrativos adotados para a gestão do desastre, retornei para Vitória em março de 2016. Desde então, venho acompanhando os demais agenciamentos da lama da Samarco não mais como moradora, mas como pesquisadora engajada nessa luta, com os amigos e interlocutores que estabeleci na vila ao longo dos anos. Nessa dupla função social, atingida e pesquisadora, atuei em distintas situações de campo e mantive diferentes vínculos institucionais, nesses seis anos de desastre. Tais situações me permitiram construir uma pesquisa que contemplou diferentes "escalas de análise" (Revel, 2010).

A pesquisa estendeu-se por seis anos; em quatro deles, realizei pesquisa de campo. A primeira etapa de campo ocorreu, portanto, antes de meu ingresso no Programa de Pós-Graduação em Antropologia Social da Universidade Federal de Minas Gerais (PPGAN/UFMG). Inicialmente, vivenciei o desastre enquanto moradora da vila de Regência. Na sequência, de maio de 2016 a março de 2017, atuei como pesquisadora colaboradora no Geppedes, da Ufes, desenvolvendo atividades de pesquisa e extensão em duas localidades do litoral norte do Espírito Santo atingidas pela lama: Barra do Riacho (Aracruz) e Regência (Linhares). As atividades de pesquisa e extensão integravam o programa de extensão "Áreas Protegidas e Grandes Projetos de Desenvolvimento no horizonte de vivências das comunidades locais: os impactos socioambientais e seus desdobramentos",[4] financiado pelo Ministério da Educação (via Edital Proext 2016).

Em paralelo, João Paulo Izoton, Hauley Valim (morador da vila de Regência) e eu propusemos e coordenamos a pesquisa "Depois da lama: os atingidos e os impactos na foz do rio Doce", que resultou na elaboração do relatório "Rompimento da barragem de Fundão (Samarco, Vale e BHP Billiton) e os efeitos do desastre na foz do rio Doce, distritos de Regência e Povoação, Linhares (ES)", entre maio de 2016 e março de 2017. A pesquisa foi contemplada pelo edital público "Mão na massa e pé na lama", promovido pelo Greenpeace em parceria com o Projeto Colaborativo Rio de Gente, para pesquisas independentes sobre o desastre no rio Doce, e foi realizada em parceria com o Geppedes. Nesse ínterim, acompanhamos na foz do rio Doce os efeitos sociais e os conflitos que se desdobravam em decorrência da lama presente na região e da gestão do desastre, a partir da interlocução com os moradores da área atingida na foz sul e na foz norte do rio Doce.

---

[4] O trabalho de extensão resultou na produção de cartilha, livro e de dois documentários sobre o tema

Quando apresentei meu projeto de doutoramento ao PPGAN, buscava compreender as transformações sociais na vila de Regência em face ao desastre em curso. Com o meu ingresso no doutorado, em 2017, passei a integrar também o Grupo de Estudos em Temáticas Ambientais (Gesta/UFMG), ampliando os horizontes da pesquisa para a gestão das afetações do desastre da Samarco, por meio da pesquisa realizada pelo grupo: "O desastre e a política das afetações: compreensão e mobilização em um contexto de crise" (Chamada Fapemig/Capes, 4/2016), contando também com o apoio do CNPq, da Proex/UFMG e do PRPq/UFMG. Ao longo da atuação junto ao grupo, passei a acompanhar e examinar os efeitos do desastre sociotécnico, realizando etnografias em reuniões e audiências entre as instituições, as empresas e os sujeitos atingidos ao longo da bacia do rio Doce, especialmente nos municípios de Mariana (MG) e Linhares (ES). Em Mariana, as atividades de campo envolviam outros integrantes do grupo, especialmente no contexto de realização dos trabalhos de extensão voltados ao fortalecimento da luta por direitos e reparação dos atingidos, como a Cartografia Comunitária de Paracatu de Baixo.[5] Já em Linhares, minha inserção passou a ser individual desde o meu ingresso no doutorado.[6]

---

5 O trabalho de extensão resultou na produção de um boletim coletivo e dos acervos familiares com as narrativas dos atingidos, além de mapas elaborados a partir de croquis desenhados pelas pessoas da comunidade, com pontos georreferenciados. A Cartografia Comunitária de Paracatu de Baixo contou com a colaboração do Projeto Nova Cartografia Social da Amazônia (PPGAS/UFAM) e da Cáritas Brasileira.

6 Ainda sobre as distintas posições sociais ocupadas ao longo desses anos de desastre e pesquisa, torna-se importante ressaltar que meu companheiro passou a integrar as atividades de campo – o trabalho de base – organizadas pelo Movimento de Atingidos por Barragens (MAB) na região da foz do rio Doce. Ele passou a atuar junto ao movimento social no período em que residi em Minas Gerais para me dedicar às disciplinas presenciais no âmbito do doutorado, de março de 2017 a dezembro de 2018. Apesar de o

Sendo assim, o deslocamento geográfico para a realização do doutorado – o que inicialmente foi visto como um período de ausência no campo – possibilitou a construção de uma abordagem ampliada no que se refere às escalas de análises (Revel, 2010). O modelo analítico proposto por Revel convida a pensar que:

> é em todos os níveis, desde o mais local até o mais global, que os processos sócio-históricos são gravados, não apenas por causa dos efeitos que produzem, mas porque não podem ser compreendidos, a não ser que os consideremos, de forma não linear, como a resultante de uma multiplicidade de determinações, de projetos, de obrigações, de estratégias e de táticas individuais e coletivas. Somente essa multiplicidade desordenada e em parte contraditória nos permite dar conta da complexidade das transformações do mundo social. (Revel, 2020, p. 443)

Dada essa perspectiva metodológica, incorporei as relações sociais mais abrangentes, ampliando assim a "escala da observação e seus possíveis efeitos" (Revel, 2010, p. 437), no intuito de relacionar os "microssistemas identificados em campo com a matriz mais ampla da organização social e do mercado que influi nela" (Wolf, 2003, p. 357). Ao longo das etnografias realizadas em reuniões e audiências entre instituições, empresas e sujeitos atingidos ao longo da bacia do rio Doce, fui identificando algumas semelhanças e diferenças nas práticas adotadas para a gestão do desastre entre as regiões atingidas em Mariana e em Linhares. A partir dessa variação de escala, a etnografia apontou o desarranjo entre as ações observadas no âmbito institucional adotadas para a gestão do desastre – que envolvem a negociação

---

trabalho dele não interferir diretamente na minha atuação profissional, tendo em vista que somos independentes e autônomos nos nossos afazeres, em determinados momentos a relação me possibilitou acessar determinadas informações privilegiadas no contexto da pesquisa e, de certa forma, interferiu na construção de engajamentos e desengajamentos das relações estabelecidas com seus interlocutores.

de conflitos e celebrações de acordos – e os seus efeitos na vida cotidiana dos interlocutores.

Por estar diante de um processo em curso, muitos são os elementos que podem ser refletidos e abordados no que se refere aos efeitos do desastre no território da foz sul do rio Doce. Um dos maiores desafios dessa etnografia passou pela definição de quais interações examinar. Ao longo da pesquisa, por diversas vezes fiquei perdida com as inúmeras possibilidades de abordagem e dos problemas. Sem saber muito bem por onde seguir, busquei delimitar o recorte analítico pelo diálogo com os interlocutores. Portanto, os objetivos da pesquisa foram sendo construídos conforme as interações eram vivenciadas no campo. Na medida em que os diálogos eram estabelecidos, pude perceber o interesse dos interlocutores em relatar e questionar os procedimentos administrativos adotados pela gestão do desastre, que envolvem diferentes momentos e instituições. Tais procedimentos contribuíram para a produção da invisibilidade de seus modos e "estratégias de vida" (Bebbington, 2007a, 2007b) e foram assentados a partir de uma relação de poder historicamente construída no território.

Assim, o escopo do meu trabalho é a descrição e o exame dos procedimentos administrativos adotados pela gestão do desastre da Samarco (Vale e BHP Billiton) no rio Doce, protagonizados tanto por agentes corporativos quanto por agentes públicos, enfatizando as "tecnologias dedicadas à gestão da crise e suas afetações" (Zhouri *et al.*, 2018; Zucarelli, 2018) entre os moradores atingidos em uma região litorânea do município de Linhares, onde o rio Doce deságua no oceano Atlântico.

Além da experiência dividida com os interlocutores durante o período de espera pela lama, no decorrer da pesquisa realizei diversas outras interações em campo. Entre elas, destaca-se a etnografia dos encontros entre as pessoas atingidas e as instituições dedicadas à gestão da crise. O intervalo de tempo que compreende as interações sociais incorporadas efetivamente nesta pesquisa consiste no período de novembro de 2015 a novembro de 2019. Outro caminho metodológico priorizado foi a leitura e análise de documentos técnicos, jurídicos e acadêmicos produzidos para os casos. Sobre as interações sociais e os documentos analisados, destaco no quadro-síntese a seguir apenas aqueles que foram de fato incorporados ao texto. Foram feitas observações participantes em outras interações sociais, além daquelas descritas no quadro, mas elas foram utilizadas de forma indireta na construção da pesquisa.

Também utilizei como instrumento metodológico a história oral e realizei um conjunto de entrevistas semiestruturadas e gravadas com sujeitos atingidos no distrito de Regência Augusta e povoados adjacentes, como é o caso de Areal e da Fazenda Entre Rios. Os interlocutores que participaram dessa etapa são moradores antigos da região. Em seu conjunto, eles representam a diversidade dos modos e das estratégias de vida adotadas na foz sul do rio Doce, em face das transformações capitalistas identificadas ao longo do tempo. As entrevistas foram realizadas de novembro de 2015 a março de 2019. Todas elas foram transcritas. Optou-se por manter o anonimato dos interlocutores por confidencialidade e segurança; sendo assim, seus nomes foram alterados. Também foram realizadas conversas informais ao longo de todo o trabalho de campo. É importante ressaltar que, ao longo da pesquisa, alguns desses moradores tornaram-se interlocutores principais, contribuindo em diferentes etapas da pesquisa, ajudando inclusive na definição do escopo deste trabalho.

Quadro-síntese: situações de campo

Data	Situação de campo (interações sociais e documentos)	Agentes envolvidos	Especificação da fonte
5/11/2015	Rompimento da barragem de Fundão	Empresas	Meios de comunicação
9/11/2015	Reunião da Federação das Associações de Pescadores do ES com os pescadores artesanais de Regência	Federação de Pescadores do ES e Asper	Participação
16/11/2015	Assinatura do Termo de Compromisso Socioambiental Preliminar (TCSA) do Ministério Público com a Samarco	MPF e empresas	Documento/ Meios de comunicação
21/11/2015	Lama chega a Regência - Ato "Velório do rio Doce"	Atingidos de Regência	Participação
26/11 a 5/12/2015	Expedições feitas para a foz do rio Doce, no navio da Marinha, o que resultou no Levantamento Ambiental Expedito em Regência (ES)	Marinha do Brasil, Ibama, ICMbio Ufes	Documento/ Meios de comunicação
4/12/2015	Assinatura do primeiro aditivo ao Termo de Compromisso Socioambiental preliminar e emergencial	MPF e empresas	Documento
14/12/2015	Audiência Pública em Regência - Linhares (ES)	MPF e atingidos	Participação
13/2/2016	Reunião do Fórum Capixaba em Defesa do Rio Doce em Regência	Fórum Capixaba em Defesa do Rio Doce e atingidos	Participação
22/2/2016	Interdição da pesca solicitada pela ACP 0002571-13.2016.4.02.5004, instaurada na vara federal da Subseção Judiciária de Linhares (ES)	MP-ES	Documento/ Meios de comunicação
02/3/2016	Assinatura do Termo de Transação e Ajustamento de Conduta	União, governos estaduais e empresas	Documento/ Meios de comunicação
05/5/2016	Homologação do Acordo (TTAC)	União, governos estaduais e empresas	Meios de comunicação
02/5/2016	ACP para reparação integral dos danos causados pelo rompimento da barragem de Fundão, com valor da causa estimado em R$ 155 bilhões	MPF	Meios de comunicação
12/5/2016	Reunião em Regência para apresentação do TTAC	Empresa e atingidos	Participação
29/6/2016	Audiência Pública da Frente Parlamentar Estadual Pró-Rio Doce e da Comissão de Meio Ambiente "O desastre ambiental em Mariana e suas consequências causadas pela Samarco", realizada na Assembleia Legislativa do ES	Ales, Fórum Capixaba em Defesa do Rio Doce, atingidos, empresa.	Participação
18/8/2016	Tribunal Regional Federal da 1ª Região anula a decisão de homologação judicial do TTAC	TRF	Documento/ Meios de comunicação

30/11/2016	Audiência pública: "Estudos e devidos esclarecimentos sobre os impactos causados e futuros por metais pesados, carreados junto à lama da barragem da Samarco, nas águas, mariscos, peixes, crustáceos da foz do rio Doce e na saúde do cidadão capixaba", ocorrida na Assembleia Legislativa do ES	Ales, Fórum Capixaba em Defesa do Rio Doce, atingidos, empresa	Participação
18/1/2017	Assinatura do Termo de Acordo Preliminar com as mineradoras Samarco, Vale e BHP Billiton do Brasil	MPF, Empresas	Documento/ Meios de comunicação
10/3/2017	Oficina de Trabalho, na sede do MPF em Belo Horizonte (MG), com representantes da sociedade civil e de comunidades atingidas, movimentos sociais, como o Movimento dos Atingidos por Barragens, e grupos de pesquisa	MPF, MP-MG, grupos de pesquisa, MAB	Relato de campo
17/11/2017	Assinatura do Termo Aditivo ao Termo de Ajustamento Preliminar (TAP)	MPF, DPU, DP-ES, DP-MG, empresas	Documento/ Meios de comunicação
25/6/2018	Assinatura do TAC Governança	MPF, MP/MG, MPES, DPU, DPES, DPMG, Estado, empresas	Documento/ Meios de comunicação
12/11/2018	Audiência Pública para escolha da assessoria técnica na vila de Regência	FBDH, MPF, MP-ES, DPU, DP-ES, MAB, moradores da vila	Participação
22/5/2019	Nota Técnica 8/2019 - Anvisa	Anvisa	Documento/ Meios de comunicação
23/9/2019	Homologados pelo Juízo da 12ª Vara Federal de Belo Horizonte todos os processos de escolha das assessorias técnicas independentes às populações atingidas	12ª Vara Federal de Belo Horizonte	Documento/ Meios de comunicação
29/11/2019	Audiência de conciliação no âmbito da ACP 0002571-13.2016.4.02.5004, realizada na 1° Vara Federal de Linhares	MPF, MP-ES, Estado, empresas	Participação

Quadro 1. Quadro-síntese das situações de interação social observadas pela autora no trabalho de campo e integradas no presente texto, em associação com outros eventos ou documentos que estão comentados indiretamente no corpo do texto.[7]

7 Modelo de síntese construído a partir de Leonardo *et al.* (2017) e Creado *et al.* (2018).

O desastre da Samarco e seus efeitos

A compreensão do rompimento da barragem de rejeitos em Mariana como um desastre, um "fenômeno processual", conflita com outras abordagens sobre o assunto. Há uma disputa das diferentes formas de nomeá-lo: acidente, crime, tragédia, desastre, evento. Todas essas formas compreendem uma tentativa paralela de achar respostas ou causas para o ocorrido, cujas responsabilidades são geralmente polarizadas entre agentes humanos e não humanos (Valencio, 2014a). Ademais, a discussão implica também debates e confrontos acerca dos modelos de reparação, compensação e indenização.

Em nota divulgada no dia do ocorrido, a Samarco declarou que ainda não era possível saber as causas e a extensão do "acidente" e que estava priorizando o atendimento às vítimas e a recuperação dos danos ambientais. Dias após o ocorrido, foi acionada a possibilidade de um tremor de terras na região ter provocado o rompimento da barragem. Seguindo essa mesma linha de *acidente natural*, ainda em novembro de 2015, o governo federal emitiu um decreto – com a finalidade de agilizar a liberação do FGTS às populações atingidas (Decreto 8.276 de 13/11/2015) – que considerou o evento como "desastre natural". O uso do termo provocou questionamentos por parte da sociedade civil organizada e das pessoas atingidas, que o consideraram uma forma de desresponsabilizar as empresas envolvidas. Em face dos questionamentos, o uso do conceito foi posteriormente justificado como forma de dar celeridade às respostas burocráticas, centradas na assistência social, às pessoas que na época estavam em situação de vulnerabilidade provocada pelo rompimento da barragem.

As narrativas sobre "acidente" ou "desastre natural" evidenciam uma perspectiva centrada na teoria de *hazards* que, alicerçada nas "ciências duras", enfatiza acontecimentos naturais para explicar eventos catastróficos, excluindo do processo de investigação analítica as relações sociais e as dimensões políticas, econômicas, culturais e emocionais também envolvidas nos eventos trágicos. A partir dessa perspectiva, eventos calamitosos, como inundações, terremotos e disfunções tecnológicas são explicados como eventos inevitáveis, os quais a sociedade só consegue responder, nunca evitar (Oliver-Smith, 1999). De maneira geral, o tempo cronológico dessas abordagens é centrado na data do evento catastrófico e os demais efeitos do fenômeno são tratados como pré-desastre ou pós-desastre (Valencio, 2014a).

Em contrapartida, existem abordagens teóricas no campo da Sociologia e da Antropologia que compreendem que a forma como a sociedade se relaciona com o ambiente pode carregar em si potencial para a ocorrência de eventos calamitosos (Oliver-Smith; Hoffman, 2002), uma vez que o "resultado de relações homem-ambiente aumenta as capacidades socialmente e materialmente destrutivas dos fenômenos geofísicos e das avarias tecnológicas" (Barrios, 2017, p. 3). Sendo assim, aspectos sociais, políticos e econômicos também são acionados para fornecer respostas aos acontecimentos trágicos, cujas abordagens visam ressaltar as "relações de poder desiguais envolvidas na extração de recursos, produção de *commodities* e distribuição das riquezas" (Barrios, 2017, p. 4). São abordagens analíticas que compreendem os desastres como um processo que tem referências no passado e desdobramentos no futuro. Diferente dos enfoques centrados na teoria dos *hazards*, as reflexões trazidas à luz pelas abordagens sociológicas e antropológicas nos permitem compreender a concepção de desastre "como um fenômeno social ou, mais precisamente, um evento de caráter disruptivo da estrutura ou sistema social" (Valencio, 2010, p. 749). Nesse sentido, o desastre deve ser entendido como um acontecimento coletivo trágico, que resulta em perda e danos súbitos e involuntários e que, por isso, tende a desorganizar os modos de vida e trabalho da coletividade atingida (Zhouri *et al.*, 2016a).

Por essa perspectiva, o desastre é entendido como uma *crise social* que ocorre em um tempo social que carrega distintas dimensões da realidade (Valencio, 2010, 2014a). É por isso que, no âmbito da teoria dos desastres, as reflexões teóricas sobre a realidade trágica não devem ser feitas apenas com base no tempo cronológico das emergências, mas sim por meio da concepção processual do evento, dando conta de sua totalidade social (Valencio, 2010; Zhouri *et al.*, 2016a), ou seja, envolvendo os conflitos pretéritos e aqueles deflagrados com o evento trágico.

Neste trabalho, compreendo o desastre da Samarco como um processo produzido historicamente que culmina no rompimento da barragem de rejeitos de minério de ferro. A partir desse "evento crítico" (Das, 1996), os efeitos prolongam-se no tempo enquanto crise crônica, sobretudo nas vidas das pessoas atingidas (Oliver-Smith; Hoffman, 2002; Valencio, 2010; Silva, 2010; Zhouri *et al.*, 2016a, 2016b, 2017, 2018). Por ora, concentro as reflexões numa tentativa de síntese da compreensão analítica já mobilizada por outros autores acerca das situações que contribuíram para deflagrar a crise em curso.

À vista dessa abordagem processual, ressalto que as atividades minerárias, assim como outras atividades extrativistas, são marcadas por um processo histórico de injustiças ambientais, não obstante serem sustentadas por princípios ideológicos como o *desenvolvimento sustentável* ou a *modernização ecológica,* princípios que se tornaram hegemônicos e invisibilizam a diversidade cultural, além de impor regimes assimétricos de exploração da natureza.

Nos últimos anos, a alta demanda por combustíveis e metais tem suscitado novos investimentos extrativos. Visando sobretudo o mercado asiático, os países latinos têm investido na extração e exportação de produtos primários, os chamados extrativismos (Gudynas, 2012, 2016; Svampa, 2013; 2019; Milanez; Santos, 2013; Zhouri; Bolados; Castro, 2016b). Dessa forma, o Brasil, bem como outros países da América Latina, tem passado por um processo de (re)primarização da economia, ou seja, de investimento na extração de bens primários (*commodities*) voltados à exportação, como é o caso da mineração.

Em face a essa conjuntura, Svampa (2013, 2019) chama a atenção para a produção do "*consenso de los commodities*". A autora argumenta que, no início do século XXI, prevalece nos países latinos a emergência de "governos progressistas, de esquerda ou centro-esquerda, que, apesar, das diferenças, combinaram políticas econômicas heterodoxas com a ampliação do gasto social e a inclusão por meio do consumo" (Svampa, 2019, p. 17). De acordo com a autora, em consonância com o "*boom* das *commodities*" verificado nesse período, as ações institucionais desses países visaram à reorientação das economias para as atividades primárias extrativas que possuem baixo valor agregado. De modo deliberado,

> multiplicaram os grandes empreendimentos mineradores e as megarrepresas, ampliaram as fronteiras petrolíferas e agrárias. Essas ações ensejam um aprofundamento da dinâmica de desapropriação, que pode ser de terras, recursos naturais e territórios, produzindo assim novas formas de dependência e dominação. (Svampa, 2013, p. 32)

Para Gudynas (2012; 2016), a mineração, bem como as atividades petrolíferas e os monocultivos, corresponde a um tipo particular de apropriação dos recursos naturais que pode ser classificada como extrativismo. De modo geral, o termo se aplica a um conjunto de atividades que se apropriam dos recursos naturais de uma região, envolvendo grandes volumes e alta intensidade, sem processamento industrial e voltadas para o mercado externo. As atividades extrativistas desempenham um papel relevante no processo de crescimento econômico do país, tendo em vista o alto preço das matérias-primas no mercado externo; no entanto, expressam também um modo específico de compreender o desenvolvimento e as relações com a natureza, por vezes ocasionando impactos sociais e ambientais, como o deslocamento de comunidades locais e a contaminação de solo e água (Gudynas, 2012; 2016).

Nesse modelo identificado por Gudynas (2012), o Estado tem papel ativo nas atividades extrativistas e busca a legitimidade das suas ações a partir da apropriação e distribuição de parte da renda gerada, sobretudo nos governos definidos como progressistas, como é o caso do Brasil no início do século XXI, como apontam Milanez e Santos (2013). Os autores destacam o caráter institucional híbrido do Estado, com funções tradicionais (provisão de financiamento e infraestrutura e regulamentação pública) e sua nova função de "Estado compensador" (com políticas sociais de redistribuição de renda) (Milanez; Santos, 2013).

Nesse cenário de intensificação das atividades extrativistas e de infraestrutura, o ambiente (territórios e recursos naturais) torna-se espaço de disputa, ou objeto de disputas, cujos agentes envolvidos possuem interesses distintos e por vezes antagônicos, além de condições assimétricas de poder. Isto posto, grandes empreendimentos se instalam em espaços que outrora eram lugares de reprodução da vida material e simbólica de diversas coletividades, provocando desapropriações territoriais e apropriações privadas de recursos naturais que antes eram coletivos. Nesse contexto, perpetuam tensões latentes e inúmeros "conflitos ambientais" (Acselrad, 2004; Zhouri; Laschefski, 2010).

As consequências desse modelo de exploração têm somado um conjunto de "efeitos derrames" (Gudynas, 2016) nos lugares explorados, onde novas fronteiras econômicas avançam sobre territórios historicamente ocupados por grupos étnicos, campesinos e demais comunidades tradicionais. Atualmente esse avanço ocorre, sobretudo, pela perene aliança entre interesses econômicos e a atuação do Estado (Gudynas, 2016; Milanez; Santos, 2013), ao exemplo da flexibilização da legislação ambiental, cujo processo ocorre para atender aos interesses estatais e empresariais em detrimento das populações atingidas por tais empreendimentos extrativos.

Ademais, diversas instituições reguladoras vêm apostando na possibilidade de pacificação dos conflitos ambientais que emergem no avanço dessas fronteiras econômicas sobre os territórios tradicionalmente ocupados, e para isso seguem receituários de agências de financiamento internacionais (Zucarelli, 2018). Tais estratégias e suas consequências configuram uma "coerção harmoniosa" (Nader, 1994) no processo de negociação e resolução de conflitos, cujas partes interessadas devem dialogar e formar acordos consensuais com a mediação de especialistas e operadores do direito. Todavia, o que se observa nessas tentativas de acordos "é a imposição de ideias e de instrumentos construídos de forma verticalizada, sem a autoria ou protagonismo daqueles que, normalmente, não possuem os capitais simbólicos exigidos neste campo de disputa" (Zucarelli, 2018, p. 23).

No caso do rompimento da barragem de Fundão, é importante situá-lo enquanto um "desastre sociotécnico" (Zhouri *et al.*, 2018), ao contrário das descrições que o enquadram meramente como "evento", focando na data do acontecimento trágico. Sobre a primeira expressão, elucida a equipe do Grupo de Estudos em Temáticas Ambientais (Gesta/UFMG): "[trata-se de um] processo deflagrado para além de uma avaria ou erro meramente técnico, remetendo-nos, assim, às falhas da governança ambiental, produtoras de novos padrões de vulnerabilidade que expuseram, de fato, a população ao risco" (Zhouri *et al.*, 2018, p. 41). Nesse sentido, os autores compreendem que:

> a questão central não repousa na confiabilidade técnica do sistema, mas na localização geográfica das instalações perigosas, no montante de investimentos em segurança e prevenção, nas decisões políticas relativas ao licenciamento dessas estruturas e na escolha técnica das barragens como formas de disposição de rejeitos, fatores que engendram a produção e reprodução de injustiças ambientais. (Zhouri *et al.*, 2018, p. 41)

A estrutura que rompeu integra a unidade minerária de Germano, que por sua vez está inserida no complexo de Alegria, cujas reservas de minério de ferro são estimadas em 4 bilhões de toneladas (Poemas, 2015). A unidade de Germano, localizada no município de Mariana, era responsável pelas operações de extração e beneficiamento do minério de ferro. Os rejeitos gerados eram depositados em barragens - estruturas de terra construídas para armazenar os resíduos (Poemas, 2015). Da região partiam três minerodutos que transportavam - pela água - a produção do minério de ferro até o porto, instalado na unidade de Ubu, no município de Anchieta, no estado do Espírito Santo, fora do território da bacia hidrográfica onde era feita a pelotização do minério (ANA, 2016). O empreendimento em colapso é propriedade da Samarco Mineração S.A., uma *joint venture* das corporações Vale S.A. e BHP Billiton (cada uma detentora de 50% das ações).

Apesar da grandiosidade do empreendimento, os funcionários que trabalhavam na barragem na ocasião descrita e os moradores de povoados próximos foram surpreendidos pela *onda de lama,* sem poder contar sequer com um alerta de sirene, o que implicou 19 mortes, sendo 13 trabalhadores terceirizados e 5 moradores de Bento Rodrigues (MG). Sem o recurso da sirene, os trabalhadores da barragem e os moradores do povoado tiveram, ao mesmo tempo, a difícil tarefa de sobreviver e de informar aos demais sobre o perigo iminente. Quanto às notícias referentes às mortes, estas foram dadas gradualmente ao longo dos dias, a partir do momento em que sobreviventes eram resgatados ou os corpos eram localizados pela equipe de busca do Corpo de Bombeiros e Defesa Civil da cidade de Mariana. Ademais, um trabalhador da Samarco Mineração S.A. que estava na barragem foi dado posteriormente como desaparecido, pois o corpo não foi encontrado pelas equipes de busca. Além disso, uma mulher, moradora de Bento Rodrigues, sofreu um aborto enquanto tentava sobreviver à chegada da lama em sua residência. Os rejeitos foram, então, carreados pelo leito do rio Doce até chegar à sua foz, na vila de Regência Augusta, de onde se espraiou pela costa do estado do Espírito Santo.

Apesar de sua magnitude, não é prudente considerar o evento como único ou um caso isolado. Há estudos que problematizam outros rompimentos de barragem ocorridos no estado de Minas Gerais, também ocasionando mortes, destruição, desalojamentos e graves problemas de abastecimento de água nos municípios afetados. Santos e Wanderley (2016) identificaram, nos últimos 20 anos, oito rompimentos de barragens ligados à atividade de mineração no estado de Minas Gerais, ocasionando mortes e desalojamentos familiares. Para os autores, os "frequentes casos de rompimento de barragem de mineração estão associados às condições geológicas dos depósitos atuais e às tecnologias de baixo custo utilizadas no processo de extração e beneficiamento primário" (Santos; Wanderley, 2016, p. 91). Os autores também apontam que "o rompimento de barragem é um risco inerente ao setor extrativo mineral, potencializado nas etapas de pós-*boom* das *commodities* (Davis; Martin, 2009 *apud* Santos, Wanderley, 2016).

Ademais, em relatório produzido após o rompimento da barragem, Mansur *et al.* apontam para uma "relação estrutural entre eventos de rompimento de barragens de rejeitos e os ciclos econômicos da mineração" e ressaltam "indícios de que existe um aumento do risco de rompimentos de barragens no novo ciclo pós-*boom* do preço dos minérios" (Mansur *et al.*, 2016, p. 19). Diante desse prisma analítico, os autores destacam que a barragem de Fundão iniciou suas operações em 2008, no pico dos preços internacionais de minério de ferro, enfrentando em seguida um período de crise nos preços que coincidiu com o aumento significativo dos acidentes de trabalho na empresa, aspectos que são dignos de registro e que antecedem o rompimento (Mansur *et al.*, 2016).

Segundo Zucarelli (2018), falhas na barragem e a possibilidade do rompimento apareceram pelo menos dois anos antes, em um relatório técnico encomendado pelo Ministério Público de Minas Gerais (Instituto Pristino, 2013 *apud* Zucarelli, 2018, p. 26). Os riscos foram evidenciados no relatório técnico, que recomendou uma série de medidas a serem providenciadas. Infelizmente, as devidas providências não foram tomadas pelas empresas de mineração nem pelo Estado brasileiro, em seu papel de fiscalização do cumprimento de suas próprias determinações (Zucarelli, 2018).

Desastre como crise processual

Passados seis anos da crise deflagrada com o rompimento da barragem, que comprometeu os modos e as estratégias de vida na foz do rio Doce, a produção do "sofrimento social" (Das; Kleinman; Lock, 1996) é ampliada pelas ações institucionais para gerir a crise em curso. De acordo com Das, Kleinman e Lock:

> o sofrimento social resulta daquilo que o poder político, econômico e institucional faz às pessoas e, reciprocamente, de como essas mesmas formas de poder influenciam as respostas aos problemas sociais. Incluídas na categoria sofrimento social

> estão situações que eram normalmente divididas em campos separados, casos que simultaneamente envolvem saúde, bem--estar, questões legais, morais e religiosas. (Das; Kleinman; Lock, 1996, p. IX, tradução nossa)

A esse propósito, vale mencionar os acordos assinados sem a participação da população atingida, a criação e implantação da Fundação Renova e a implementação de um sistema de governança na bacia hidrográfica do rio Doce.

Desde o início, chama-se a atenção para o despreparo das instituições em lidar com a situação crítica deflagrada. Em Mariana, "as vítimas imediatamente constituíram-se em alvo de instâncias governamentais diversas que, ao enquadrarem a questão como um conflito ambiental ou socioambiental, apresentaram-se como mediadores entre a empresa e os atingidos" (Zhouri *et al.*, 2018, p. 32). Assim, as vítimas, que perderam parentes e tiveram suas residências destruídas pela lama de rejeitos, foram colocadas em mesas de negociação com as empresas responsáveis (Zhouri *et al.*, 2018). Ademais, a empresa não possuía um plano de emergência e contingenciamento dos rejeitos.

No outro extremo geográfico, distante quase 600 quilômetros, as vítimas aguardavam angustiadas a chegada da onda de lama de rejeitos carreada pelo rio Doce. Algumas atividades laborais, como a pesca artesanal e a agricultura ribeirinha, foram imediatamente interrompidas; outras, como o turismo e o comércio, ficaram comprometidas. Além disso, uma gama de trabalhadores informais (cozinheiras, lavadeiras, trabalhadores da construção civil, entre outros) perdeu o emprego em função das novas dinâmicas impostas pela lama.

O modo de vida na foz do rio Doce se ancora em um conjunto de saberes e fazeres marcados pela tradicionalidade e pelas práticas do campesinato. A pesca artesanal e a agricultura ribeirinha constituem atividades fundamentais no território e eram realizadas entrelaçando aspectos familiares e laborais, o que possibilitava a geração de renda, o autoconsumo das famílias e as dinâmicas de reciprocidade entre vizinhos e parentes. Vivendo entre o rio e o mar, a terra e a água tornam-se elementos fundamentais para o estabelecimento das relações sociais, culturais, econômicas e afetivas. Na foz do rio Doce, os habitantes constroem há gerações estratégias e modos de vida entrelaçados com as potencialidades oferecidas pelo ambiente fértil, a exemplo dos pescadores artesanais (em Regência e Povoação), dos ribeirinhos (em Entre Rios) e das comunidades indígenas, quilombolas e camponesas. Essas comunidades enfrentam historicamente um processo de deslocamento compulsório contínuo, tendo em vista as alterações no ambiente e a expropriação territorial, resultado da implementação de um conjunto de políticas desenvolvimentistas e ambientais implementadas na região.

A pesca continua proibida na linha de 25 metros na foz do rio Doce, o que inviabiliza a atividade para muitos pescadores na região que não possuem embarcações com tamanho adequado para realizar uma pesca além do limite da proibição. Em decorrência desse fato, os pescadores recebem um auxílio emergencial[8] para suprir as suas necessidades imediatas e de suas famílias. Todavia, o provimento deste auxílio – ou seja, o pagamento e reconhecimento do direito individual de cada atingido – ficou a cargo inicialmente da Samarco Mineração S.A. e, em seguida, da Fundação Renova, o que tem

---

8 O auxílio emergencial foi previsto no Termo de Compromisso Socioambiental (TCSA), assinado no final de 2015. O auxílio corresponde ao pagamento de um salário mínimo por pessoa que teve suas atividades laborais comprometidas em decorrência do derrame de rejeitos, acrescido de 20% por dependente, mais o valor relativo a uma cesta básica. O recebimento desse auxílio ocorre por meio de um cartão corporativo fornecido pela empresa.

gerado tensões e conflitos diversos. Em ambas as situações, foi aplicado um cadastro para o suposto reconhecimento do morador enquanto atingido. Para além das incongruências no que se refere à ação da empresa em determinar quem foi atingido ou não, os critérios de avaliação não são claros. Nesse sentido, os questionamentos dos moradores são inúmeros em relação à suposta "não adequação ao perfil", o que significa o não reconhecimento deles enquanto impactados/atingidos. Isso aconteceu muito com pescadores que, na época do rompimento da barragem, possuíam outras atividades laborais, aspecto comum para aqueles funcionários de empreiteiras que trabalham fichados provisoriamente e, nos intervalos entre uma contratação e outra, provêm a família através da pesca, bem como os trabalhadores informais que também se dedicavam à construção civil e a outras atividades comerciais na região, além da pesca artesanal. A situação revela contornos ainda mais graves quando observamos a disparidade entre o recebimento do auxílio emergencial por homens e mulheres.

Outro fator que agrava a situação de reconhecimento dos atingidos são as controvérsias científicas e conflitos em relação à contaminação da água do rio Doce e dos lençóis freáticos. Enquanto a Fundação Renova alega que a água do rio Doce não está contaminada, e inclusive atesta o "consumo humano após passar pelo tratamento convencional das ETAs [estação de tratamento de água], antes de chegar às torneiras do consumidor" (Renova, 2019, p. 35), os moradores demonstram desconfiança, insegurança e temor em relação à água do rio Doce, dos poços artesianos e também daquela fornecida pelo Serviço Autônomo de Água e Esgoto (Saae) (Zucarelli; Leonardo, 2019). Essa insegurança se soma ao quadro de sofrimento coletivo que evidencia o *caráter processual* do desastre deflagrado com o rompimento da barragem de Fundão (Zhouri *et al.*, 2018); sofrimento esse que se agrava e se perpetua com as formas de gestão construídas pelas instituições instadas a propor soluções ao desastre.

Diante do exposto, apesar de permanecerem em suas residências, os deslocamentos sociais, econômicos e culturais são vivenciados de maneiras distintas entre os moradores na foz do rio Doce, do que resulta um processo contínuo de vulnerabilização. A experiência desse período de crise não se resume ao "tempo cronológico das emergências" (Valencio, 2010; Zhouri *et al.*, 2016); ao contrário, os efeitos do desastre se prolongam no tempo e apontam, portanto, para a "complexidade interna" (Oliver-Smith, 1999) do fenômeno estudado, o que:

> nos força a confrontar as muitas e mutáveis faces da(s) realidade(s) socialmente construída(s). A complexidade é incorporada na multiplicidade de perspectivas tão variadas quanto os indivíduos e grupos impactados ou participantes no evento em processo. (Oliver-Smith, 1999, p. 21, tradução nossa)

Todavia, as ações de reparação e indenização nesse contexto de governança do rio Doce têm apontado para uma tendência institucional de negação do conflito, e com isso proporcionam a invisibilização das diferenças e da diversidade de grupos e indivíduos atingidos. Tendo isso em vista, é notório que o distanciamento, a burocratização e a quantificação decorrentes das práticas institucionais têm contribuído para a ampliação do sofrimento social e, com isso, ensejado novas violências nos territórios (Das; Kleiman; Lock, 1996).

Estrutura do livro

Além desta introdução e das considerações finais, este livro está dividido em três partes. Na primeira delas, "Colonialidades em curso", apresento a região da foz do rio Doce, espaço privilegiado das interações em campo. O primeiro capítulo apresenta uma descrição sobre o processo histórico de ocupação, as terras tradicionalmente ocupadas e os conflitos ambientais e territoriais decorrentes dos diversos interesses manifestos no entorno da região. O texto é construído a partir da análise de referências teóricas sobre o lugar e do recurso metodológico das entrevistas realizadas com alguns interlocutores, baseadas no método da história de vida. Dito isso, torna-se importante salientar que o tempo das interações etnográficas que confluíram para a construção desse capítulo não se restringe ao tempo da pesquisa de doutorado que deu origem a este livro, uma vez que eu já realizava pesquisa na região da foz do rio Doce.

Na segunda parte, "Na vila, esperando a lama", privilegiei a descrição dos agenciamentos vivenciados no período que corresponde à espera e à chegada da lama da Samarco à região da foz. Naquele momento, eu estava residindo na vila e, de lá, pude acompanhar, junto aos demais moradores, as alterações na paisagem e as mudanças sociais vivenciadas. De maneira geral, três aspectos chamaram a atenção nesse período crítico: 1) a ausência de informações locais qualificadas e confiáveis sobre a tragédia em curso; 2) a chegada de funcionários da mineradora e as ações protagonizadas por eles para administrar a crise e a crítica local; 3) o abalo emocional vivenciado entre os interlocutores na vila de Regência e dos povoados adjacentes.

Com a chegada física da lama e o transcorrer do tempo, os múltiplos efeitos do desastre foram ampliados na vida dos interlocutores, que passaram a conviver cotidianamente com os rejeitos da mineração despejados no ambiente e os agenciamentos provocados pela gestão do desastre naquele território. A terceira e última parte do livro aborda, portanto, "Os arranjos institucionais e as estratégias corporativas" sobre o desastre em curso. Nesse intuito, as abordagens metodológicas utilizadas foram a análise de documentos e a etnografia dos encontros entre os atingidos e as instituições dedicadas à gestão da crise. No terceiro capítulo, analiso algumas tecnologias adotadas para a gestão da crise e da crítica que priorizaram uma abordagem resolutiva centrada na consensualidade, ou seja, na ideologia da harmonia, e que ainda preconiza o protagonismo corporativo na gestão local das afetações. Já no quarto capítulo, o tema abordado é a promoção local das incertezas, ou seja, apresento algumas estratégias adotadas pela Samarco e pela Fundação Renova para negar a validade das denúncias e como a experiência da dúvida vai se constituindo como um dano insustentável entre os atingidos na foz do rio Doce, possibilitando o agravamento do sofrimento social.

Por fim, nas considerações finais, sintetizo os principais argumentos desenvolvidos no livro, enfatizando que o tratamento institucional adotado no contexto de gestão do desastre, protagonizado por agentes públicos e corporativos, contribui com o agravamento do processo de sofrimento social na região da foz sul do rio Doce.

PARTE I

COLONIALIDADES EM CURSO

CAPÍTULO 1

PORQUE A GENTE VIVE IMPRENSADO AQUI: SOBRE AS TERRAS TRADICIONALMENTE OCUPADAS E A DESORDEM CRÔNICA COMO CONTEXTO NA REGIÃO DA FOZ SUL DO RIO DOCE

Sobre as terras tradicionalmente ocupadas na planície costeira do rio Doce

O rio Doce[9] é formado pela confluência entre as águas dos rios Piranga e Carmo, cujas nascentes estão situadas nas encostas das serras da Mantiqueira e do Espinhaço, no estado de Minas Gerais (ANA, 2016) e que deságuam no oceano Atlântico, em Regência Augusta, distrito rural do município de Linhares, no litoral norte do estado do Espírito Santo. Nesse longo percurso de 879 quilômetros entre as nascentes e a foz encontramos

9 Segundo Zunti (2000), tal nomeação do rio remete ao período colonial da nossa história: "quando os navegadores portugueses, encontrando água doce defronte à foz deste rio, a seis milhas da barra, deram-lhe então o nome de rio Doce" (Zunti, 2000 *apud* Reis, 2003, p. 28). Na época, a água doce avançava em corrente por quase 10 quilômetros, o equivalente a seis milhas mar adentro (Teixeira, 2020).

comunidades urbanas e rurais, cidades e povoados que vivem do rio e com o rio (Ferreira, 2016). Sendo assim, o rio Doce representa a principal fonte de água, alimento, trabalho, lazer, cultura e espiritualidade para os diversos povos e comunidades tradicionais, rurais e urbanas que integram essa extensa bacia hidrográfica e suas áreas de influência.[10] Além de nutrir a população, as águas do rio Doce também preenchem de significado a vida social e cultural desses povos.

No baixo curso do rio Doce, "o relevo movimentado do território espírito-santense dá lugar a uma ampla planície costeira que se estende por mais de 100 km de extensão norte-sul" (Portuguez, 2019, p. 01). Segundo Simone Raquel Batista Ferreira, geógrafa e estudiosa de comunidades tradicionais no norte do estado do Espírito Santo, a construção geomorfológica dessa planície ocorre por meio da "deposição sedimentar do rio Doce, conjugad[a] aos movimentos de regressão e transgressão marinha ao longo da costa do Espírito Santo" (Ferreira, 2020, p. 130). A partir dessa história geológica é que a região constitui-se como um ambiente naturalmente inundado pelas águas fluviais, cujos períodos de grandes cheias, observadas no alto e médio curso do rio, provocam o derrame dessas águas nas terras localizadas no seu baixo curso, contribuindo

10 Localizada na região Sudeste do Brasil, entre os estados de Minas Gerais e do Espírito Santo, a bacia hidrográfica do rio Doce possui uma extensão total de 853 quilômetros e uma área de drenagem com cerca de 83.465 km^2, dos quais 86% pertencem ao estado de Minas Gerais e o restante (14%), ao do Espírito Santo, sendo, portanto, uma bacia de domínio federal (Coelho, 2009, p. 133). De acordo com as características morfoestruturais variadas, é possível distinguir três unidades regionais no seu interior: alto, médio e baixo rio Doce. No estado do Espírito Santo, são observadas as unidades médio e baixo rio Doce, sendo que, na unidade caracterizada por baixo rio Doce, há uma extensa planície costeira quaternária (Coelho, 2009), onde realizei o trabalho de campo.

com a formação e ampliação das lagoas e brejos e fertilizando o solo com o acúmulo de matéria orgânica (Ferreira, 2020).

De acordo com o arqueólogo João Luiz da Cunha Teixeira, essa região, classificada como o baixo curso do rio Doce, integra a Hileia Baiana, reconhecida como a floresta tropical mais rica do mundo em termos de biodiversidade. Essa região já foi comparada à floresta Amazônica, devido ao porte da vegetação e ao regular regime pluviométrico pseudoequatorial (Teixeira, 2020, p. 88). Ademais, observa-se também uma grande influência marinha nesse ambiente, formando cordões litorâneos e restingas (Incaper, 2020). Resgatando um passado não tão distante sobre a área de estudo, alguns interlocutores rememoram que a região situada ao sul da foz do rio Doce era chamada de "Pantanal Capixaba", em virtude dessa abundância de água e fertilidade da terra. Segundo Saldanha (2018), o complexo de lagoas, canais, brejos e alagados que caracterizavam a planície costeira como Pantanal Capixaba passou a sofrer drásticas alterações no século passado, especialmente a partir da década de 1960, em função de intervenções capitalistas que se sobrepuseram às demais atividades com características tradicionais.

Na planície costeira do rio Doce, localizada no litoral norte do estado do Espírito Santo, há atualmente um conjunto extenso de "territórios tradicionalmente ocupados" (Almeida, 2004) "por comunidades pesqueiras, marisqueiras, ribeirinhas, agricultoras, indígenas e quilombolas que construíram seus modos de vida profundamente vinculados a este ambiente, formado por um complexo de rios, brejos, lagoas, manguezais, restingas, praias e mar" (Ferreira, 2020, p. 130). Habitam-na, portanto, uma diversidade de povos e comunidades com características tradicionais e que historicamente construíram e permanecem construindo seus modos e "estratégias de vida"

(Bebbington, 2007) a partir da relação simbiótica com o ambiente, estabelecida especialmente na confluência entre as águas do rio e do mar. É nessa confluência que esses sujeitos construíram saberes diversos e deram significados culturais às práticas locais, constituindo os meios de vida tão peculiares àquela região.

Em virtude de essas terras serem inundadas periodicamente pelas águas do rio Doce e também pela presença marcante da influência marinha no ambiente, os sujeitos que as habitam e seus antepassados desenvolveram um conjunto de saberes, técnicas e práticas culturais que se relacionam com essa potencialidade hídrica. Sendo assim, a pesca e a mariscagem, praticadas inicialmente no ambiente fluvial e posteriormente no ambiente marinho, com o aprimoramento das embarcações e dos petrechos, tornaram-se atividades principais (Bicalho *et al.*, 2014). A agricultura e os extrativismos também se destacam como atividades relevantes na região, apesar da redução das áreas disponíveis para essas atividades no decorrer dos anos, em face às transformações socioeconômicas e ambientais no território. A caça também está presente na memória desses moradores como atividade que outrora já foi muito praticada na região. Esse conjunto complexo de atividades tradicionais e os saberes em torno delas garantem a reprodução social, cultural e material desses grupos. Com essa forte ligação com as águas fluviais, os ciclos das cheias e das vazantes no rio Doce representam na memória local um *período de fartura* para aqueles sujeitos que vivem na região costeira e próxima à foz.

Diante desse conjunto extenso de "territórios tradicionalmente ocupados" na planície costeira do rio Doce (Almeida, 2004; Ferreira, 2020), o trabalho de campo contemplou os limites territoriais do distrito de Regência Augusta, no município de Linhares, que é o de maior extensão territorial do estado do Espírito Santo, além de possuir a maior faixa litorânea. Nove distritos o integram, sendo três litorâneos que de alguma forma se relacionam com os interesses desta pesquisa, e por isso foram realizadas atividades de campo com periodicidades distintas em cada um deles: o balneário de Pontal do Ipiranga, ao norte da foz do rio Doce; a vila de Povoação, a poucos quilômetros da foz norte; e a vila de Regência, na foz sul.

Ao longo de toda a extensão da costa linharense, predominam o bioma da Mata Atlântica e a vegetação de restinga. Além disso, a região é área regular de desova de *Caretta carettae* e *Dermochelys coriacea*, duas espécies de tartarugas marinhas, sendo a segunda a mais criticamente ameaçada de extinção no mundo (Torres; Creado; Carvalho, 2016). Por essa razão, no extenso litoral há atividades de conservação dessas espécies de fauna marinha que vêm sendo realizadas pelo Projeto Tamar há pelo menos 40 anos. Ademais, desde 2010, a costa linharense passou a integrar o Mosaico da Foz do Rio Doce (MMA, 2010).[11] Destaco também nesse sentido a presença marcante desses agentes, ligados à conservação ambiental, nas arenas políticas que versam sobre os interesses e práticas de uso sobre os territórios na planície costeira do rio Doce, especialmente nos territórios do entorno da foz sul do rio Doce (Regência e povoados adjacentes).

Um pouco mais distante da foz do rio Doce, Pontal do Ipiranga é a sede distrital que abrange quatro povoados: Três Irmãos, Agrovila, Ipiranga e Campo Grande (Incaper, 2020). A sede de Pontal é um balneário que possui bastante circu-

11 Portaria n. 489 de 17/12/2010 – DOU 20/12/2010 (Ministério do Meio Ambiente). https://www.icmbio.gov.br/portal/images/stories/mosaicos/portaria-foz-do-rio-doce.pdf.

lação de turistas no verão. Na região, predomina a vegetação de restinga e a ocorrência fora do comum de orquídeas da espécie *Cattyleia guttata*, que implicou a criação recente do Parque das Orquídeas (Torres; Creado; Carvalho, 2016), localizado próximo à vila de Degredo, habitada por comunidade de pescadores, extrativistas e remanescentes de quilombo.[12] A certificação de Degredo como comunidade remanescente de quilombo foi publicada no Diário Oficial da União em 20 de maio de 2016.[13] De maneira geral, a economia do distrito baseia-se em pecuária, pesca artesanal e extrativismos, com destaque para a aroeira (Incaper, 2020) e o turismo.

Ao norte da foz do rio Doce está situada a vila de Povoação, distante 38 quilômetros da sede do município, em uma estrada

---

12 Em 2015 estive com a professora Simone Raquel Batista (Departamento de Geografia/Ufes) e o professor Osvaldo Martins de Oliveira (Departamento de Ciências Sociais/Ufes) na comunidade de Degredo. Os professores foram demandados para auxiliar no processo de auto-organização dos moradores, que reivindicavam o começo de um diálogo com a Fundação Palmares, a fim de estabelecer seu reconhecimento institucional como comunidade remanescente de quilombo. Fui convidada pela professora Simone para acompanhar a atividade de campo. Foi a primeira vez que estive naquela comunidade e percorri outros povoados, situados à margem norte da foz do rio Doce. Durante a reunião na comunidade de Degredo, os moradores narraram a chegada de seu Atalino Leite, em 1917, naquele território, explicando que a origem do povoado estava relacionada de alguma forma à constituição dessa família. Seu Atalino veio fugido de São Mateus (município localizado mais ao norte do estado do Espírito Santo) e, quando chegou àquela região, encontrou os indígenas que já viviam naquele território, classificados genericamente como botocudos. Desde então, com a abertura das terras por seu Atalino, novas famílias vindas de São Mateus foram chegando para viver e trabalhar. Em período mais recente, os presentes naquela região chamaram atenção para os conflitos vivenciados com a implantação da Petrobras e as atividades de conservação protagonizadas pelo Projeto Tamar, o que dificultava a permanência dos jovens e adultos na região.

13 A lista atualizada até a Portaria n. 104/2016, publicada no DOU em 20/5/2016, está publicada no *site* da Fundação Palmares, no seguinte endereço eletrônico: http://www.palmares.gov.br/wp-content/uploads/2016/06/COMUNIDADES-CERTIFICADAS.pdf. Último acesso em 4 de abril de 2022.

de chão que beira o rio Doce. É a sede distrital das seguintes comunidades: Povoação, São Luís, Paraíso, Santa Helena, Três Irmãos e parte de Ipiranga. Os moradores que vivem na vila de Povoação se declaram como pescadores e/ou como trabalhadores rurais, com destaque para a produção de cacau. O local atrai surfistas devido às boas condições da prática do esporte, embora o turismo ainda seja incipiente, especialmente se comparado à vizinha Regência. A povoação conta com um litoral vasto, coberto por vegetação de restinga bem conservada (Incaper, 2020) e uma base do Projeto Tamar.

Do outro lado do rio Doce está situada a vila de Regência, distante 54 quilômetros da sede do município, percurso que também é realizado por uma estrada de chão batido. A economia é baseada no gado de corte, bubalinocultura, cacau e pesca (Incaper, 2020), além do turismo. A região é a sede distrital das seguintes comunidades: Lagoa do Aguiar; Areal, Vila de Regência, Entre Rios e parte de Bananal do Sul (Incaper, 2020). Dentre estas, cabe destacar as comunidades de Areal, que se autoidentifica como indígena Botocudo, e Entre Rios, comunidade que se autoidentifica como comunidade tradicional ribeirinha. A sede da vila é caracterizada pelos próprios moradores como uma pequena vila de pescadores, que também atrai visitantes devido às boas condições de onda para a prática do surfe e de outros esportes aquáticos. O Projeto Tamar tem forte atuação na região, onde ocorre desova regular de "*Caretta caretta* – conhecida na região como careba amarela ou careba dura – e *Dermochelys coriacea* – conhecida na região como careba mole ou gigante – duas espécies de tartarugas marinhas, sendo a segunda a mais criticamente ameaçada de extinção no mundo" (Ibama, 1997). A área marinha também está na rota da baleia jubarte.

A região abriga ainda a Reserva Biológica de Comboios (Rebio de Comboios), unidade de preservação criada em 1984, gerida atualmente pelo ICMBio. Todavia, os interesses institucionais para preservação da área já são identificados desde meados de 1950, por meio da criação do Parque Biológico da Região Leste (Bis dos Santos, 2017). Atualmente, a área é classificada pelo Sistema Nacional de Unidades de Conservação (SNUC) como de proteção integral, não sendo, portanto, permitida a interferência humana direta ou modificações ambientais no seu interior, o que afeta diretamente os manejos locais de uso da terra e da área costeira outrora identificados na região. Sendo assim, há uma série de usos sociais e culturais que conflitam com os objetivos previstos no plano de manejo, elaborado em 1997, para a preservação da área.[14] Ademais, desde 2010, a Rebio de Comboios está inserida em dois corredores ecológicos estaduais: o Corredor Socomgo (Sooretama-Comboios-Goytacazes) e o Corredor Marinho do Rio Doce, ambos criados em 2 de junho de 2010 pelo Decreto 2529-R, e passou a integrar também o Mosaico da Foz do Rio Doce, reconhecido em 17 de dezembro de 2010 pelo Ministério do Meio Ambiente, por meio da Portaria 489.

Sobreposto a essas *terras tradicionalmente ocupadas*, e atualmente geridas no âmbito do Estado por projetos de conservação e preservação ambiental, verifica-se o avanço de atividades econômicas que emergem em diferentes temporalidades, provocando tensões, espoliações e conflitos ambientais. Estou aqui me referindo ao desmatamento das florestas para a produção de carvão (com a finalidade de atender à necessidade da indústria siderúrgica), à agricultura em larga escala, às drenagens de brejos e de lagoas (para favorecer a criação de gado), à monocultura do eucalipto (para atender à indústria de celulose) e à exploração e produção de petróleo e gás (para

14 Foi feita uma revisão do Plano de Manejo, publicado em dezembro de 2018; todavia, a classificação restritiva da unidade permaneceu.

atender à indústria petroquímica). Essas atividades, que foram implementadas entre a década de 1950 e meados da de 1980, implicaram transformações no território que foram de encontro à diversidade dos fazeres e dos saberes produzidos pelos diferentes sujeitos e grupos que habitam tradicionalmente esses territórios. Essas são as atividades que trazem consigo o léxico de mercantilização da natureza que dialogava muito bem com as manifestações dos interesses econômicos e políticos que norteavam a racionalidade desenvolvimentista do Brasil à época.

Nessa perspectiva divergente de interesses, e partindo do princípio ideológico que classifica territórios como "vazios demográficos" e determinam "vocações" orientadas e planejadas para essas regiões, as terras públicas e coletivas tradicionalmente ocupadas na região da planície costeira do baixo rio Doce, especialmente na foz sul, foram sobrepostas por essas outras atividades e processos territoriais. Os sujeitos que tradicionalmente habitam esses lugares foram submetidos, por um lado, a um longo e permanente processo de espoliação, protagonizada por ações estatais de planejamento com viés desenvolvimentista, que invisibiliza e inviabiliza os modos e as estratégias de vida que não dialogam diretamente com essa "racionalidade econômica" (Leff, 2009). Por outro lado, as políticas ambientais de cunho preservacionistas e conservacionistas – como é o caso da criação de unidades de conservação de proteção integral e da implementação de projetos para conservação de espécies-bandeira, como as tartarugas – se sobrepõem aos territórios tradicionalmente ocupados e são protagonistas de transformações nesse ambiente. Essas ações também trazem consigo outra lógica de "racionalidade ambiental", por vezes conflitante com os saberes e fazeres dos grupos, povos e comunidades tradicionais que ocupam historicamente a região.

A relação entre as políticas desenvolvimentistas e as políticas preservacionistas/conservacionistas pode parecer paradoxal para um olhar distante e ingênuo; porém, na prática cotidiana dos fazeres no território, tal relação revela por vezes o seu caráter simbiótico, tornando-as, portanto, políticas indissociáveis (Suassuna, 2007). Neste primeiro capítulo, apontarei a complexidade que essa relação indissociável confere aos conflitos ambientais.

Regência Augusta e os povoados adjacentes: caracterização da área de estudo

Regência Augusta conta com cerca de 1.300 habitantes, distribuídos aproximadamente em 330 famílias (IBGE, 2010). É descrita pelos próprios moradores como uma tradicional vila de pescadores. A relação estabelecida com as águas do rio e do mar torna a pesca uma atividade importante entre os interlocutores e garante a reprodução cultural e econômica de muitos moradores na região. A atividade extrativa realizada no mar, no rio e nas lagoas é desenvolvida há gerações, possui um saber próprio e caracteriza um modo de vida específico naquela região. Nessa perspectiva de reprodução social e cultural, a pesca atua, portanto, como fonte de alimento, conhecimento e saberes diversificados, além de fornecer identidade a esses moradores (Bicalho, 2012).

Atualmente, há cerca de 70 pescadores cadastrados na associação de pesca local. Ainda assim, estima-se que o número de pessoas que convivem com a pesca e dependem economicamente do pescado para a reprodução social seja ainda maior, pois a atividade é realizada no contexto familiar, ou seja, mulheres, jovens e idosos que compartilham a mesma residência atuam em conjunto, mesmo quando não são registrados oficialmente como pescadores. A comercialização do pescado é feita de forma direta na própria vila – que também tem um perfil turístico, com uma infraestrutura rústica de pousadas, restaurantes e casas de veraneios – e por atravessadores. Além da relevância comercial, o pescado também se destaca como um importante alimento inserido na dieta alimentar dos moradores da sede da vila de Regência e dos povoados adjacentes, garantindo, portanto, a segurança e a soberania alimentar naquela região.

Da mesma forma, o manejo de diversos cultivos agrícolas – como cacau, mandioca, milho, abóbora e diversas hortaliças – também é realizado em diálogo constante com o movimento das águas nas margens do rio Doce. Nas áreas conhecidas como "cabrucas", as terras são ciclicamente fertilizadas pelas águas do rio em seus movimentos de cheia e vazão. Os alimentos ali cultivados ajudam a fortalecer a autonomia alimentar dos moradores dessa região costeira, em especial dos povoados de Entre Rios e Areal (que integram o distrito administrativo de Regência Augusta).

Ao longo dos anos, os modos e as estratégias de vida dos interlocutores vêm sofrendo alterações em virtude de intensas transformações socioambientais e socioeconômicas identificadas na região. Nas estradas de chão batido que dão acesso à vila de Regência, é possível ver tais transformações. No trecho de chão batido da rodovia ES-010, entre a vila do Riacho (Aracruz) e a vila de Regência Augusta, a paisagem que predomina atualmente é a monocultura de eucalipto, intercalada com áreas destinadas ao pasto. Um pouco antes de chegarmos à vila de Regência Augusta, na praia de Comboios, existe uma área protegida destinada à preservação da restinga e à conservação dos ninhos de tartarugas marinhas, a Reserva Biológica de Comboios (Rebio de Comboios) (Figura 1).

Figura 1. Tanques de tartaruga na base do Projeto Tamar, no interior da Rebio de Comboios.

Crédito: Flávia Amboss Merçon Leonardo

Um pouco mais à frente, ainda no interior dessa área protegida, existem cinco grandes tanques para armazenamento de óleo, estrutura instalada na década de 1970 pela empresa Petrobras, atualmente inoperante.[15] Deslocando-se na direção oeste, seguindo o rio Doce, a presença dessa atividade de exploração e produção de óleo e gás, operada pela Petrobras e por empresas terceirizadas, torna-se ainda mais intensa na paisagem. Além da instalação industrial da Unidade de Processamento de Gás Natural de Lagoa Parda, local conhecido também como "O Fogo da Petrobras", antes de chegarmos às localidades de Areal e Entre Rios, é possível verificar ainda as dezenas de bombas de sucção de óleo e gás – chamadas pelos interlocutores de "cavalinhos da Petrobras" – e os dutos que percorrem o território, instalados nas estradas e nas proximidades das casas, especialmente em Areal.

15 Em 2021 iniciou-se o processo de desativação e retirada da praia dos tanques para armazenamento de óleo.

Panorama histórico e a construção ideológica do "vazio demográfico"

Parte da história da vila de Regência Augusta e dos demais povoados localizados na foz sul do rio Doce está ligada ao rio, um dos mais importantes da região Sudeste. Conversando com os moradores mais velhos e os mais antigos da vila de Regência, testemunhei o orgulho que eles sentem do passado "farturoso" ao narrarem as histórias da região.

O período "farturoso" do rio e os perigos encontrados durante a navegação nessas águas fluviais, especialmente no encontro do Doce com o mar (região estuarina conhecida localmente como "boca da barra"), são rotineiramente apontados pelos interlocutores durante as conversas como forma de salientar o esplendor natural da região e reverenciar as dificuldades enfrentadas e os saberes desenvolvidos pelos antepassados para lidar com todas aquelas adversidades.

A atividade da pesca artesanal sempre foi realizada no local com técnicas e saberes construídos coletivamente. Muitos relatos enfatizam que, no passado, quando iam se banhar ou pescar no encontro das águas doces com o mar, os moradores amarravam uma corda na cintura e prendiam a outra ponta em alguma pedra ou pedaço de madeira, que ficava enterrado na praia, com o intuito de lhes garantir segurança (Reis, 2003). Diante dos perigos enfrentados na boca da barra, os moradores contam que a pesca no leito do rio Doce foi preferida durante muitos anos em relação à pesca no ambiente marinho. Apesar disso, em virtude das transformações socioambientais vivenciadas na região, a pesca no ambiente marinho foi sendo preconizada como uma estratégia de vida naquela região. Ou seja, em virtude dos problemas ambientais que assolam o rio Doce há algum tempo, provocando a perda da sua potência e a diminuição do volume de água na sua foz, os pescadores desenvolveram alternativas para continuar com a atividade e passaram a adentrar as águas oceânicas, por meio de embarcações maiores e a construção de outras técnicas pesqueiras, para garantir o sustento familiar (Bicalho *et al.*, 2014). Esse era o tipo de pesca que predominava na região até o ano de 2015, quando rompeu a barragem de rejeitos da Samarco Mineração S.A.

Essa descrição sobre o local, que envolve a fartura e os perigos vivenciados na boca da barra, também está presente nas narrativas dos moradores mais jovens, que contam, com entusiasmo e orgulho, as histórias reproduzidas pelos seus familiares e vivenciadas outrora. É interessante notar, conforme aponta a historiadora Regina Lúcia Paiva Rabello Reis, que a "periculosidade presente na paisagem da *boca da barra* integra-se num clima onde se inserem lendas e acontecimentos locais" (Reis, 2003, p. 27). É nesse contexto que se insere um importante fato do período imperial, presente na memória coletiva e nas festividades, que serve de inspiração para a construção da tradicionalidade local ao aludir à figura de um "caboclo" forte e destemido (Suassuna, 2007).

Na noite de 7 de setembro de 1887, um naufrágio agitou o povoado de Regência Augusta. O navio Imperial Marinheiro, com 142 tripulantes, naufragou na barra do rio Doce após colidir com o pontal sul. Na ocasião, Bernardo José dos Santos, com 28 anos, morador do povoado, arriscou a própria vida para salvar os marinheiros. Apesar do longo tempo decorrido, narrar esse fato histórico nos permite fazer referência às condições naturais da foz do rio Doce, com destaque para os perigos da boca da barra, e contribui com o debate das tradições étnicas e culturais locais. Quem frequenta a vila de Regência Augusta já teve a oportunidade de escutar a história do herói nacional Caboclo Bernardo e, provavelmente, já participou de algum festejo em sua homenagem. O nome Caboclo Bernardo é referência de coragem, conhecimento, religiosidade e respeito na vila. Contarei brevemente tal história com a intenção de relacionar as formas de reprodução culturais e religiosas na vila hoje, a ancestralidade indígena e negra, bem como a violência histórica praticada contra esses povos por meio da colonialidade do poder (Quijano, 2005) e legitimada pelo fenômeno da pilhagem colonial (Mattei; Nader, 2013).

Na sequência, reproduzo um trecho do livro *Caboclo Bernardo: história e cultura na barra do rio Doce* (2003), de Regina Lúcia Paiva Rabello Reis, que narra esse importante episódio a partir da sua pesquisa de mestrado, que envolveu história oral e fontes oficiais, incluindo documentos históricos do contexto imperial:

> Era uma noite escura e tempestuosa, o que agravava a situação. O navio naufragava na barra do rio Doce. As vítimas – tripulantes do Imperial Marinheiro – desesperadas procuravam todos os recursos possíveis para salvar o navio e suas próprias vidas. Parecia impossível que alguém saísse vivo dali, pois imensas e violentas ondas batiam no navio sem piedade [...]
> A esperança da tripulação agonizante era de que o escaler com 12 tripulantes tivesse conseguido chegar à praia em busca de socorro. Esse escaler chegou à praia despedaçado, e apenas com oito corajosos marinheiros com vida. Eles imploraram ao capitão-mor e à comunidade local ajuda para seus companheiros. Todos os habitantes da vila correram para a praia levando socorros improvisados para que pudessem ajudar. Mas parecia impossível qualquer ajuda ao Imperial Marinheiro e seus desesperados tripulantes. [...]
> Apesar das tentativas, os habitantes do pacato povoado de Regência não conseguiram atender a agonizante tripulação do Imperial Marinheiro. O dia amanheceu. Da praia, avistavam-se os destroços do navio e sua tripulação em desespero. Os recursos disponíveis no povoado eram muito poucos. A tripulação estava condenada a ter como leito de morte a misteriosa barra do rio Doce. Alguns tripulantes já se jogavam no mar, tentando ir ao encontro das areias que pareciam estar tão perto. Mas as ondas e a fúria do mar eram mais fortes. Logo seria a embarcação encoberta pelas águas numa viagem sem volta. Tudo parecia estar perdido. Nesse cenário de total desconforto é que se originou a destemida figura de um nativo, tema deste trabalho.

> Esse jovem nativo era Bernardo José dos Santos, um pescador de 28 anos, filho de Manoel dos Santos, conhecido como Manduca, e de Caroline Santos. Tinha quatro irmãos: Ermílio, Orcílio, Tereza e Filomena. Formavam uma família simples, típica da região. Nascido e criado à beira-mar, aprendeu e conviveu, desde menino, com os segredos da enigmática barra do rio Doce. Num ambiente de total desespero, Bernardo propôs-se levar nos dentes um cabo de espia no qual os tripulantes deveriam vir pendurados, um a um. Jogou-se ele ao mar quatro vezes seguidas, sendo devolvido à praia por violentas ondas. Sua mãe, muito aflita, pedia-lhe que não insistisse nessa impossível missão. Mas a coragem, a bravura e a tenacidade desse jovem não o deixavam abater-se ante as súplicas de sua mãe. Na quinta tentativa, conseguiu chegar ao navio levando o cabo salvador. [...]
> Essa exaustiva luta durou mais ou menos cinco horas. [...] Dos 142 tripulantes que estavam condenados à morte, graças à audácia desse nobre Caboclo, 128 foram salvos. (Reis, 2003, p. 71-76)

Reis narra também como o Caboclo, após o episódio do naufrágio e do salvamento, passa a ser homenageado como herói. De início, ela utiliza fontes escritas, como documentos oficiais e jornalísticos da época, para mostrar as homenagens que o pescador de Regência recebeu em Vitória e no Rio de Janeiro, inclusive sendo recebido e condecorado com uma medalha de ouro pela princesa Isabel. Na sequência, ela recorre às fontes orais para retratar a construção dessa figura mítica na vila de Regência Augusta, por meio de entrevistas com os moradores e da observação participante em festas e celebrações religiosas que ocorrem em torno das homenagens ao Caboclo Bernardo:

> Os náufragos agradecidos não se cansavam de contar com detalhes toda a atuação do salvador durante a tragédia, e de falar sobre a generosidade daquela gente humilde que habitava a margem do rio Doce, no povoado de Regência. [...] Em seguida, os acontecimentos convergiram para a criação de um espaço de reconhecimento ao homem simples nativo do local: Bernardo.

> Os programas foram criados na forma de festividades comemorativas do episódio em torno do destaque do salvador.
> No dia 20 de setembro do mesmo ano reuniu-se em sua volta uma população que se concentrou em Vitória, em um histórico ponto: o Forte São João. À noite, ao som de uma famosa banda da época, o ator foi alvo de muito prestígio. [...] Nessa mesma noite, seguiu o personagem ao palácio do governo. Aí foi recebido pelo presidente da província, dr. Antônio Leite Ribeiro da Almeida, seus auxiliares, deputados, demais autoridades. [...]
> [...] em 29 de setembro foi recebido no Rio de Janeiro pela alta cúpula [da] Marinha de Guerra brasileira. Por sua influência, em um momento de extrema misericórdia. [...] A imprensa do Rio de Janeiro – principalmente os jornais *O País* e *Gazeta de Notícias* – acompanhou de perto a trajetória de homenagens nessa ocasião. O episódio se expandiu, ficou guardado no fundo do coração do povo, e hoje exprime os significados e uma tradição.
> A maior de todas as homenagens ao caboclo ocorreu após essa recepção: a grande festa imperial realizada no salão de honra do Paço de São Cristóvão. Reuniram-se nessa ocasião a princesa imperial regente e outras autoridades. A princesa Izabel premiou Bernardo José dos Santos com uma medalha de primeira classe, cunhada em ouro. Além da medalha, Bernardo e companheiros, tripulantes do navio, que se destacaram no salvamento, receberam um envelope fechado da princesa. Acredita-se que ele contivesse um prêmio pessoal da princesa. Um outro envelope continha um diploma oficial. (Reis, 2003, p. 79-82).

O enredo dessa história, que entrelaça milagre, coragem e cultura e permeia o imaginário simbólico local, é dramatizado anualmente na vila de Regência Augusta por meio da peça teatral *O auto do Caboclo Bernardo*, encenada pelos atores que integram a Companhia de Artes Regência Augusta – moradores da vila de diferentes gerações: jovens, adultos e idosos. A peça retrata o nascimento do Caboclo Bernardo pelas mãos de uma parteira. Conta ainda a vida simples que Bernardo levava na vila de Regência, retratada como uma comunidade pesqueira, e explica como o menino nativo aprendeu com os homens da família e do povoado a conhecer as artimanhas da boca da barra e os perigos relacionados ao vento sul, ainda hoje presente no dia a dia dos moradores. São conhecimentos práticos apresentados na peça como fundamentais para a realização do ato heroico do personagem. A peça narra ainda o episódio do salvamento, que fez de Bernardo um herói nacional, a homenagem recebida pela princesa Isabel e o fim trágico do caboclo, assassinado na vila de Regência (Reis, 2003).

Atualmente, a releitura dessa história apresentada ao público (formado pelos demais moradores e por turistas) conta também com a participação de um outro importante personagem e morador, já falecido, da vila de Regência Augusta: Eupídio Angelo de Macedo,[16] o seu Miúdo, que dedicou sua vida a contar a história e a cuidar do túmulo e, posteriormente, do busto do Caboclo Bernardo – instalado a seu pedido, pela Prefeitura de Linhares, na praça central da vila que leva o nome do herói. A encenação geralmente é realizada ao ar livre, no espaço coletivo existente entre a igreja católica e a Casa de Congo de São Benedito, que tem o cenário preparado pela própria comunidade durante as festividades da homenagem. Sobre o cenário, chama a atenção a delicadeza da casa de Caboclo Bernardo, construída com a mesma técnica tradicional do embarreio e forro de estuque que outrora predominava na vila. Todo o cenário, inclusive essa casa, é construído e montado de forma coletiva pelos moradores da vila em um mutirão realizado dias antes da festa.

É importante ressaltar que todo mês de junho tem festa na vila de Regência. É a tradicional Festa do Caboclo Bernardo.

---

16 Poeta e músico, seu Miúdo fez músicas e poemas, inclusive um hino em homenagem ao Caboclo Bernardo. Ele faleceu em 2008, aos 85 anos.

A data faz alusão ao dia de sua morte,[17] que, na interpretação de moradores, representa o momento da morte e do renascimento do Caboclo como herói na vila de Regência. Além da encenação teatral, os festejos também contam com o Encontro Estadual de Bandas de Congo, no qual dezenas de bandas de congo de diferentes localidades do estado do Espírito Santo se reúnem anualmente para celebrar o feito histórico atribuído ao herói nacional. É interessante notar que a celebração é a única do estado do Espírito Santo em devoção a uma pessoa. De maneira geral, as demais celebrações que envolvem as bandas de congo no estado capixaba celebram e homenageiam diferentes santos católicos.

Na sequência, apresento três fotos que retratam parte das festividades, com o intuito de complementar a narrativa. A Figura 2 retrata a banda de congo São Benedito, em homenagem ao santo padroeiro da vila de Regência. Na Figura 3, é possível observar a imagem do Caboclo Bernardo, pintado em tela, ao lado de outros santos, que integram o universo religioso da fé católica. A capela ornamentada para a festa do Caboclo Bernardo fica situada na casa da dona Mariquinha, uma moradora local (já falecida), que durante anos teve a tarefa de receber as bandas de congo que vinham de outros povoados e municípios. No ritual, convergem religiosos de diversas etnias – povos Tupiniquim, Botocudos, negros e caboclos – com o intuito de prestar homenagem ao herói na capela que leva o seu nome (Valim, 2008).

17 Ele foi assassinado no terreno de sua casa, em 3 de junho de 1914. O autor do assassinato foi outro morador da vila de Regência Augusta

Figura 2. Banda de Congo de São Benedito (Regência). Festa do Caboclo Bernardo.

Crédito: Flávia Amboss Merçon Leonardo, junho de 2012

Figura 3. Capela na casa da dona Mariquinha, ornamentada para a Festa do Caboclo Bernardo. Destaque para fotografia do Caboclo Bernardo ao lado das imagens dos santos padroeiros.

Crédito: Flávia Amboss Merçon Leonardo, junho de 2011

Figura 4. Festa do Caboclo Bernardo. Igreja católica, vila de Regência.

Crédito: Flávia Amboss Merçon Leonardo, junho de 2011

Os diversos grupos religiosos chegavam[18] de ônibus até a casa da finada dona Mariquinha, situada logo na entrada da vila de Regência, geralmente ao amanhecer. O barulho dos fogos registrava a presença desses grupos na vila. Lá, adentravam a capela, ornamentada para a festa, e tomavam o café da manhã oferecido pelos moradores, especialmente os integrantes da banda de congo local. Na sequência do rito, as bandas de congo saíam em cortejo pelas ruas da vila até a igreja católica, situada no centro da vila de Regência. Lá, cada banda entrava individualmente para homenagear Caboclo Bernardo, são Benedito e santa Clara (os dois últimos são considerados os padroeiros da vila). A musicalidade

---

18 Apesar de a celebração continuar acontecendo na vila de Regência, o uso do verbo no passado está relacionado ao fato de que a festa nos últimos anos teve o seu formato alterado. Nas últimas festas em que participei, o cortejo não foi realizado pelas ruas da vila, entre a capela Caboclo Bernardo e a Igreja Católica, situação que tem provocado insatisfações locais que não serão exploradas aqui.

está presente durante toda a festa, com o auxílio de ganzás, casacas, apito, muitos cânticos de devoção aos santos católicos e diversos elementos da cultura local. A festa contava ainda com almoço coletivo, servido a todos os integrantes das bandas de congo, moradores e turistas que prestigiam anualmente o evento.

Segundo Valim (2008), o evento e suas consequências, inclusive o assassinato do herói, tornaram-se um marco na história da vila. Para Suassuna (2007, p. 163), "o reconhecimento do heroísmo do Caboclo Bernardo contribuiu para o fortalecimento de um imaginário social fundamentado no altruísmo, apresentando-se a ideia de que o indivíduo arrisca a própria vida para salvar outros". De fato, o acontecimento é narrado no cotidiano, entre as diferentes gerações de moradores na vila de Regência, e contribui com a constituição identitária da vila, para além do seu sentido moral e ético. Ou seja, a história narra um elemento comum que constitui as identidades locais: a história do Caboclo Bernardo interliga aspectos étnicos, como a ancestralidade indígena, e o saber-fazer imbricado com as águas marinhas e fluviais, que reproduz um modo de vida específico na foz do rio Doce, representado na figura do pescador herói.

Além dessa representatividade ética, cultural e religiosa relacionada aos festejos, contar a história desse ilustre morador da vila de Regência também se torna importante diante do contexto de apagamento e de resistência no que se refere à ancestralidade indígena e dos negros escravizados na região da foz do rio Doce. A narrativa em torno do Caboclo Bernardo mescla a identidade do indígena e do negro – que integra a identidade cabocla,[19] tornando-se parte constitutiva da identidade

[19] De acordo com Zunti (1941), a formação étnica na região constitui-se pela miscigenação entre povos indígenas, moradores da barra sul do rio Doce, e negros escravizados, por meio do porto localizado em São Mateus, município mais ao norte do Espírito Santo, daí a referência local aos "caboclos".

local (Valim, 2008; Bicalho, 2014). Assim, os acontecimentos em torno de sua celebração podem ser interpretados como atos de resistência frente às narrativas hegemônicas que contribuíram e ainda contribuem com um processo de apagamento das identidades tradicionais locais. Essas narrativas hegemônicas a que me refiro não questionam a ancestralidade indígena na foz do rio Doce. Todavia, elas estabelecem o lugar do passado para se referir a essa ancestralidade. Assim, comentários como "os índios foram dizimados" estão ideologicamente presentes nos discursos oficiais e contemporâneos sobre a região. Nesse sentido, os ritos em torno do Caboclo Bernardo contribuem com o processo de microrresistências das identidades locais, algo como o que Scott, Menezes e Guerra (2000) examinam como as "armas" disponíveis e inventadas no cotidiano.

As formações históricas dos territórios em destaque e dos municípios vizinhos estiveram atreladas à política de aldeamentos de povos indígenas (Marinato, 2007; Ferreira, 2016). A resistência sempre ocorreu, e a recusa à sedentarização nos aldeamentos foi constante, "espalhando-se pelos sertões, promovendo assaltos, correrias e ataques às fazendas e povoados" (Ferreira, 2016, p. 283); "progressivamente, portanto, puri e botocudos, que sobreviviam ao contato, passaram a engrossar a categoria genérica de 'índios' e 'caboclos' da região [...] e que [...] estavam sendo incorporados ao sistema produtivo local [...]" (Moreira, 2001 *apud* Ferreira, 2016).

A construção das narrativas modernas sobre a "barreira verde" e o posterior "vazio demográfico" que ainda hoje permeiam o imaginário dos capixabas sustenta as ideologias de progresso e do desenvolvimento no norte do estado. A primeira narrativa é mais antiga e está relacionada ao período colonial. Com a descoberta de ouro em Minas Gerais, a região norte do Espírito Santo, especialmente a região do rio Doce, teria funcionado como barreira verde para impedir a circulação de ouro contrabandeado pelo rio. Nesse mesmo período, para garantir o povoamento da região, criou-se a imagem da violência indígena frente ao processo de colonização. Já no século XX, a narrativa do vazio demográfico, a partir do suposto desaparecimento dos povos indígenas, em virtude de guerras e doenças, imperou para justificar um novo tipo de povoamento na região.

"Foi quando a gente passou a viver imprensado"

No decorrer do século XX, a violência vivenciada por meio do processo de militarização e dos aldeamentos indígenas implementados no vale do rio Doce (Marinato, 2007) foi atualizada por práticas desenvolvimentistas, focadas em um ideário de progresso e de crescimento econômico que contribuíram para a manutenção da espoliação e da colonialidade do poder (Quijano, 2005). As transformações socioambientais que marcam esse período na foz do rio Doce estão presentes na memória dos moradores mais antigos, que vivenciaram essas mudanças nos seus respectivos territórios. Sendo assim, a experiência da crise torna-se um elemento central na relação desses interlocutores com o ambiente em que estão inseridos.

Durante o trabalho de campo, testemunhei muitas histórias sobre o passado dos interlocutores. Essas histórias retratam tanto o lugar e as transformações realizadas no espaço geográfico como as práticas de ser e fazer que forjavam identidades culturais de homens e mulheres que sempre tiveram suas vidas integradas à terra e às águas fluviais e marinhas. Essas histórias também evidenciam um conjunto de espoliações e violências, protagonizadas pelo Estado, que se configuram como motor dessas transformações sociais. No intuito de narrar o passado e suas histórias de vida, os interlocutores identificam uma temporalidade específica na região, através da cisão entre um "tempo de fartura" e um "tempo de mudanças".[20]

Até meados do século passado, boa parte dos territórios situados na foz sul do rio Doce vivia basicamente da pesca artesanal, da caça e dos gêneros agrícolas plantados ou coletados nas extensas matas que cobriam a região. Esse período é representado pelos interlocutores como um tempo de fartura e de liberdade, conforme explicam dona Ziza e seu Zé Barcelos, ambos moradores do povoado do Areal:

> E nossa vida aqui, muito tempo atrás, há 50 anos, era uma vida difícil e não era. Porque a nossa vida era uma vida livre, sabe? Era uma vida livre porque a gente tinha a nossa carne de caça, tinha nosso peixe, a gente pescava, a gente não sabia comprar nada, o que nós tínhamos era o que nós plantávamos. Colhia o nosso café, que era feito de caldo de cana, a minha mãe tinha roça de plantação de cana, de mandioca, abóbora, melancia... tudo a gente tinha. Minha mãe colhia feijão, milho, tudo nós tínhamos, nós não tínhamos como sair pra comprar, tudo nós tinha. [...] E meu pai caçava, era muito gotoso, entendeu? Nós íamos pro rio tomar banho, o rio Doce enchia, quando ele enchia, alagava, aí nós ficava já alegre porque peixe aqui era o que mais vinha, você não dava conta de tanto peixe que tinha. Era muito mesmo. Não era dizer assim: 'Ah, eu vou lá na lagoa pegar!'. Não, você pegava nas poções, onde ia secando, aí ficava aqueles peixes, nossa, era demais! Tanto a gente comia como a gente vendia pra tirar aquele dinheiro pra poder a gente ajudar nas coisas que faltava pra casa. (Dona Ziza, povoado de Areal, adjacente à vila de Regência.)

> Mas eu falo bem a verdade, naquela época de [19]70 era muito mais melhor que hoje em dia, tinha mais fartura, porque você saía para ir no rio Doce ali, com uma hora você voltava com

20 Essas temporalidades associadas às transformações sociais e ambientais serão novamente acionadas pelos interlocutores, em função do desastre sociotécnico, fazendo referência ao tempo anterior e posterior à experiência da vida com a lama.

> o peixe, e hoje em dia você vai e você volta e não pega nada. E naquele tempo não, naquele tempo tinha mais fartura! Naquela época, você saía pra caçar, quando chegasse, daqui uma hora, uma hora e meia. você já tinha uma caça pra dar pra sua filha comer, e hoje em dia não. Hoje se você matar uma caça você corre o risco de você ir preso, você paga uma multa de 5, 6 mil reais [...] por causa disso que tá difícil hoje em dia. (Zé Barcelos, povoado de Areal, adjacente à vila de Regência.)

Paralelamente às lembranças desse período de liberdade e fartura, dona Ziza relata as mudanças no território, especialmente com a chegada dos fazendeiros que foram comprando as terras da sua família:

> Porque naquele tempo era mata, aquelas matas boas, entendeu? Aquelas mata que, se você entrava numa mata e se você não soubesse voltar, você não voltava, porque era muita mata mesmo! Só que foi chegando os fazendeiros, foi comprando dos nossos avós, que nossos avôs não tinham leitura, não tinha nada, acharam que aquele dinheiro era um dinheiro que dava, aí eles pegavam e compravam as terras da minha avó mais meu avô, e foram comprando, e nós fomos enfraquecendo nossa terra... Foram comprando, meus avós, vendendo, e hoje nós separemos aqui só nesse pedacinho de terra, que praticamente não dá nem pra família toda, porque minha família é grande [...] Então, aconteceu essa mudança, né, na forma da gente viver... (Dona Ziza, povoado de Areal, adjacente à vila de Regência.)

Além dos fazendeiros, que foram chegando ao território e contribuindo com as mudanças socioambientais, novos elementos também foram inseridos naquele cotidiano a partir da configuração de políticas desenvolvimentistas e ambientais, conforme explica seu Nilton, morador da Fazenda Entre Rios:

> Mas a Petrobras chegou e o Ibama, aí já não era guarda-florestal, aí já era Ibama, chegou junto, entendeu, tudo nessa época. [...] Foi a Petrobras que abriu as estradas. [...] Foi prati-

camente quase tudo junto. Porque foi tudo... assim, tipo uma descoberta, entendeu? Foi destampando as áreas para plantar mandioca, e aí vem aquele interesse, né? Porque tem estrada e fazendeiro entrando. E uns 30 anos atrás você não tinha como passar por aqui para ir no Areal igual passava hoje. Depois que a Petrobras fez aquele negócio ali, aquela estação ali, que começou a ter petróleo de um lado, petróleo do outro e praticamente esses poços, entendeu? Que nem aqui, não tinha essa casa no alto, né? É... aqui o rio passava logo próximo, não era tão essa extensão de terra que nem tem hoje, né? E era farturoso! Aí a Petrobras foi e... (Nilton, Fazenda Entre Rios, adjacente à vila de Regência.)

A partir de meados dos anos 1950, sensíveis modificações na região da foz do rio Doce, em decorrência do contexto nacional desenvolvimentista e da articulação com as políticas ambientais conservadoras, são identificadas e sentidas pelos interlocutores. Essas modificações engendram transformações no ambiente e nos modos de vida de homens e mulheres que sempre tiveram suas relações econômicas, sociais e culturais ligadas à terra e às águas fluviais e marinhas. Por um lado, os interlocutores apontam a emergência das políticas desenvolvimentistas com a frente de expansão econômica nos anos de 1950, 1960, 1970, especialmente a chegada dos fazendeiros e da Petrobras, que provocou uma devastação nas florestas outrora identificadas na planície costeira. Por outro lado, a implementação das políticas ambientais, marcadas pelo cercamento das áreas outrora livres e coletivas e desde então destinadas à proteção ambiental, descrita pelos interlocutores por meio da chegada do Ibama e do Projeto Tamar, também provoca mudanças sensíveis nesses modos de vida específicos.

Essa temporalidade, descrita como um "tempo da fartura" e um "tempo das mudanças", que se manifesta por meio da "chegada" do desconhecido, resulta na configuração de "estratégias de vida" (Bebbington, 2007). Em face das transformações capitalistas impostas na região, os moradores relatam a necessidade de alterações nas práticas outrora estruturadas. Logo, a experiência com a crise é vivenciada processualmente entre os interlocutores na foz do rio Doce. É um tempo de mudanças, como analisam os interlocutores.

Antes de continuar com essa análise descritiva sobre as transformações socioambientais na foz do rio Doce, considero relevante ressaltar que a articulação entre as políticas ambientais conservadoras, também classificadas como preservacionistas, e a violência da frente de expansão econômica, protagonizada pelas políticas desenvolvimentistas e que pode ser interpretada inicialmente como um problema paradoxal, apresenta-se na sua prática cotidiana como uma relação conciliatória e bastante trivial no contexto brasileiro, e não apenas na região da foz do rio Doce. Sobre o assunto, autores como Antônio Carlos Diegues (2002), Henyo Barreto Filho (2002, 2006), Neide Esterci e Annelise Fernandez (2009) e Felisa Anaya (2012) já apontaram, a partir de etnografias e estudos de casos em diversas regiões do país, tais contradições e articulações convenientes, identificadas entre a expansão econômica engendrada pelas políticas desenvolvimentistas e o conservacionismo das políticas ambientais, sendo que ambas as políticas atuam em direção à expropriação dos territórios tradicionais. Por "política ambiental conservadora" entende-se aqui aquele movimento ambiental institucional que se destina a criar áreas naturais protegidas e livres da interferência humana.[21] É interessante notar que essa conciliação

21 Uma análise histórica sobre essa corrente do ambientalismo pode identificar seu surgimento no contexto político estadunidense do final do século XIX, sobretudo no movimento que objetivava preservar as áreas virgens nos Estados Unidos, cujo principal representante foi John Muir (1838-1914). Diante de um cenário de intensa industrialização, o

entre a expansão econômica e as políticas ambientais conservadoras não perdeu a sua força.[22]

No período marcado pelo nacional-desenvolvimentismo, da década de 1950 até meados da de 1980 – no qual o caráter assumido pelas políticas nacionais demonstra a necessidade de promoção do crescimento econômico alicerçado no investimento industrial –, a política ambiental também se destacou no país por meio da criação de unidades de conservação integrais, especialmente parques naturais, que apresentou um notável crescimento (Esterci; Fernandez, 2009). Para explicar tais contradições e articulações convenientes, não se pode olhar apenas para o contexto interno. No contexto externo, houve relativos avanços em relação às questões ambientais e uma notável emergência do ambientalismo como tema global. A Conferência de Estocolmo, realizada em 1972, foi palco de grandes discussões, inclusive do posicionamento brasileiro contrário às propostas de crescimento zero ali defendidas. A comitiva brasileira problematizou a discussão e evidenciou o interesse no desenvolvi-

---

movimento em questão buscava preservar espaços naturais livres de qualquer uso que não fosse recreativo ou educacional da ação humana, partindo do princípio de que o homem é necessariamente destruidor da natureza. Sobre o assunto, ver: McCormick, 1992; Diegues, 1996; Franco; Drummond, 2012. Outro fator importante para a formação do pensamento preservacionista é a relação com as novas descobertas científicas no campo da Biologia. As descobertas não ocorreram em território estadunidense, mas contribuíram na elaboração dos princípios e valores defendidos pela corrente preservacionista do país. Assim, é importante destacar que o movimento também teve "influência de ideias europeias, como a noção de ecologia, cunhada pelo darwinista alemão Enerst Haeckel, em 1866, segundo o qual os organismos vivos interagem entre si e com o meio ambiente" (Diegues, 1996, p. 31). Recentemente, soma-se a essa influência científica o campo da Biologia da Conservação, que se desenvolve desde 1960 e também fornece a base científica que respalda essa corrente do ambientalismo (Martinez-Alier, 2007).

22 Ao contrário, suas ações serão reproduzidas no pós-2000, conforme verificamos no contexto de conflitos neoextrativistas e do desastre sociotécnico.

mento acelerado no país, responsabilizando o bloco de países na época classificados como "Primeiro Mundo" pelo desequilíbrio ambiental vivenciado até então (Herculano, 1992).

A despeito desse posicionamento externo, o país assumiu, internamente, políticas voltadas para a preservação ambiental. Diegues (2002) aponta que, nos anos 1970, o atendimento de solicitações de financiamentos externos por parte do governo brasileiro tinha que ter como contrapartida, sobretudo para a Amazônia, respeito às cláusulas de conservação impostas pelo Banco Mundial. Segundo Esterci e Fernandez:

> foi sendo assim construída a ideia de que as frentes de expansão do desenvolvimentismo acelerado poderiam ser equilibradas com a conservação da exuberância e da riqueza (inesgotável) da nossa fauna e flora, e com a manutenção dos modos de vida dos indígenas. A criação de áreas intocadas seria o salvo-conduto para o desenvolvimentismo acelerado, funcionando como medida compensatória para o impacto das grandes obras de infraestrutura, frente às agências internacionais. (Esterci e Fernandez, 2009, p. 21)

É interessante notar que as discussões que pautam o surgimento do Projeto Tamar, instituição com efetivo protagonismo na região da foz do rio Doce, ocorrem nesse contexto da política brasileira "marcado por pressões internacionais, em que a política estatal se direcionava para a busca do crescimento econômico" (Suassuna, 2007, p. 38). O Projeto Tamar é um programa de conservação ambiental, vinculado ao Ibama, órgão pertencente ao Ministério do Meio Ambiente e Recursos Naturais (MMA). Com a finalidade de auxiliar a intervenção socioambiental, houve a criação, em 1988, de uma organização não governamental, a Fundação Centro Brasileiro de Proteção e Pesquisa das Tartarugas Marinhas (Fundação Pró-Tamar). A partir de então, o Projeto Tamar se apresenta com uma configuração híbrida (Estado/ONG), pois relaciona ONG e Estado de maneira simbiótica (Suassuna, 2007).

Todos esses macroarranjos entre as políticas desenvolvimentistas e ambientais são vivenciados no cotidiano dos interlocutores a partir das transformações no território. Nessa perspectiva, as histórias de vida dos interlocutores estão relacionadas com esse contexto político e com as transformações socioambientais decorrentes dele. O enredo de uma desordem crônica torna-se, portanto, o fio condutor dessas narrativas. Suas experiências de vida, quando narradas, evidenciam essas transformações de ordem política, social e econômica, que são implementadas de forma autoritária e violenta. Podem ser analisadas, portanto, na forma de conflitos latentes. Feito esse breve parêntese, retomo as análises descritivas dessas transformações socioambientais.

Nos anos 1950, ocorreu um intenso processo de desmatamento das florestas na região da planície costeira do rio Doce, que passaram a ser transformadas em carvão vegetal para atender à necessidade da indústria siderúrgica. Em paralelo a essa intensa devastação ambiental, ou mesmo em virtude dela, a região também se tornou local de interesses de ambientalistas e cientistas no estado do Espírito Santo. Já nos anos 1940, a praia de Comboios passara a ser identificada como um celeiro de tartarugas marinhas, fato que incentivou os estudos e pesquisas para a preservação da espécie. O interesse institucional para a preservação da área veio logo em seguida, em 1950, quando pesquisadores do Instituto Oswaldo Cruz declararam a área como um dos mais importantes remanescentes de restinga do Brasil. Em seguida, em 1953, a área foi constituída no Parque Ecológico da Região Leste, por meio do Decreto n. 1.376, de 22 de junho de 1953 (Ibama, 1997).

Ainda no final dos anos 1950 e início dos 1960, a partir da atuação do Departamento Nacional de Obras de Saneamento

(DNOS),[23] as áreas que integram a região da Planície Costeira do rio Doce – conhecida outrora como o "pantanal capixaba" – foram alvo de obras de infraestrutura arquitetadas para a contenção de enchentes, canalização de córregos e drenagens (Ferreira, 2017; Saldanha, 2018). Essas áreas, antes inundadas periodicamente durante os períodos de cheias do rio Doce, passaram a ser disponibilizadas para a implementação de grandes fazendas voltadas para a criação de gado. Tais intervenções alteraram também a hidrografia da região, resultando no desaparecimento de muitas lagoas e brejos na região da foz do rio Doce (CBH Rio Doce, 2009). Na lembrança dos moradores mais antigos, essas obras de infraestrutura são marcadas pelo período da chegada dos fazendeiros naquela região, provocando alterações no processo de territorialização e nas relações sociais locais.

Soma-se a essas mudanças na paisagem a chegada da Petrobras, com as atividades de exploração de petróleo e gás, que datam do início dos anos 1970. Segundo o Plano de Manejo da Rebio de Comboios, a Petrobras iniciou as atividades para a construção de estradas e instalações do Terminal Aquaviário de Regência (Tereg) sem notificações formais. A primeira descoberta de gás na região da foz do rio Doce – na formação de Regência (na bacia do Espírito Santo) – ocorreu no ano de 1978, o que condicionou a implantação de uma infraestrutura de produção, coleta e tratamento da produção de gás natural nessa região. No local, foi instalada a Unidade de Processamento de Gás Natural de Lagoa Parda (UPGN Lagoa Parda).

Durante os anos 1970, houve uma grande pressão por parte da imprensa capixaba, especialmente do professor e ambien-

[23] Criado pelo presidente Getúlio Vargas e com abrangência em todo o território brasileiro.

talista Augusto Ruschi,[24] para o repasse dessa área ao governo federal, tendo em vista as denúncias que havia de ocupações irregulares, além de desmatamento e extração de recursos naturais. Nessa época, tiveram início, sem notificações formais, as atividades da Petrobras de sondagem para verificação de ocorrência de petróleo na região. Além disso, a empresa ocupou e desmatou áreas na região para a construção de estradas e a instalação de um Terminal Aquaviário,[25] que permanece até hoje dentro da unidade de conservação de proteção integral.[26]

Contexto neoextrativista na planície costeira do rio Doce

No começo dos anos 2000, diante dos investimentos realizados nos anos anteriores e com a descoberta de petróleo e gás em águas profundas (recurso denominado pelo governo federal de "pré-sal"), a atividade petrolífera passou a ser o motor da chamada *nova era desenvolvimentista* no estado do Espírito Santo. Nesse período, o Espírito Santo chegou a ser considerado o segundo maior produtor de petróleo e gás natural do

---

24 Augusto Ruschi foi pesquisador no Museu Nacional e professor titular da UFRJ. Como ambientalista, contribuiu na implantação de várias Reservas Ecológicas, como a criação do Parque Nacional do Caparaó, e montou duas instituições científicas: o Museu de Biologia Professor Mello Leitão e a estação de Biologia Marinha Ruschi.

25 No ano de 2012, o Ministério Público Federal (MPF) e o Ministério Público Estadual (MP-ES) entraram com uma ação conjunta, com pedido de liminar contra a Petrobras, para que a empresa desativasse o terminal e retirasse todos os equipamentos e instalações da área, deixando o local livre de interferência humana e sem risco de vazamento do petróleo ou derivado de óleo (*A Gazeta*, 14/06/2014). No entanto, até o final desta pesquisa, o terminal continuava na localidade (mas sem operação) e o MP-ES e o MPF continuavam requerendo à subsidiária (Transpetro) a elaboração de um Plano de Desmobilização do Tereg, além da apresentação ao Ibama do Plano de Recuperação de Área Degradada (Prad) (*Jornal Século Diário*, 28/09/2014).

26 Entre os anos de 2021 e 2022 a estrutura foi desmontada.

país.[27] Concomitantemente à possibilidade de exploração desse recurso em águas profundas, as transformações no continente, especialmente na costa litorânea – a exemplo da construção de portos, estaleiros, rodovias e ferrovias para atender a demanda da nova indústria e toda a sua cadeia produtiva – também passaram a permear os projetos e as ações do governo (Ferreira, 2016; Losekann; Velvloet, 2016), bem como o imaginário social local. Documentos de planejamento estratégico, como o Plano de Desenvolvimento ES 2030, preconizavam o crescimento econômico e o progresso do estado associado a essa produção de petróleo e gás, bem como toda a cadeia produtiva relacionada à exploração de *commodities*.

Além dos dados gerados e disponibilizados pelo estado e por agências de pesquisa especializadas, havia também uma regularidade na divulgação desse tipo de informação pela mídia impressa local, o que possibilitava um certo engajamento dessa retórica com marcação ideológica em forte consonância com as ideias do "campo de desenvolvimento" (Knox; Trigueiro, 2015). O começo dos anos 2000 foi, portanto, um período de bastante euforia e fortes expectativas em relação ao crescimento econômico, que viria em estreita relação com a "vocação portuária" do estado.

De maneira geral, é prudente destacar uma euforia global com o mercado de *commodities*, uma vez que, nas duas primeiras décadas do século XXI, a alta demanda por combustíveis e metais proporcionou esse otimismo com os novos investimentos extrativos e engendrou uma "nova ilusão desenvolvimentista" (Svampa, 2019). Sendo assim, visando em especial o mercado asiático,

[27] Segundo o Plano de Desenvolvimento ES 2030 (2013, p. 6), a produção capixaba de petróleo e gás natural representava 15% da produção nacional desses hidrocarbonetos, com volumes diários de mais de 300 mil barris de petróleo e quase 10 milhões de metros cúbicos de gás natural entregues ao mercado brasileiro.

sobretudo o crescimento da economia chinesa, os países latinos investiram (e permanecem investindo) na extração e exportação de produtos primários, os chamados "extrativismos".

O extrativismo - atividade econômica caracterizada pela exploração direta da natureza para obtenção de bens pouco ou nada processados - apresenta-se como um lastro na história política e econômica latino-americana, tendo sido considerado (como ainda é) a principal forma de incorporação das periferias globais ao sistema capitalista. Nesse sentido, o extrativismo definiu um padrão histórico de acumulação com um modo predatório de apropriação da natureza, que provoca efeitos perversos no ambiente e engendra um amplo processo de *injustiça e conflitos ambientais*. Diante desse modelo, observa-se um amplo processo de resistências sociais.

Nos últimos anos, um novo padrão extrativista ganhou forma, a partir da ascensão de governos progressistas na América Latina (Gudynas, 2012, 2016; Svampa, 2013, 2019; Milanez; Santos, 2013; Zhouri; Bolados; Castro, 2016). Nessa esteira, o Brasil (assim como outros países do continente) apresentou nas últimas décadas um processo caracterizado pela "(re)primarização econômica" (Svampa, 2013, 2019). Trata-se da intensificação de novos investimentos na extração de bens primários voltados à exportação, como é o caso da mineração e exploração de petróleo e gás.

Maristela Svampa observa que esse processo caracteriza a transição do Consenso de Washington ao "consenso das *commodities*". No livro *As fronteiras do neoextrativismo na América Latina* (2019), a autora apresenta analiticamente como se tornou comum a combinação de elementos neoliberais, que se destacavam na década de 1990, com ações neodesenvolvimentistas, presentes na atuação dos governos progressistas latino-americanos. De acordo com a autora, as ações institucionais desses países, nas primeiras décadas do século XXI, visam à reorientação das economias para as atividades primárias extrativas que possuem baixo valor agregado. Nesse sentido, tais ações ensejam um aprofundamento da dinâmica de desapropriação, que pode ser de terras, recursos naturais e territórios, produzindo, assim, novas formas de dependência e dominação (Svampa, 2019, 2013).

Nesse contexto, e com a descoberta do petróleo nas águas profundas, as atividades de sísmicas se intensificaram no litoral do Espírito Santo, espaço de circulação e trabalho dos pescadores artesanais. O estado possui um vasto litoral, com 521 quilômetros de linha de costa e aproximadamente 460 quilômetros de extensão. As pessoas que residem aí vivenciam, portanto, a intensificação das transformações ambientais decorrentes dessas novas demandas econômicas. Torna-se importante ressaltar que, em paralelo à exploração de petróleo em águas profundas, as transformações no continente também são verificadas, uma vez que se faz necessária a instalação de uma infraestrutura complexa para atender o *boom* petrolífero. Nesse sentido, verifica-se a ampliação em larga escala do ciclo de *commodities*, a exemplo da mineração e da siderurgia, para atender a própria indústria petrolífera. Ademais, setores de logística naval, ferrovias, rodovias e complexos portuários também precisam ser equipados e ampliados para atender ao suposto crescimento previsto com a indústria do petróleo (Ferreira, 2016; Losekann; Velvloet, 2016).

Segundo Winifred Knox e Aline Trigueiro (2015), pesquisadoras do Geppedes/Ufes, o litoral capixaba é constituído por 14 municípios, com cerca de 50 comunidades e distritos pesqueiros. As autoras apontam ainda que a frota pesqueira do Espírito Santo possui uma quantidade expressiva em relação aos dados nacionais, contabilizando um contingente de 2.486 barcos motorizados, 11.517 pescadores ativos e contribuindo com 18 mil toneladas de pescados capturados em águas marinhas. Além desses dados, organizados a partir do Macrodiagnóstico da Aquicultura e Pesca de 2005, as autoras salientam que, no extenso litoral capixaba, parte significativa da população vive exclusiva ou indiretamente da pesca artesanal, como é o caso dos territórios que integram a planície costeira do rio Doce. Entre Conceição da Barra e São Mateus, no extremo norte da planície, "11 comunidades pesqueiras e duas Colônias de Pescadores (Z1 e Z12) abrigam um contingente de 2.008 pescadores ativos e uma frota pesqueira de 390 barcos motorizados" (Knox; Trigueiro, 2015, p. 26). No extremo do sul da planície, "entre os municípios de Linhares e Aracruz, há um total de oito comunidades e/ou distritos e duas Colônias de Pescadores (Z6 e Z7), com uma frota de 215 barcos de pesca motorizados e um contingente de 950 pescadores ativos" (Knox; Trigueiro, 2015, p. 26).

Quando iniciei as atividades de campo na vila de Regência Augusta, no âmbito das atividades de extensão do Geppedes e da pesquisa do mestrado, entre os anos de 2012 e 2014, o contexto observado foi a ampliação das atividades da Petrobras e os seus efeitos no cotidiano dos pescadores artesanais, que na época estavam vinculados à Associação de Pescadores de Regência (Asper). Trata-se das ações vinculadas ao conjunto de "Atividade de Pesquisa Sísmica Marítima 4D nas Áreas dos Campos de Golfinho, Canapu, Camarupim, Camarupim Norte, Peroá e Cangoá, na Bacia do Espírito Santo". Na ocasião, a Petrobras já estava realizando as atividades de sísmicas no ambiente marinho e havia grande expectativa com possíveis descobertas relacionadas ao pré-sal. Em decorrência dessa atividade industrial, a pesca estava limitada e havia uma grande área de exclusão no ambiente marinho. Como resultado, havia uma série de projetos de compensações previstos e que deveriam ser aplicados pela Petrobras, na vila de Regência. Entre as medidas de compensação previstas, duas estavam relacionadas à Asper, a saber: 1) a criação de uma loja na vila para a comercialização de petrechos usados na atividade pesqueira; 2) instalação de câmara de congelamento e melhoria da Unidade de Beneficiamento do Pescado já existente na associação. Diante desse contexto, os pescadores associados à Asper, interlocutores da pesquisa na época, transitavam entre a expectativa provocada pelo anúncio da ampliação de novos postos de emprego e os projetos de compensações previstos – e a insatisfação com as novas dificuldades enfrentadas no labor no ambiente marinho, em virtude dos efeitos das atividades sísmicas já sentidos pelos pescadores na região (Leonardo, 2014).

Segundo informações técnicas reunidas pelo Escritório de Licenciamento das Atividades de Petróleo e Nuclear (ELPN), do Ibama,[28] "o método sísmico consiste na geração de energia, que se propaga sob a forma de ondas acústicas na crosta terrestre". Este método tem a finalidade de "reconhecer e mapear as estruturas geológicas de subsuperfície do fundo do mar, buscando identificar aquelas que possam conter acumulações de óleo e/ou gás em condições e quantidades que permitam o seu aproveitamento econômico" (ELPN/Ibama, 2003, p. 4). Na sísmica em ambiente marinho, "as ondas acústicas são geradas por uma fonte de energia que libera ar comprimido à alta pressão", diretamente na água até atingir o fundo do mar. Nessa etapa, ocorre o "fenômeno físico denominado partição de energia, no qual parte da energia é refletida, parte é refratada e parte é transmitida para as camadas rochosas subjacentes". A energia refletida nesse processo é captada

[28] O documento, classificado como Informação Técnica (ELPN/Ibama n. 12/03), tem por objetivo avaliar os efeitos ambientais da atividade de prospecção sísmica marítima, a partir de uma revisão bibliográfica sobre os impactos já conhecidos. As citações neste parágrafo e nos próximos foram retiradas dele. Disponível em: http://www.oads.org.br/leis/3468.pdf. Acessado em: 12 de julho de 2021.

por "hidrofones que convertem as ondas sísmicas refletidas em sinais elétricos que são transmitidos, digitalmente, para o sistema de registro e processamento, instalado a bordo do navio sísmico". Com o processamento desses dados, é possível a identificação das estruturas geológicas favoráveis à acumulação de hidrocarbonetos, para então iniciar a etapa de extração do recurso explorado pela indústria petrolífera.

Ainda segundo o documento, todo o processo que envolve a aquisição de dados sísmicos no ambiente marinho "é realizado por embarcações devidamente equipadas [...] com grupos de canhões de ar e rebocam cabos sismográficos com comprimentos que variam entre 4km e 16km, ocupando superfícies em torno de 10km^2, e que se deslocam a uma velocidade média de 15km/h". A atividade é executada "ininterruptamente, 24 horas por dia, com disparos realizados de forma regular em intervalos que variam entre 4 e 15 segundos", em áreas "previamente selecionadas e demarcadas por uma malha sísmica". Diante disso, o próprio documento ressalta que a atividade sísmica é incompatível com as atividades pesqueiras, sendo necessária a criação de uma "área de exclusão temporária da pesca", enquanto houver atividades sísmicas na região.

Portanto, as atividades sísmicas são operações delicadas, que envolvem uma série de riscos ao ecossistema. Entre os riscos apontados no documento, destaco o "aumento do nível sonoro nos oceanos", podendo causar danos físicos e fisiológicos às diversas espécies de seres vivos marinhos e interferências em atividades básicas, como a alimentação e a reprodução. O documento também aponta a possibilidade de efeitos crônicos, como a diminuição da viabilidade de sobrevivência do animal ou o aparecimento de doenças. São situações que afetam diretamente a vida e o trabalho dos pescadores artesanais na vila de Regência Augusta.

Em virtude dos efeitos provocados pelas atividades sísmicas no ambiente marinho, foi elaborado o Plano de Compensação da

Atividade Pesqueira (PCAP).[29] Entre as estratégias para atender as condicionantes do Ibama, Bicalho (2012) analisa duas reuniões promovidas pela empresa Cepemar, acompanhadas de funcionários da empresa do setor petrolífero, realizadas na vila de Regência Augusta, em 2011. Trata-se do Ciclo de Oficinas de Elaboração de Projetos, com o objetivo de "auxiliar os atores envolvidos na cadeia produtiva da pesca a escolher e escrever projetos importantes para as comunidades envolvidas" (Bicalho, 2012, p. 83). A descrição de Bicalho aponta duas questões importantes. Por um lado, ela ressalta um contexto de insatisfação entre os pescadores com a medida de compensação prevista pela Petrobras e órgãos responsáveis pelo licenciamento do empreendimento. Por outro lado, a pesquisadora evidencia determinados mecanismos de apaziguamento de conflitos a partir da intervenção de funcionários do Projeto Tamar e da Prefeitura Municipal de Linhares durante as reuniões com a Petrobras.

O exame detalhado apresentado por Bicalho (2012) ressalta as situações de conflitos ambientais, nesse contexto de neoextrativismo em virtude dos efeitos provocados pela ampliação das atividades petrolíferas na região, e as formas cotidianas identificadas na vila de Regência para invisibilizar o dissenso e promover o consenso em prol de um suposto interesse comum. Nesse sentido, a descrição da pesquisadora aponta que os agentes do Projeto Tamar e do Estado durante as reuniões tornam-se responsáveis por fazer o papel da mediação entre a empresa e

---

[29] Informações reunidas a partir do EIA para a Atividade de Pesquisa Sísmica Marítima 4D nas Áreas dos Campos de Golfinho, Canapu, Camarupim, Camarupim Norte, Peroá e Cangoá, na Bacia do Espírito Santo, disponível em: https://iema.es.gov.br/Media/iema/CQAI/EIA/2010/SISMICA%20 4D%20PETROBRAS/ II.6%20_Medidas%20Mitig_rev1.pdf. Acesso em 13 de julho de 2021. Sítio eletrônico da empresa: https://comunicaespiritosanto.petrobras.com.br/programa-ambiental/pcap-da-sismica-maritima-4d.html. Acesso em 13 de julho de 2021.

os pescadores artesanais. Ademais, a própria Asper também desencadeia esse papel de mediação entre interesses coletivos e empresariais. Bicalho elucida que a Asper, apesar de ser uma instituição representativa dos pescadores da vila de Regência, é um ambiente diverso. Há uma minoria à frente das decisões tomadas, fazendo uso dos benefícios e parcerias firmadas. Mas há um outro grupo, visto como maioria, que está dividido entre "associados não pagantes e não associados, que ficam de certo modo à margem das decisões que envolvem a associação, mas que em termos substantivos também lhes dizem respeito" (Bicalho, 2012, p. 91). A situação descrita por Bicalho, que envolve o papel dos agentes responsáveis pela pacificação e a busca do consenso, vem sendo observada em outros momentos da pesquisa, já no contexto do desastre sociotécnico da Samarco no rio Doce e em momentos pretéritos, possibilitando uma interpretação relacionada a um certo tipo de *modus operandi* do campo do desenvolvimento e na vila de Regência, que envolve elementos da conservação e do associativismo para agregar sentido às suas ações.

Em paralelo às discussões sobre as atividades petrolíferas, entre os anos 2012 e 2014, também testemunhei rumores sobre a possibilidade da instalação de um porto localizado ao norte da foz do rio Doce. Uso inicialmente a categoria "rumores", pois as informações locais reunidas nesse período sobre o empreendimento estavam ainda bastante dispersas. Alguns interlocutores, quando demandados durante alguma conversa, já mostravam ciência sobre o empreendimento. Outros relatavam inclusive já terem participado de alguma reunião informativa. Todavia, até aquela ocasião, não havia ainda nenhuma reunião ou audiência pública nas localidades afetadas na foz do rio Doce para tratar do assunto de forma pública e qualificada. Não obstante a ausência de informações concretas sobre o empreendimento, a *inexorabilidade da obra* já se apresentava como uma realidade concreta entre os pescadores, conforme ressaltou seu N., pescador e ex-presidente da Asper: "Então, você quer saber o que eu acho desse porto, né? Olha, quando você escuta falar de um empreendimento desse tamanho assim, é porque ele já existe, né? Já aprovaram ele na reunião dos bacanas. Eu não tenho que achar nada". Nesse sentido, é importante ressaltar ainda que informações sobre o empreendimento – tais como as ações previstas e a possibilidade de geração de empregos e valores relativos a um suposto aporte financeiro previsto para ser investido na região – já circulavam em jornais locais, somando-se, portanto, à euforia em torno da suposta "vocação portuária" do estado do Espírito Santo.

Tratava-se do empreendimento Manabi, que consistiria na implantação de uma estrutura para extração de minério de ferro, um mineroduto e um terminal portuário, designado Porto Norte Capixaba. As cavas a céu aberto têm sua instalação prevista no município de Morro do Pilar (MG), o mineroduto interligando os estados de Minas Gerais e Espírito Santo, além do terminal portuário previsto inicialmente para a região de Degredo, comunidade de pescadores artesanais e remanescentes de quilombo localizada no distrito de Pontal do Ipiranga, ao norte da foz do rio Doce. A exploração das cavas teve a licença prévia concedida em novembro de 2014, enquanto o mineroduto e o porto tiveram seu licenciamento prévio arquivado pelo Ibama em abril de 2016 (Oliveira; Zucarelli, 2020).

Aos poucos, os rumores sobre o empreendimento foram se tornando mais intensos na vila de Regência Augusta e nos povoados adjacentes, especialmente após a aprovação da licença prévia da cava concedida pela Secretaria de Estado de Meio Ambiente e Desenvolvimento Sustentável (Semad) de Minas Gerais. Sendo assim, um movimento de resistência foi se formando entre os sujeitos que residem nos povoados localizados nessa região da foz do rio Doce e eram contrários aos empreendimentos. Na sede da vila de Regência Augusta, ainda é possível encontrar alguns registros dispersos que evidenciam a oposição ao empreendimento portuário, reunidas no *slogan* "Fora Manabi", em pichações, cartazes e intervenções artísticas locais. O movimento, que pode ser caracterizado por uma participação difusa, intervenções distintas e temporalidades diversas, envolveu atores locais e *outsiders*, como surfistas e ambientalistas. Oliveira e Zucarelli (2020) destacam o contraste entre essa oposição difusa formada em torno do "Fora Manabi" e o apoio quase irrestrito ao projeto vindo dos pescadores e de suas lideranças na vila de Regência Augusta. Havia certa expectativa de alguns moradores, especialmente dos pescadores artesanais, com a construção do porto, uma vez que a propaganda sobre a ampliação de vagas de empregos era difundida na comunidade. Ademais, a própria dificuldade enfrentada na atividade pesqueira em função dos efeitos provocados pelas atividades sísmicas, bem como as restrições ambientais no ambiente marinho e no estuário do rio Doce, são aspectos apresentados pelos pescadores como fatores que contribuíram para a desmotivação do grupo em relação à atividade pesqueira, desencadeando o apoio ao empreendimento portuário.

Foi nesse contexto de disputas e conflitos em torno da instalação do empreendimento Manabi que eu tive a oportunidade de conhecer outros territórios no entorno da foz do rio Doce e de testemunhar outras situações de conflitos ambientais e de resistências locais. Nesse período, conheci alguns interlocutores que se tornaram informantes privilegiados durante a pesquisa de doutorado, como foi o caso do seu Nilton. Diante de todas as situações problematizadas pelos diversos atores sociais, inclusive o grupo formado em torno do movimento de resistência "Fora Manabi", jamais poderíamos prever um desastre da magnitude do que foi vivenciado com o rompimento da barragem de Fundão, da empresa Samarco Mineração, em novembro de 2015.

PARTE II

NA VILA, ESPERANDO A LAMA

"No Brasil houve um desastre
E o mundo inteiro viu
A cidade de Mariana
Foi a primeira que sumiu
Não tem água para beber
Tenho que cavar um poço
A culpada foi a Samarco
Que acabou com o rio Doce
[...]

Pocou, pocou, pocou
Uma barragem pocou
A cidade de Mariana acabou
E o rio Doce ela matou"

Versos cantados por integrantes da banda de congo de São Benedito, ao final de uma reunião com o Fórum Capixaba em Defesa do Rio Doce, na vila de Regência, em 13 de fevereiro de 2016.

CAPÍTULO 2
ESPERANDO A MORTE CHEGAR E PERCORRENDO ALGUNS AGENCIAMENTOS DA LAMA NA FOZ SUL DO RIO DOCE

No cais dos pescadores em Regência Augusta, uma estrutura de madeira adjacente à foz do rio Doce, encontrei Zé de Sabino, uma das lideranças informais de Regência, pescador artesanal e pequeno agricultor. Quando cheguei, o avistei de longe, parado, de costas para a vila e de frente para as águas do rio. Sabino olhava em direção à boca da barra, como os nativos se referem ao encontro do rio Doce com o mar. Mais distante no horizonte era possível ver um movimento intenso de trabalhadores que, com auxílio de escavadeiras e dragas, tentavam árdua, porém improdutivamente, reabrir um canal outrora existente entre rio e mar.

Tudo isso era observado por outros pescadores, curiosos com a empreitada que, na época, já consideravam fadada ao fracasso. Enquanto olhava para as águas do rio Doce, Zé de Sabino conversava com eles, posicionados entre os degraus de madeira que dão acesso ao rio, onde se encontrava ancorado seu barco. As redes de espera, utilizadas pelos pescadores tanto no rio quanto no mar, estavam vazias e emboladas nos degraus da escada de madeira. As caixas de isopor utilizadas para manter o pescado resfriado dentro dos barcos, durante a atividade pesqueira, também estavam vazias e armazenadas de cabeça para baixo no pequeno deque de madeira situado entre as escadas e o barco. Os barcos dos demais pescadores também estavam atracados – nenhum estava no rio ou no mar.

Cheguei próximo ao grupo de pescadores e logo os cumprimentei. No dia anterior, já havia combinado com Zé de Sabino essa conversa, que seria gravada com equipamentos da TV Ufes. Na ocasião, estavam comigo, além do João Paulo, sociólogo e companheiro, as professoras Eliana Creado (CSO/Ufes) e Daniela Zanetti (DPCOM/Ufes), que atuavam na época no Geppedes, e Ana Ogioni, colaboradora desse grupo de pesquisa e assistente da TV Ufes. A conversa foi realizada no próprio cais; apenas nos afastamos dos demais pescadores e nos deslocamos para um banco próximo. Durante quase 40 minutos, Zé de Sabino falou sobre a situação extraordinária vivenciada por ele – e demais pescadores e outros moradores da vila de Regência – com a iminente chegada da lama,[30] composta por rejeitos da mineração de ferro, à foz do rio Doce.

Filho de pescador e com mais de 50 anos de idade, Sabino compartilhou, na ocasião daquela conversa, um conjunto de incertezas sobre a sua vida profissional e pessoal que estavam sendo despertadas pelo anúncio do desastre em curso no rio Doce. Aparentando muita tristeza e preocupação, ele explicou

---

30 Em decorrência do derrame de rejeitos no rio Doce, a lama e a própria cor alaranjada da água em contato com os rejeitos ganharam adjetivos próprios, como "lama da Samarco" e "laranja Samarco", expressões locais, que usarei ao longo do texto, para me referir ao material com rejeitos da mineração de ferro despejado no leito do rio Doce, em decorrência do rompimento da barragem de Fundão (MG). Em contrapartida, o material também é chamado constantemente de "pluma de rejeitos" ou apenas "rejeitos", sobretudo por um conjunto de técnicos, especialistas e funcionários da empresa e do poder público, bem como por alguns moradores.

que a ameaça da lama já estava provocando uma enorme alteração no cotidiano dos moradores. Além do receio com os prejuízos ambientais, a interrupção abrupta da atividade pesqueira já suscitava demasiadas incertezas e perdas financeiras entre os pescadores e toda a comunidade, que também dependia da pesca, da agricultura ou da atividade turística. Ofícios tradicionais e saberes acumulados por gerações – que marcavam o cotidiano daquele lugar – seriam impraticáveis com a chegada da lama.

Diante dessa ameaça e do conjunto de problemas que já estava sendo vivenciado na vila, principalmente no que se refere à interrupção imediata da atividade pesqueira, o pescador demonstrava surpresa com o fato de não ter aparecido até aquele momento nenhum "responsável para conversar" com os moradores de Regência: "A gente ouve falar mermo, né? E tem um monte de vozes que já mandaram até a gente parar de pescar e, por ser educado, a gente parou de pescar, mas a gente tem uma vida, né? Os dias tão passando e ninguém vem pra conversar com a gente. Vai ficar parado por quanto tempo?". Zé de Sabino também questionava naquela ocasião a falta de informações confiáveis sobre o rompimento da barragem e sobre a qualidade da água do rio Doce após a passagem dessa lama.

Zé de Sabino soube da tragédia por meio da imprensa. Apesar da distância geográfica do empreendimento em colapso e da ausência inicial de uma comunicação articulada com os canais institucionais da empresa ou do Estado, Sabino sabia que a situação vivenciada com o rompimento da barragem era "crítica" e "delicada" (expressões usadas por ele em diferentes momentos da conversa).

Para o pescador, a ameaça da chegada da lama à foz do rio Doce era um problema complexo, que acarretava prejuízos ambientais, culturais e econômicos diversos. Por isso, ele estranhava a ausência de informações e agenciamentos corporativos para lidar com o caso. Isso posto, é importante ressaltar que, apesar do dano socioambiental causado pela mineradora, Sabino se mostrava, naquela ocasião, mais favorável a uma atuação direta via empresa para tentar solucionar os problemas causados por ela na região e demonstrava, ao mesmo tempo, desconfiança das ações provenientes dos agentes governamentais e seus parceiros.

A mim causava certo incômodo – mas não um total estranhamento – ouvir de Zé de Sabino que uma atuação direta da própria empresa mineradora seria mais eficaz na solução dos problemas decorrentes do derramamento de rejeitos no rio Doce. Naquela época, a empresa seguia sendo investigada criminalmente, e havia grande comoção e pressão social pela responsabilização da Samarco pela série de negligências que levou ao rompimento da barragem. Não era um caso, aparentemente, de disputa isolada frente à mineradora. E é daí que vinha o meu incômodo. Todavia, é preciso salientar que, em outras situações em que tive a oportunidade de conversar com Zé de Sabino e demais pescadores na vila de Regência, anteriores à ameaça da lama, as críticas levantadas acerca das contradições que envolviam as ações institucionais provenientes da atuação dos agentes governamentais e de seus parceiros sempre foram constantes entre os interlocutores, inclusive o próprio Zé, conforme exposto no primeiro capítulo.

Em linhas gerais, enquanto se vivencia um contexto marcado pelo "descaso planejado" (Scott, 2009, 2013) no que se refere à infraestrutura e à qualidade dos equipamentos públicos (ou até mesmo sua ausência), os moradores da vila convivem historicamente com os efeitos causados pela implementação e ampliação de grandes obras relacionadas a empreendimentos de infraestrutura para extração e exportação de *commodities* – no caso, petróleo, gás e celulose. Essas atividades, quando não são protagonizadas por empresas estatais, mas autorizadas, por meio dos procedimentos engendrados pelo processo do licenciamento ambiental, por agentes estatais relacionados à Secretária Municipal de Meio Ambiente e Recursos Hídricos Naturais (Semam), ao Instituto de Meio Ambiente e Recursos Hídricos (Iema), ao ICMBio e ao Ibama, instituições bastante conhecidas pelos interlocutores desta pesquisa e pelos demais moradores da vila de Regência. De forma aparentemente contraditória, a longa e duradoura experiência preservacionista e suas restrições à pesca e a outras atividades extrativas tradicionais se soma a esse conjunto de intervenções no território protagonizadas por agentes do Estado e privados, como é o caso do ICMBio e do Projeto Tamar, respectivamente. Ambas as instituições atuam na vila de Regência em estreita simbiose (conforme já observado e descrito por Suassuna, 2007).

Retomando a conversa com Sabino, ele elencou ainda a problemática do tempo, para pensar o desastre em curso: "Vai ficar parado por quanto tempo?". Na tentativa de responder à própria indagação, o pescador mobilizou diferentes lógicas e respostas para a temporalidade da crise que estava sendo vivenciada na vila de Regência e as suas consequências na atividade pesqueira.

Por um lado, Sabino demonstrava certa esperança no seu caráter transitório. A proibição da pesca, em função de impactos de outras atividades industriais, dificultava o dia a dia dos pescadores, mas de certa forma não era uma situação totalmente desconhecida por eles. Ademais, cabe acrescentar que o rompimento da barragem coincidiu com o defeso da pesca no rio Doce. A piracema compreende um período anual de quatro meses, entre novembro e fevereiro, quando a pesca fica proibida com a finalidade de garantir a reprodução das espécies; os pescadores cadastrados recebem um valor referente ao auxílio defeso. Segundo os próprios pescadores, como o valor do defeso não é suficiente para manter as necessidades da família, para complementar a renda eles também exercem outros tipos de atividades remuneradas, a exemplo da construção civil, das atividades relacionadas ao turismo[31] e ao comércio e até mesmo a pesca exercida em outros ambientes, que não estão no defeso.

Por outro lado, acionando seu conhecimento prévio e prático sobre a situação do rio Doce, Sabino também compartilhava sua preocupação com o prolongamento da situação crítica que estava sendo vivenciada, enfatizando que a chegada da lama com rejeitos da mineração de ferro acarretaria a morte do rio. Segundo ele, o rio já estava sofrendo com outros danos ambientais, decorrentes de outras atividades industriais praticadas na região; a lama com os rejeitos da mineração de ferro seria o golpe fatal: "Uns tempos, antes disso aí, antes da morte, no caso, ele já tava doente, né? Que não tinha água pra ele correr, tava bastante seco, né? Estava doente o rio Doce. Agora isso aí é a morte do rio Doce!". No intuito de ilustrar o problema que narrava para a nossa equipe, Zé de Sabino apontava na direção da boca da barra sul, onde havia, naquele momento, um conjunto de maquinário e esforço humano para prover a abertura do canal entre o rio e o mar, fechado há quase um ano, chamando a atenção novamente para a cena observada no momento da nossa chegada ao porto dos pescadores.

A foz situada ao sul, mais próxima da vila de Regência, enfrentava restrições de acesso ao mar devido a diversas questões que já afetavam o rio Doce antes mesmo da chegada da lama. Entre os principais fatores mencionados pelos interlocutores,

31 Seguindo um fluxo anual, no segundo semestre – sobretudo nos meses de setembro, outubro e novembro – os moradores da vila estão se preparando para a estação do verão, fazendo pequenas reformas nas pousadas, nas casas e nos quartos para o aluguel de veraneio. Sendo assim, há uma oferta de trabalho alternativa à pesca e também uma expectativa com o período do verão e a chegada mais densa de turistas e moradores de veraneio (aqueles que possuem casa na vila e a frequentam durante os fins de semana e feriados).

destacam-se dois amplamente discutidos: a escassez de chuvas e o desvio das águas do rio para diferentes finalidades. Sobre esse assunto, trabalhos anteriores (Creado *et al.*, 2016; Trigueiro; Knox, 2015; Leonardo, 2014; Knox; Trigueiro, 2015) também apontam para que a situação do rio Doce e as condições da pesca no contexto local anterior ao desastre já eram uma preocupação entre os pescadores, que relatavam problemas relacionados à diminuição do volume de água do rio em decorrência da construção de uma barragem para atender a empresa Aracruz Celulose[32] e as fazendas próximas – o canal Caboclo Bernardo –, provocando a restrição eventual da boca da barra e dificultando a circulação de embarcações na região. A salinização excessiva da água da foz também era mencionada, interferindo, por um lado, nas condições ambientais e promovendo a diminuição do volume do pescado e, por outro lado, comprometendo a qualidade da água que é usada para abastecimento da própria localidade.

Lembro que, durante o ano de 2015, havia muitos questionamentos entre os interlocutores em relação à água que abastecia a vila de Regência: falava-se sobre uma água salobra, salgada. A despeito desses problemas e das interferências na atividade pesqueira, a foz sul passou quase o ano de 2015 inteiro fechada, dificultando, e por vezes impedindo, a atividade pesqueira na região. Enquanto os pescadores solicitavam algum tipo de ação, funcionários do ICMBio que residem na própria vila de Regência alegavam que a foz é uma região ambientalmente sensível e não poderia receber nenhum tipo de interferência humana e/ou tecnológica nesse sentido. Sendo assim, o período chuvoso era esperado com bastante expectati-

32 Na época do rompimento era a Fibria e, atualmente, é a Suzano que utiliza a água do rio Doce proveniente do canal Caboclo Bernardo.

va pelos pescadores naquele fatídico ano, já que poderia reabrir o canal com o aumento do volume de água, diminuindo assim o esforço e o risco da navegação na boca da barra. No entanto, frustrando todas as expectativas locais, o que veio em 2015 foi uma onda de lama.

No que se refere às dúvidas e à produção das incertezas sobre o espaço geográfico e temporal dos danos deflagrados com o desastre no vale do rio Doce, bem como sua suposta recuperação, sobretudo na região da foz, vale a pena ressaltar que, por meio da imprensa, distintas possibilidades cronológicas para a recuperação do rio e o retorno da atividade pesqueira foram apresentadas também por diferentes pesquisadores e especialistas durante os meses de novembro e dezembro de 2015. Apesar do pouco tempo para a realização de pesquisas científicas confiáveis sobre o assunto e das inúmeras incertezas e controvérsias científicas referentes aos efeitos do derrame de rejeitos no rio e no ambiente marinho, alguns especialistas já indicavam um tempo máximo para a recuperação do rio Doce e da área costeira no estado do Espírito Santo. Distintas previsões cronológicas eram, portanto, veiculadas pela imprensa local e nacional, numa espécie de feira livre de previsões, nos deixando, espectadores e moradores da vila, atordoados com tantas informações distintas e, por vezes, desencontradas sobre o mesmo problema. Sobre o assunto, destaco uma pesquisa de um professor de Engenharia Costeira da Coppe/UFRJ, encomendada pelo Ministério do Meio Ambiente para avaliar os impactos e a extensão da chegada da lama ao mar, que evidenciou pouco ou quase nenhum efeito do desastre nas regiões do médio e baixo rio Doce: "na maior parte do percurso do rio Doce, as próprias chuvas devem limpar os estragos e os peixes devem voltar ao rio no período de cinco meses, e, no mar, a diluição dos sedimentos deve ocorrer de forma mais rápida, até janeiro do próximo ano".[33] Reitero que esse tipo de informação sobre o desastre era demasiadamente veiculado pela imprensa e, portanto, também circulava entre nós, os moradores da vila, em conversas informais e compartilhamento de conteúdo via redes sociais, como foi o caso do Facebook e dos grupos de WhatsApp, ampliando as incertezas, as contradições e as angústias vivenciadas já naquele período de espera pela lama.

Diante do ineditismo e da complexidade da situação, a certeza que Zé de Sabino tinha durante a nossa conversa era da sua relação intrínseca com o rio Doce. Enquanto pescador e morador da vila de Regência, Sabino tinha certeza de que essa relação, construída ao longo de sua vida, seria drasticamente afetada com a chegada da lama. Era uma situação inédita para ele, que, apesar de todas as adversidades enfrentadas ao longo da vida, ainda não havia enfrentado a *morte do rio*. Logo, se o rio Doce morresse, a sua vida e a de sua família também estariam comprometidas.

É preciso entender que o conjunto de relações – sociais, culturais e econômicas – estabelecidas por ele e por sua família naquele território até então estava atrelado às águas do rio e do mar, pela pesca ou pela agricultura (exercida em pequenas ilhas ao longo do rio Doce, como outras famílias da vila de Regência também o fazem). Além de se dedicar à pesca, Sabino cultivava cacau, banana, milho e feijão, dentre outros gêneros agrícolas. Parte dessa produção era comercializada, enquanto outra parte, conforme ressaltava, era enviada para os filhos que moravam e estudavam "na cidade", fora da vila. Com a ameaça da lama, ele demonstrava insegurança em relação ao futuro: "Como eu vou continuar mantendo a minha família?". Ao longo da conversa,

33 Entrevista cedida à BBC News Brasil, disponível em: https://www.bbc.com/portuguese/noticias/2015/11/151127_entrevista_coppe_jp. Acessado em 24 de julho de 2020.

Sabino repetiu essa pergunta algumas vezes, o que parecia ser uma reflexão não só para nós, pesquisadoras, mas para ele próprio. Por isso, de forma enérgica, ele denunciava: "isso aí [o despejo abrupto dos rejeitos da mineração de ferro] é a morte do rio Doce e vai matar quem tá aqui pra baixo também, na boca do rio! A morte tá chegando e, por enquanto, não apareceu ninguém pra nos socorrer!".

Essa conversa foi realizada em 15 de novembro de 2015. Era um domingo bastante ensolarado, e havia outros moradores e pescadores no cais, com quem também buscamos conversar. Eles relataram preocupações semelhantes às apontadas pelo pescador Sabino. Diante da situação trágica vivenciada nesse contexto dramático de espera pela lama, Zé e os demais pescadores que estavam no cais durante a nossa conversa relataram de forma enérgica sua indignação com a ausência, na vila de Regência, dos responsáveis pela crise deflagrada com o rompimento da barragem, bem como das instituições do Estado que pudessem remediar o problema causado na região (apesar do descrédito no poder de solução oriundo dos agentes estatais envolvidos): "Estamos olhando o navio passar, porque ninguém chega pra conversar, e tem alguém culpado, né? Tomara que esse alguém chegue pra conversar logo, porque a situação é crítica, é muito delicada!". Na ocasião, fazia dez dias que a barragem de Fundão havia rompido. Nesse ínterim, eu, Zé de Sabino e demais moradores da vila de Regência aguardávamos com bastante preocupação e angústia a chegada da onda de lama que vinha sendo carreada pelo rio, mas ainda não havia atingido o estado do Espírito Santo.

Sobre o anúncio e a espera pela lama

Quando eu soube pela televisão da tragédia desencadeada com o rompimento da barragem de Fundão, estava em Vitória, capital do Espírito Santo, distante cerca de 120 quilômetros da foz do rio Doce, no litoral norte do estado. Foi da casa dos meus pais, após um dia intenso de trabalho,[34] que acompanhei, perplexa, o noticiário nacional que informava sobre a tragédia em Minas Gerais com mortes de trabalhadores[35] e moradores de povoados próximos, além da destruição de povoados inteiros nos municípios de Mariana e Barra Longa. As informações sobre o evento trágico, compartilhadas pela imprensa, eram assustadoras. Tratava-se do maior desastre envolvendo barragens de rejeitos de mineração no mundo, tendo em vista o volume de material liberado, a extensão geográfica percorrida pelos rejeitos provenientes da mineração de ferro, os prejuízos estimados acerca dos efeitos e os múltiplos danos decorrentes (Bowker Associates, 2015).

Sem o plano de contingenciamento dos rejeitos de minério de ferro, após algumas horas do rompimento da barragem, foi noticiado que a onda de lama seria carreada pelo leito do rio Doce e, inevitavelmente, chegaria à sua foz. A notícia do desastre na imprensa assustou os moradores na pacata vila de Regência. Desde então, passamos a vivenciar a dolorosa expectativa pela chegada da onda de lama que descia o vale e provocava mortes e destruição por onde passava. Nesta seção, busco discorrer sobre o abalo emocional provocado pelo anúncio da tragédia, ampliado pela limitação da informação local sobre o desastre e pela ausência de um acolhimento institucional ade-

34 Além de residir e trabalhar em Regência Augusta, eu também trabalhava, lecionando a disciplina de Sociologia, duas vezes por semana, em uma escola estadual, localizada no município da Serra, vizinho à capital, Vitória. Sendo assim, a casa dos meus pais, em Vitória, funcionava como uma base de apoio para evitar as viagens tarde da noite, ao retornar para a vila de Regência.

35 Segundo Judith Marshall (2017, p. 31), mais da metade dos trabalhadores da Samarco Mineração eram terceirizados e possuíam um contrato de serviço de curto prazo. As condições de trabalho, sobretudo os salários, eram inferiores aos funcionários com relação direta com a empresa.

quado aos moradores da foz sul do rio Doce durante o período de espera pela lama.

No dia seguinte ao rompimento da barragem, eu já estava em Regência, onde acompanhei e vivenciei os primeiros efeitos da lama junto aos moradores da vila e arredores, como os povoados de Entre Rios e Areal. Ao todo, foram 16 dias de espera pela chegada física da lama. Nesse ínterim, todos os dias muitos moradores da sede da vila dirigiam-se para a praia e ao porto dos pescadores, situado às margens do rio Doce, na expectativa de conseguir ver a chegada da lama e também em busca de informações sobre a situação trágica e extraordinária que estava sendo vivenciada na bacia do rio. Havia muitas previsões sobre esse momento, muitas delas feitas por pesquisadores e pela própria mineradora, informadas via imprensa. Havia também muitos boatos sobre o assunto, compartilhados oralmente e por meio de redes sociais, como os grupos de WhatsApp e *posts* no Facebook. No entanto, poucas informações oficiais eram direcionadas presencialmente aos moradores da vila de Regência e dos povoados localizados aos arredores.

Em face da escassa informação local sobre a tragédia anunciada, eu e os moradores assistíamos ao noticiário com informações sobre a tragédia no estado mineiro. Nesse período, as dúvidas e a expectativa só aumentavam. Na ocasião, eu não tinha aparelho de televisão em casa; acompanhava via internet e quando me deslocava até a casa de algum vizinho e amigo. Uma dessas casas era a da Solange, mais conhecida como Sol, pescadora e dona de pousada na vila de Regência. Sempre que chegava à sua casa, a televisão estava ligada e sintonizada na Globonews, porque, segundo ela, o canal passava as informações a todo o momento sobre a tragédia: "Eu deixo ligado nesse canal o dia todo, faço minha faxina, meu almoço e tô vendo essa coisa horrível. Quero ver como vai ser quando chegar aqui, é muito triste isso".

Durante todo o período da espera, eu também estava muito abalada e um pouco incrédula com a situação que vivenciava. Como cientista social e também atingida pelo desastre, eu não sabia exatamente o que fazer. Nos dias que antecederam a chegada da lama, passei a circular diariamente pelas ruas da vila, em busca de informações sobre a tragédia que pairava sobre nós, buscando também entender como a ameaça da lama estava afetando a vida cotidiana dos moradores. À medida que circulava pelos lugares coletivos da vila, como a praia e o porto dos pescadores, era comum encontrá-los reunidos em pequenos grupos. Nesses espaços de diálogo informais, o assunto, obviamente, era o desastre e seus efeitos no rio Doce. Quase todas as conversas com as quais tive a oportunidade de interagir nesses espaços giravam em torno das dúvidas deflagradas com a ameaça da lama: Qual era a composição química dos rejeitos? Quando a lama iria chegar? Como chegaria à foz do rio Doce? Como seria feita a captação de água pelo Saae? Como ficaria a água do rio e a do mar depois da passagem da lama?

Havia muitas preocupações e poucas respostas. Muito se falava sobre a destruição do rio, inclusive falava-se da morte do rio Doce e das pessoas que com ele conviviam e dele dependiam, como os pescadores e ribeirinhos que viviam da pesca, da agricultura e do turismo naquela região. Havia, portanto, uma sensação coletiva de que a vila também poderia ser destruída, e, se não fosse pela força brutal da onda de lama, colocando abaixo as edificações, como ocorrera em Minas Gerais, os moradores temiam que a mesma lama inviabilizasse as águas do rio e do mar na região, impedindo as atividades relacionadas à pesca e à agricultura, bem como afastando os turistas da vila. Sem a possibilidade de executar essas atividades laborais, algumas pessoas falavam, inclusive, em um possível êxodo dos próprios moradores, que teriam que migrar para lugares próximos na busca por novos trabalhos. A possibilidade de uma vila deserta no futuro era um horizonte temido pelos moradores.

Além desses aspectos locais relacionados aos problemas que a chegada da lama poderia acarretar à vila, também conversamos sobre a tragédia vivenciada em Minas Gerais. Muitos interlocutores se colocavam no lugar daquelas pessoas que tudo perderam em virtude da avalanche de lama que agora estava a caminho da foz. Algumas pessoas, sobretudo os moradores mais velhos, que nasceram e passaram a vida toda na vila, apresentavam uma expressão de choro, inclusive nesses espaços coletivos. Além do mais, essas emoções, que mesclam tristeza e preocupação, também eram possíveis de se observar entre os moradores, por meio dos gestos e olhares, quase sempre distantes e perdidos, quando por vezes observavam, silenciosamente, o movimento aparentemente tranquilo das águas do rio e do mar.

De maneira geral, o clima na vila durante todo esse período de espera pela lama foi vivenciado como uma espécie de luto coletivo. Nunca havia vivenciado algo parecido em minha vida. E diante dessa fragilidade do momento vivenciado, era difícil buscar uma aproximação com pessoas desconhecidas ou mesmo com pouca intimidade. Por isso, apesar de ter interagido com alguns moradores que encontrava na praia e no porto dos pescadores logo no início, minha estratégia metodológica passou a ser conversar com aqueles amigos, vizinhos e moradores com quem de alguma forma já havia estabelecido relações anteriormente. Além de facilitar o meu trabalho, porque havia um retorno por mensagens via WhatsApp e ligações telefônicas, entendi que com essa ação estaria sendo mais respeitosa e cuidadosa, uma vez que não invadiria um espaço de tanto sofrimento daquelas pessoas com quem não havia estabelecido algum tipo de relação de confiança. Essa decisão metodológica foi tomada intuitivamente. Como já colocado em outros momentos, meu envolvimento com o desastre não foi provocado por uma ideia convencional de trabalho de campo.

Com o passar dos dias e diante da iminência da chegada da lama da Samarco, novos agentes também chegaram à pacata vila de Regência. Na semana seguinte à conversa com Zé de Sabino, que aparece na introdução deste capítulo, funcionários da própria mineradora e de empresas contratadas por ela afluíram em grande número para a vila e passaram a delimitar espaços acessíveis a determinados agenciamentos, afastando a mim e a outros interlocutores, mesmo que sem ordem oficial para isso. Além disso, jornalistas, fotógrafos, documentaristas, voluntários (agregados em organizações ou de forma autônoma) e diversas pessoas curiosas passaram a circular diariamente pela vila, implicando um congestionamento de *outsiders* e ampliando o desconforto dos moradores com a situação trágica e extraordinária que já estava sendo vivenciada. Por mais paradoxal que possa parecer, é importante ressaltar que o processo de exposição social das vítimas em situação de desastre resulta em um conjunto de complicações, inclusive no agravamento do sofrimento social das próprias vítimas, como já ressaltou Valencio (2009) em suas pesquisas. Zucarelli (2018) também observa esse mesmo problema durante sua etnografia entre as vítimas da barragem de Fundão, em Mariana. Entre os moradores na foz do rio Doce, a situação não foi diferente.

Isto posto, entre os moradores com quem tinha mais contato na época, havia surfistas, pessoas que trabalhavam em pousadas locais, donos de pousadas, pescadores e pescadoras e ribeirinhos. Aos poucos esse grupo foi se alterando, outras pessoas que tinham interesse em falar sobre a lama se aproximavam, ao mesmo tempo que as pessoas que não queriam falar sobre o assunto se afastavam. Entendo que é um movimento natural durante o trabalho de campo. Entre os interlocutores que queriam conversar, as conversas giravam em torno da tragédia que pairava no estado mineiro e quase sempre se concentravam nas incertezas futuras, nas possíveis e também imprevisíveis alterações na vila: falava-se muito sobre o fim da pesca, do surfe e de outros esportes aquáticos, bem como do turismo na região, situações que, concretizadas, poderiam provocar um êxodo da população local. Ademais, é interessante notar que o desconhecimento sobre a existência das barragens e das atividades da mineradora Samarco também foram aspectos tratados durante as conversas realizadas naquele período de espera. Os interlocutores evidenciavam o desconhecimento acerca do empreendimento da Samarco, sobre o modelo de barragem de rejeitos característico de Fundão, bem como sobre a própria existência dos povoados de Bento Rodrigues e Paracatu (MG), severamente atingidos pela lama da barragem de Fundão. Sendo assim, uma inquietação local centralizava a discussão: como um empreendimento tão distante da vila poderia causar tantos efeitos na região?[36]

[36] Uma leitura apressada acerca do desconhecimento dos interlocutores desta pesquisa sobre a barragem pode nos levar a relacionar a distância entre o empreendimento e a foz do rio Doce como a sua causa. Porém, Lima (2018, p. 33) também aponta o mesmo desconhecimento entre os moradores de Paracatu de Baixo, segundo povoado severamente atingido pela lama de rejeitos, inclusive muitos relatos dos moradores da região fazem referência à água, ao falar sobre a lama, apresentando um grave desconhecimento sobre a composição química do material presente nas barragens e que foram despejados no ambiente. Logo, o desconhecimento das populações atingidas sobre a existência da barragem e as operações realizadas por ela não pode ser justificado apenas pela distância geográfica entre a atividade de exploração do minério de ferro e os municípios atingidos. Ao contrário, é preciso trazer à tona que há uma prática recorrente das empresas de mineração em minimizar e camuflar os riscos dos empreendimentos que realizam (Kirsh, 2014; Zucarelli, 2018; Giffoni, 2020). Ademais, o fato também chama a atenção para as limitações, falhas e negligências já apontadas no processo de licenciamento ambiental das grandes obras. Sobre o assunto, Zhouri (2008) aponta os problemas estruturais – no que se refere ao "jogo de mitigações no paradigma da adequação ambiental" – e os problemas

Após esse breve apontamento no que se refere às estratégias metodológicas, darei seguimento à descrição das minhas andanças, observações e interações pela vila de Regência nesse período de espera pela lama. Na ocasião, pude observar que várias atividades cotidianas não seguiam um fluxo considerado normal: ou estavam suspensas, ou aceleradas. As incertezas decorrentes da ameaça da lama deflagraram uma alteração na temporalidade e na realização das atividades cotidianas (Creado *et al.*, 2016), sobre a qual gostaria de discorrer um pouco.

No fim de semana seguinte ao rompimento da barragem, entre os dias 6 e 8 de novembro de 2015, antes da conversa com Zé de Sabino descrita no início do capítulo, enquanto perambulava pelas ruas da vila, era possível observar uma intensificação da atividade pesqueira. A pesca não havia sido interrompida ainda, mas, conversando com alguns pescadores durante essas caminhadas, identifiquei que eles já imaginavam a suspensão iminente da atividade e, com isso, entenderam ser prudente estocar uma certa quantidade de pescado antes da chegada concreta da lama. Entendi que a medida era uma preocupação no sentido de garantir o sustento familiar diante de um futuro totalmente incerto. Essa intensificação da atividade pesqueira foi observada em caminhadas ao longo da vila: no porto dos pescadores, com a movimentação das embarcações; na praia, observando a presença das redes de pesca, que ficavam presas com estacas no mar; nas ruas da vila, pela intensa movimentação dos pescadores carregando os petrechos e os pescados. Ademais, a situação também

---

políticos procedimentais do licenciamento, quando a autora questiona a "centralização dos planejamentos", as fragilidades na elaboração dos termos de referência e EIA/RIMAs, as dificuldades no acesso à informação sobre o empreendimento que está sendo licenciado, a marginalização dos questionamentos locais e as denúncias nas etapas de audiências públicas, bem como as falhas na função de regulação.

foi relatada por moradores em conversas informais em suas residências, bem como observada no próprio *freezer* de alguns pescadores mais próximos, que ofereciam o pescado com o intuito de comercializá-lo. Numa dessas situações, adquiri uma guaibira – espécie de pescado comum na foz do rio Doce, de pouco valor comercial, porém muito comum na alimentação local – e eu e meu companheiro a comemos em nossa residência, após assá-la na brasa. Desde então, assim como alguns outros interlocutores, não me recordo de tê-la preparado e comido novamente.

O espaço temporal que compreende o rompimento da barragem de Fundão até a chegada concreta da lama com rejeitos da mineração foi marcado por esse clima de luto e despedida coletiva. Quatro anos depois, Adélia, moradora da vila de Regência, também se lembrou dessa sensação de despedida em uma reunião da qual participamos, entre tantas, e ressaltou que "naqueles dias as águas do rio estavam cristalinas, pareciam até uma mensagem de Deus pra gente se despedir e não esquecer de como esse lugar é especial".

Lembro de outra situação que ilustra a sensação de despedida vivenciada por mim, nas areias e nas águas do mar de Regência. No domingo posterior ao rompimento da barragem, 8 de novembro de 2015, por volta de 10 horas da manhã, a praia, na altura da boca do rio, estava repleta de surfistas na água e pessoas na areia. As ondas estavam propícias para a prática do esporte. O dia estava ensolarado e bonito. Era um dia clássico de surfe na vila, com as famosas ondas tubulares quebrando na boca do rio, e a água do mar estava realmente bem clara. No entanto, a alegria, emoção adequada para a situação descrita, foi substituída por tristeza, aflição e frustração entre as pessoas que lá estavam. Por um lado, algumas pessoas ainda compartilhavam certa esperança e comentavam sobre a possibilidade de a lama não chegar até a foz, acionando certa confiança na responsabilidade da empresa e do

Estado em conter os rejeitos que desciam pelo leito do rio Doce, por meio de um suposto plano de contingência. Por outro lado, um número maior de pessoas com quem conversei naquela ocasião já mencionava aspectos relacionados à morte do rio Doce e da própria vila de Regência. Alguns interlocutores comentavam que poderia ser a última prática de surfe naquela praia. Não se sabia ao certo quando a lama chegaria, mas já havia um clima de despedida entre aqueles surfistas e banhistas. A tristeza em relação à destruição e às mortes no estado de Minas Gerais também era mencionada constantemente enquanto estive com eles na praia.

Ainda naquele mesmo dia, enquanto caminhava na areia da praia na altura mais próxima da restinga e em direção contrária à boca do rio, observei funcionários do Projeto Tamar realizando um trabalho intensivo de transferência dos ovos de tartarugas marinhas na praia de Comboios, na tentativa de protegê-las dos rejeitos minerários que, prontamente, chegariam à foz e à reserva biológica. Durante todo o período de espera pela lama, a atividade de transferência dos ovos de tartarugas foi realizada pelos funcionários do Projeto Tamar, com o apoio de estagiários voluntários, que anualmente deslocam-se para a vila de Regência e para outras bases do projeto, a fim de colaborar e atuar nas atividades de pesquisa durante o período de desova das tartarugas, que ocorre geralmente nos meses de outubro a fevereiro.

Na semana que sucedeu as situações de campo descritas, a vivência do desastre foi potencializada pelas ações institucionais acionadas na vila de Regência para lidar com a crise em curso. A movimentação de pessoas *outsiders* à vila tornou-se ainda mais densa entre 16 e 21 de novembro de 2015 (inicialmente, com os agentes do Estado e os jornalistas e, na sequência, com os funcionários da mineradora e das empresas contratadas por ela). Nesse período, eu continuei circulando pelos lugares coletivos da vila, como o porto e a praia, sobretudo na área de convergência entre o rio Doce e o mar, na boca da barra, onde era possível assistir ao vivo ao momento em que as entrevistas com os gestores do Estado – funcionários da Secretária Municipal de Meio Ambiente e Recursos Hídricos Naturais (Semam), do Instituto de Meio Ambiente e Recursos Hídricos (Iema) e do Instituto Chico Mendes de Conservação da Biodiversidade (ICMBio) – e funcionários da empresa (em momento posterior) eram gravadas pela imprensa. Contudo, apesar de estarem circulando intensamente pela região durante esse período emergencial, esses agentes institucionais não se dirigiam com regularidade aos moradores da vila com o intuito de fornecer informações e promover o acolhimento necessário nesse momento de crise.

Em síntese, a despeito dos interesses e necessidades dos moradores, não havia naquela ocasião de emergência um canal de comunicação local que fosse direcionado a eles com a finalidade de fornecer informações confiáveis sobre o rompimento da barragem, o comportamento e a composição química da lama que ameaçava chegar na região, sobre a qualidade da água no rio Doce e aquela disponibilizada pelo Saae. De maneira geral, a maior parte da informação que circulava entre os interlocutores era a mesma veiculada pela imprensa, através de meios de comunicação diversos e das redes sociais.

Com o passar dos dias, a preocupação com a chegada da lama foi se intensificando. De que forma seria a passagem dessa lama pela foz? Seria preciso algum tipo de evacuação da vila? Essas eram algumas indagações feitas em conversas nesse período de incertezas. Sobre o assunto, trago alguns apontamentos feitos por Robson Barros, surfista e comerciante na vila de Regência, durante uma conversa realizada no dia 15 de novembro de 2015, que ilustra a preocupação que afligiu também outros moradores na região e resultou em abalos emocionais diversos entre os interlocutores. Na ocasião, Robson relatou de forma categórica sua preocupação com uma possível enchente na vila, que poderia ser vivenciada na ocasião da chegada da lama à região da foz do rio Doce: "Há uma preocupação iminente hoje da gente que mora aqui em Regência, que é a questão da evacuação da vila, ninguém fala de um plano de emergência, de tirar todo mundo".

A preocupação exposta por Robson, apesar de não ter sido concretizada na época da chegada da lama, não era infundada, pelo contrário. A vila está situada na planície costeira do baixo rio Doce, região alagadiça de acordo com os ciclos de cheias do rio, ou seja, os moradores convivem historicamente com as cheias naturais e conhecem os efeitos decorrentes delas. A última grande cheia vivenciada na região foi no ano de 2013, quando as estradas de chão batido ficaram intransitáveis e fechadas pelo transbordamento das lagoas e canais de água na região, causando o deslocamento de famílias em povoados como Entre Rios e Areal e o isolamento dos moradores na vila de Regência.

Outros interlocutores também relataram o mesmo medo exposto por Robson. Alguns relataram dificuldades para dormir, pois temiam que a lama pudesse chegar durante a noite e provocar uma tragédia similar àquela ocorrida nos povoados localizados em Mariana. Portanto, desde o anúncio da lama, foi observado um forte abalo emocional entre os moradores. Trata-se de um problema de saúde que tem sido gradativamente ampliado ao longo desses seis anos de desastre. Losekann (2018, p. 67), que realiza pesquisas entre os afetados no estado do Espírito Santo, apontou o mesmo problema, ressaltando o medo, a ansiedade e a tristeza entre os moradores nas demais regiões atingidas no estado capixaba. É importante ressaltar que não havia um espaço destinado ao acolhimento e à orientação dos moradores de Regência naquele período vivenciado pela ameaça da lama. Sendo assim, os interlocutores o vivenciaram cada um à sua maneira, ou seja, sem ajuda profissional adequada para lidar com os abalos emocionais diversos provocados pela expectativa da iminência de uma tragédia coletiva.

Sobre as ações institucionais pensadas e executadas para gerir a crise que estava em curso, Robson questiona ainda uma separação entre as ações de planejamento, feitas pelas instituições e corporações para gerir a crise, e o que estava sendo comunicado e orientado aos moradores na localidade. Ele explica que não havia diálogo e transparência nessas ações. Com o passar dos dias, fomos vendo a movimentação na vila de pessoas *outsiders*, carros, caminhões, helicópteros e demais equipamentos. Contudo, não havia uma explicação pública para as medidas que estavam sendo executadas. A vila se tornou um palco de ações institucionais e corporativas e os moradores viraram espectadores daquelas alterações. A ausência de diálogo com as pessoas afetadas ampliava a angústia. Enquanto a imprensa nacional e a local transmitiam um conjunto de informações gerais sobre a tragédia em Mariana (mortos, desaparecidos e destruição total de povoados) e o percurso nefasto da lama no leito do rio Doce, a população não tinha nem recebia informações locais confiáveis sobre o rompimento da barragem, a composição química dos rejeitos despejados e a qualidade da água no rio.

A interrupção da vida cotidiana na foz do rio Doce

A interrupção da atividade pesqueira foi anunciada no dia 9 de novembro de 2015, durante a reunião que descrevo na sequência. Era uma segunda-feira e a reunião, que aconteceu no auditório da Associação de Moradores de Regência (Amor), contou com as participações do presidente da Federação das Associações de Pesca do Espírito Santo (Nego da Pesca), do presidente da Associação de Pesca de Regência (Asper) e de uma representante da Secretaria de Estado de Trabalho, Assistência e Desenvolvimento Social (Setades). Além deles, estava presente o coordenador do Tamar/ICMBio, que reside há anos na vila de Regência. O convite para a reunião foi direcionado ao grupo dos pescadores locais com objetivo de elucidar aspectos relacionados ao rompimento da barragem e à atividade pesqueira na região. Não obstante, a reunião estava cheia e contou com a participação de muitos pescadores e demais moradores da vila de Regência e de povoados adjacentes, como Entre Rios. É importante enfatizar esse fato, porque durante a reunião a participação dos moradores foi colocada como um problema por alguns pescadores, que questionaram a finalidade da reunião, exclusiva para tratar dos assuntos da "classe pesqueira". A situação foi logo contornada pelos representantes que estavam conduzindo a reunião, e todos os interessados conseguiram participar.

Fui informada da reunião naquele mesmo dia, por um interlocutor e amigo próximo. Cheguei ao local previsto um pouco antes do horário agendado. Ainda do lado de fora do auditório, enquanto os demais participantes chegavam, as conversas que tive com alguns pescadores e moradores giravam em torno das notícias transmitidas via imprensa nacional e local sobre o rompimento da barragem de Fundão, as incertezas em relação à qualidade da água e à continuação da atividade pesqueira na região. De maneira geral, os pescadores com quem tive a oportunidade de conversar também enfatizavam as expectativas que tinham com aquela reunião, uma vez que eram escassas as informações confiáveis (oficiais) sobre o assunto. Antes da reunião, os moradores já estavam supondo que a atividade pesqueira seria interrompida provisoriamente em função da lama, e obviamente havia muita preocupação em torno da situação financeira desses pescadores. Por isso, havia grande expectativa de que alguma medida emergencial para o grupo pesqueiro fosse anunciada.

Com algum atraso, adentramos o espaço do auditório quando os responsáveis pela reunião chegaram à Amor. Conforme previsto pelos pescadores, as informações disponibilizadas durante a reunião permaneceram focadas na proibição temporária da atividade pesqueira e da navegação no rio Doce, não atendendo às demais expectativas de informações confiáveis sobre a chegada da lama à foz. Questões sobre a composição química do material derramado no rio, os efeitos que poderiam surgir a partir da passagem da lama pela foz e o anúncio de medidas ambientais e sociais para mitigação do dano deflagrado na vila de Regência não foram respondidas, causando, portanto, certo descontentamento entre os presentes, que foram se ausentando da reunião à medida que essas dúvidas não eram sanadas.

Nesse sentido, numa óbvia tentativa de acalmar os ânimos dos pescadores que permaneciam na reunião, que a todo momento gesticulavam e questionavam em voz alta sobre a situação trágica vivenciada, foi pontuado algumas vezes pelo presidente da Asper, a associação de pesca local, que era preciso manter a calma, pois os pescadores não seriam prejudicados com a situação, tendo em vista que o governo do estado do Espírito Santo já estava em processo de reunião com a empresa responsável, buscando resolver, inclusive, a situação da classe pesqueira. Não obstante, parecia haver, entre os presentes, uma descrença coletiva em relação à atuação do governo do estado.

No mesmo dia da reunião na Amor, iniciou-se, na praia de Regência, o trabalho de abertura do canal na foz do rio Doce, a boca da barra sul, que estava fechado desde o início daquele ano. O fechamento da boca de barra já era um problema local antigo e denunciado periodicamente pelos pescadores da vila, pois a alteração da boca de barra atrapalhava a entrada e saída de embarcações que transitam entre o rio e o mar, dificultando a atividade pesqueira na região. É importante destacar que a situação do rio Doce e as dificuldades enfrentadas pelos pescadores para exercer a atividade laboral na região da foz já eram uma preocupação local, conforme apontado em trabalhos anteriores (Trigueiro; Knox, 2013; Leonardo, 2014; Bicalho *et al.*, 2014). Não obstante, apesar das dificuldades relatadas pelos pescadores, não era permitida nenhuma ação na foz do rio para reverter a situação relatada, tendo em vista a sensibilidade do ambiente e a proximidade com a Reserva Biológica de Comboios. Contudo, em decorrência da chegada da lama e o receio de ela ficar represada na foz do rio Doce e adentrar a vegetação, foi então autorizada, pela Prefeitura de Linhares, por meio da Secretaria Municipal de Meio Ambiente e com o apoio do Projeto Tamar, a abertura da boca de barra. Na ocasião, expôs o secretário municipal de Meio Ambiente, em um jornal local:

> Nós iniciamos os trabalhos essa manhã [9/11/2015] e, até o final da tarde, nós vamos terminar uma abertura prévia até a linha de preamar e aí nós vamos aguardar o melhor momento para romper essa linha de barreira da preamar para [que] essa onda que vem de Mariana saia direto no mar e se dilua no oceano. (Rodrigo Paneto, secretário de Meio Ambiente de Linhares, entrevista concedida à Rede Gazeta)[37]

O que parecia ser uma tarefa simples se mostrou impraticável. Algumas retroescavadeiras (Figura 5) e uma draga foram utilizadas para fazer o serviço, que teve início no dia 9 de novembro de 2015, e permaneceram diariamente até a chegada da lama, entre os dias 20 e 21 de novembro de 2015, tornando-se um evento peculiar na vila de Regência. Nesse ínterim, alguns moradores se deslocavam, a pé, até a foz do rio para acompanhar as ações das máquinas e tentar obter informações com as autoridades que ali estavam presentes. O lugar se transformou em um importante palco para a realização de entrevistas, conduzidas pela imprensa

[37] Fonte: http://g1.globo.com/espirito-santo/estv-2edicao/videos/v/prefeitura-de-linhares-abre-canal-em- regencia-para-passagem-de-lama-no-norte-do-es/4597187/. Acessado em 22 de fevereiro de 2017.

e protagonizadas por agentes do Estado e demais especialistas para tratar do caso (Figura 6).

Figura 5: Tentativa (dentre várias) de abertura da foz do rio Doce.

Crédito: João Paulo Lyrio Izoton

Figura 6: Entrevista sobre a lama, boca do rio. Regência, novembro de 2015.

Crédito: João Paulo Lyrio Izoton

Durante este período, eu realizava com frequência esse percurso a pé até a foz do rio Doce. Nessa circulação, entre a vila e a foz, era comum encontrar os automóveis, sobretudo do Projeto Tamar, fazendo o mesmo percurso, para monitorar o serviço de abertura da foz e levar os agentes do Estado, alguns especialistas e a imprensa até o lugar em que se encontravam as máquinas. No percurso descrito, bem como na foz, também era comum encontrar pescadores e demais moradores circulando a pé.

Dando sequência à descrição dos agenciamentos nesse transcurso entre o anúncio do desastre e a chegada física da lama à foz do rio Doce, destaco que no dia 11 de novembro de 2015, no auditório do Projeto Tamar, em Regência, ocorreu uma segunda reunião pública, desta vez com a presença da Assembleia Legislativa do Espírito Santo, representada por quatro deputados estaduais que integram a Comissão de Representação da Assembleia Legislativa,[38] e do Ministério Público do Espírito Santo (MP-ES), representado pela promotora de Justiça que, à época respondia pelo Meio Ambiente no MP-ES, em Linhares.[39]

De maneira geral, além da iminência da chegada da lama, que na ocasião da reunião estava prevista para atingir a foz no dia 17 de novembro de 2015, foi falado também sobre a possibilidade de os pescadores serem beneficiados com uma ajuda de custo para minimizar os impactos da lama na atividade pesqueira, já paralisada na região. A informação foi anunciada pela promotora de Justiça, que ressaltou ainda que a sugestão estava sendo protocolada pelo Ministério Público do Trabalho do Espírito Santo frente à Samarco Mineração S.A., exigindo que a mineradora garantisse renda para barqueiros, lavadeiras,

---

[38] Guerino Zanon (PMDB), Eliana Dadalto (PTC), Josias da Vitória (PDT) e Theodorico Ferraço (DEM).

[39] Mônica Bermudes Medina Pretti, que continua atuando como promotora de Justiça e que responde pelo Meio Ambiente no MP-ES em Linhares. Ela não trabalha de forma conjunta com a força-tarefa criada posteriormente, para tratar do caso ao longo da bacia do rio Doce.

pescadores e outros profissionais que dependem do rio Doce para trabalhar. O assunto será abordado no terceiro capítulo.

A chegada física da lama à foz do rio Doce

Eu estava em casa preparando o almoço quando um amigo que dividia comigo a casa onde morava recebeu mensagem em um grupo de WhatsApp de moradores da vila informando que a lama já havia passado pelo centro de Linhares. Isso significava que a chegada da lama a Regência se daria ainda naquele sábado, dia 21 de novembro de 2015. Era por volta de meio-dia e fazia muito calor lá fora, quando me desloquei da minha residência em direção ao porto dos pescadores na vila de Regência, na expectativa de ver a passagem da lama que finalmente chegava à região da foz do rio Doce após os angustiantes 16 dias de espera. Ao longo de todo o período de espera, muitas informações falsas sobre a chegada da lama circularam entre os moradores, muitas delas compartilhadas via redes sociais e aplicativos de mensagens rápidas, como WhatsApp. Sendo assim, na ocasião descrita, me desloquei ainda com algumas dúvidas sobre a veracidade da informação.

Quando saí de casa, imaginei que o porto poderia estar vazio, devido ao horário de almoço.[40] Entretanto, fui surpreendida pela grande quantidade de pessoas, bicicletas e carros circulando pelas ruas já no percurso realizado entre a minha casa e o porto. O barulho dos helicópteros sobrevoando a região também incomodava e assustava a população local. Definitivamente, aquele foi um dia extraordinário no cotidiano dos moradores na vila de Regência.

---

[40] No cotidiano da vila, o período entre 11 e 13 horas é marcado pela pouca circulação de pessoas na rua. Muitos moradores estão em casa, almoçando e descansando após a refeição e realização do trabalho no período matutino.

Caminhando em direção ao porto dos pescadores, já na chegada da praça Caboclo Bernardo, fui novamente surpreendida pela multidão de automóveis estacionados em volta da praça e do gramado ao redor da igreja católica. Eram caminhões, carretas e carros de passeio, que dividiam espaço com as grandes bobinas utilizadas para enrolar as boias que haviam sido colocadas dias antes, no leito do rio Doce, por um grupo de pescadores locais, que na época, estava prestando serviços para a empresa OceanPact. A ação fez parte de um conjunto de tentativas frustradas, protagonizadas pela Samarco Mineração S.A., para mitigar o previsível contato da lama com a vegetação adjacente ao rio Doce, na sua foz. A ação foi prevista no Termo de Compromisso Socioambiental Preliminar (TCSA), impetrado pelo Ministério Público do Trabalho do Espírito Santo contra a Samarco Mineração S.A.

Diante do conjunto de ações mitigatórias realizadas, a paisagem na vila, outrora bucólica, estava totalmente alterada. Além das máquinas e equipamentos utilizados pelas empresas, havia também uma grande circulação de funcionários da Samarco Mineração S.A., de empresas contratadas, do poder público e da comunicação social. A vila de Regência – sobretudo a região da praça Caboclo Bernardo, a igreja católica e o porto dos pescadores – se assemelhava, portanto, a um imenso canteiro de obras.

Enquanto me preparava para registrar as imagens da cena observada, Zé de Sabino, pescador local, ao lado de outros dez pescadores, aproximou-se e seguiu em direção ao porto. Todos os pescadores estavam caracterizados com a nova vestimenta de trabalho: macacão laranja, com mangas e calças compridas e botas pretas. O calor estava absurdo e as roupas usadas pelos pescadores pareciam ser demasiadamente quentes para o tempo. Na ocasião, ainda causava certo estranhamento vê-los com aquela roupa, quando outrora estávamos acostumados a vê-los com bermudas, chinelos, regatas ou mesmo sem camisa. Zé de Sabino logo falou: "Está aí, né? Fotografando tudo, né?", e passou em direção ao porto com os outros pescadores. Fiquei um pouco constrangida em continuar fotografando e parei.

Considero pertinente uma pausa no relato etnográfico para explicar a situação de constrangimento vivenciada e caracterizada por mim naquele momento e também a estratégia metodológica escolhida por mim na ocasião de campo mencionada. Naquela época, muitos moradores já manifestavam o descontentamento com a quantidade de pessoas desconhecidas, *outsiders*, circulando pela vila em busca de informações sobre a lama. Alguns interlocutores já questionavam a procura insistente de jornalistas, fotógrafos, documentaristas, pesquisadores, curiosos, voluntários e outros que chegavam à vila em busca de informações e também dispostos a ajudar. Eu mesma recebi em minha residência, na vila de Regência, pessoas interessadas em realizar pesquisas e documentários sobre o desastre, já nesse período de espera. Algumas situações e encontros foram interessantes e outros, nem tanto, pois demonstraram ser invasivos em um contexto de luto coletivo. Por mais paradoxal que possa parecer, é importante ressaltar que o processo de exposição social das vítimas em situação de desastre resulta em um conjunto de complicações e agravamento do sofrimento social das próprias vítimas (Valencio, 2009).

Da praça Caboclo Bernardo, continuei minha caminhada em direção ao porto dos pescadores. Havia um certo ritmo acelerado que caracterizava o movimento das pessoas e dos automóveis pelas ruas da vila. Na pequena rua localizada atrás da praça, bastante arborizada e que dá acesso ao porto, me deparei com uma grande quantidade de banheiros químicos que foram colocados nesse período emergencial para dar suporte aos trabalhadores da Samarco Mineração S.A. e da empresa contratada, OceanPact, responsáveis pelas medidas de mitigação e prevenção da chegada da lama. Ao passar pela rua, nas proximidades dos banheiros, era possível sentir o odor desagradável vindo dos equipamentos sanitários. Além do mau cheiro, os banheiros espalhados pela rua e com a vegetação em volta também provocavam um novo impacto visual naquela paisagem. Ademais, a movimentação de pessoas já era grande nessa rua também, comparada ao cotidiano da vila. As pessoas circulavam, indo e voltando, em meio às bobinas e banheiros químicos. Já os carros, sem condição de transitar pela estreita rua, ficavam posicionados na entrada dela, próximo à praça Caboclo Bernardo e à igreja católica. Ou seja, apenas os carros autorizados poderiam passar em direção ao porto, entre eles caminhões, carretas e carros de passeio a serviço da OceanPact e da Samarco Mineração S.A.

Logo na chegada do porto, à esquerda, havia uma tenda, na cor branca, que abrigava alguns funcionários dessas empresas. Havia ainda uma faixa isolando todo o lado esquerdo do porto, bem como o acesso lateral ao rio, impedindo a aproximação de moradores e demais pessoas. No restante da área não isolada, cerca de 100 pessoas, entre moradores, turistas, curiosos, jornalistas, fotógrafos, pesquisadores diversos, funcionários do Projeto Tamar e ICMBio, e demais funcionários da Samarco, sobretudo representantes da equipe de relacionamento com a comunidade, circulavam no local. A movimentação foi intensa e, durante todo o tempo em que estive no porto, novas pessoas chegavam ao local, todas com a mesma expectativa de assistir, acompanhar e registrar a passagem da lama.

> Observei que alguns pescadores, que na época estavam prestando serviço para a OceanPact, estavam posicionados na parte central e mais ao fundo do porto, embaixo de algumas árvores e, de certa

forma, separados das demais pessoas e moradores que estavam no local. Ao lado deles havia uma faixa branca com a frase 'SomosRegência' na cor preta, estendida em protesto, dias antes, por um grupo de moradores da vila já preocupados com a possível ausência de turistas, tendo em vista a tragédia anunciada.[41] Esses moradores pediam aos turistas para que não deixassem de visitar a vila de Regência e criaram essa espécie de *slogan*.

Mais próximo à água do rio, outros pescadores, em atividade de trabalho, ainda moviam uma bobina contendo metros da boia inflável. Havia ainda alguns moradores que estavam parados, encostados nas madeiras laterais, mais próximos à água. Algumas pessoas estavam em silêncio e observando as águas do rio, outras pareciam um pouco mais aceleradas e conversavam bastante sobre a situação inesperada e trágica que estava sendo vivenciada. Outros moradores, mais quietos, estavam sentados nos bancos e no gramado localizados na parte central do porto. De maneira geral, o que se observava era uma centena de pessoas se movimentando pelo porto, sendo que alguns grupos estavam mais acelerados e aparentavam bastante preocupação, a exemplo dos funcionários das empresas, funcionários do Tamar e de órgãos ambientais que estavam trabalhando na região, enquanto os demais moradores, curiosos e turistas manifestavam certa melancolia, tristeza e pesar.

Após uma breve caminhada, me aproximei de uma moradora, já conhecida, que estava sentada sozinha em um banco mais centralizado no porto e que também observava o movimento das pessoas que circulavam pelo local. Ela me contou sobre a tristeza

[41] Na ocasião, alguns interlocutores que trabalhavam com turismo na vila, sobretudo com pousadas, aluguéis de quartos e *campings*, já haviam mencionado o movimento de recuo e desistência de turistas, que já estavam cancelando as reservas feitas antecipadamente para passar o ano-novo na região. Essa situação contribuía para ampliar a angústia daqueles moradores que trabalhavam e dependiam do turismo. Os meios de comunicação também reproduziam constantemente esse efeito do desastre na região.

que estava sendo passar por toda aquela situação trágica e inesperada. A moradora, que é pescadora, explicou que o marido, a filha e todos na sua casa viviam da pesca artesanal, sobretudo aquela realizada com rede e com pequenos botes motorizados no leito do rio Doce. Lembrou que cresceu vendo esse rio, brincando, tomando banho e depois trabalhando nele. Relatou uma relação de cumplicidade com o rio Doce e explicou que por isso estava sendo muito difícil vivenciar essa tragédia. Apesar de proporcionar muita fartura para sua família e os demais moradores da vila, a moradora revelou que o rio Doce já passava por problemas, devido à falta de volume de água, e que, eventualmente, a situação causava transtornos aos moradores e pescadores locais, mas nada era feito por parte do Estado e das demais autoridades para amenizar a difícil situação dos pescadores da foz. Não obstante, fez questão de enfatizar que nunca imaginou a completa destruição do rio que estava sendo esperada com a chegada da lama da barragem.

A moradora também questionou as ações institucionais para reparar o desastre, ressaltando, sobretudo, a morosidade para tentar reparar o problema criado na vila. Assim, durante a breve conversa, a moradora reivindicou ações mais céleres e transparentes por parte dos responsáveis pelo desastre, pois, segundo ela, não havia mais perspectiva de futuro para as famílias que viviam da pesca no rio Doce. Não obstante a tristeza estampada em sua face e a narrativa um tanto crítica, a pescadora também demonstrava certa conformidade com a situação vivenciada, apesar das incertezas futuras.[42]

Perguntei se ela tinha notícias do percurso da lama e a interlocutora informou que a "água alaranjada", característica

[42] Há um esvaziamento do sentido de mundo para a interlocutora. A violência institucional é relatada como processo quando ela fala dos problemas com a água do rio Doce.

apresentada por ela para falar da lama da barragem naquele momento, já havia passado em Povoação, outro distrito litorâneo, situado do outro lado do rio Doce. Os moradores de lá, entre eles familiares e amigos da interlocutora, falaram que uma grande quantidade de peixes e outros animais mortos estava sendo carreada pelas águas do rio, com a água alaranjada, e já estava boiando próximo à vila de Povoação, causando um odor desagradável na região.

Indaguei a moradora sobre a eficácia da medida de mitigação promovida pela Samarco e implementada pela OceanPact (no caso, a instalação das barreiras flutuantes de proteção, também chamadas localmente de boias de proteção, para reter parte da lama; a ação foi realizada de Povoação até a foz sul do rio Doce, localizada próximo à vila de Regência, abrangendo cerca de 9 mil metros de contenção). Ela ressaltou que as boias, colocadas emergencialmente no rio pelos pescadores, inclusive por seu marido, que estavam prestando serviço para a contratada da Samarco Mineração S.A., não resolveriam o problema da contaminação do rio e da vegetação próxima a ele, pois a água alaranjada passaria, inevitavelmente, por baixo das boias. Ela explicou que o material usado como barreira de contenção não ficava fixo no fundo do rio, permitindo, portanto, a passagem da água alaranjada por baixo das boias.

Saliento que o questionamento sobre o uso das boias como medida de mitigação foi feito também por outros pescadores e moradores da vila de Regência durante todo o processo de execução do trabalho coordenado pela empresa OceanPact. Durante todo o período em que estive em campo, escutei, inclusive de outros pescadores que prestaram o mesmo serviço, reclamações a respeito das fragilidades do procedimento contratado pela Samarco Mineração S.A. Já naquele período, a atuação da mineradora apresentava pouca ou nenhuma credibilidade entre os moradores, ampliando, portanto, as incertezas e a sensação de insegurança na vila.

Apesar da baixa confiança na medida classificada como emergencial, a ação possibilitou o recrutamento de alguns moradores locais, sobretudo os pescadores organizados em associação local que receberam uma pequena remuneração durante o tempo previsto para a prestação do serviço. Por um lado, apesar da ineficiência do procedimento emergencial, o pagamento do serviço pela OceanPact foi bem-visto entre os moradores, porque permitiu uma pequena remuneração durante um período crítico na vila, principalmente entre os pescadores que estavam impedidos de exercer sua profissão. Por outro lado, a ação foi alvo de inúmeras críticas, pois a seleção dos pescadores para exercer o trabalho remunerado foi feita de forma pouco transparente e não envolveu todos os pescadores, ampliando divergências já existentes e resultando em novos conflitos internos na vila, conforme apontarei no próximo capítulo.

Com a chegada da lama, as fragilidades das boias enquanto estrutura de contenção dos rejeitos na foz do rio Doce tornaram-se visíveis. As barreiras, normalmente usadas para conter vazamentos de óleo, não serviram para barrar o contato da pluma de minério com a vegetação na foz do rio Doce.

No início, sua passagem foi calma e silenciosa, bem diferente do *tsunami* de lama que matou pessoas e destruiu povoados no estado de Minas Gerais, como ocorreu nos distritos de Bento Rodrigues e Paracatu de Baixo. De forma lenta, aquela água alaranjada foi passando na frente do porto, ultrapassando as barreiras flutuantes de proteção colocadas pela empresa OceanPact. Do lugar onde eu estava, na beira do porto dos pescadores, era possível observar lentamente a lama adentrando a vegetação na foz do rio Doce, nas proximidades da vila de Regência, inclusive a vegetação situada ao lado do porto e no interior do Centro Ecológico, lugares classificados como Área de Preservação Ambiental.

Em poucos minutos, toda a água na região da foz do rio Doce ficou laranja. As pessoas se aproximaram e debruçaram-se nas madeiras de proteção do porto para observar de perto a passagem da lama. Muitos pareciam não acreditar na cena que estavam presenciando. Entre os moradores de Regência e as demais pessoas que acompanhavam aquele momento, o silêncio foi a linguagem que predominou. Na triste ocasião, observei que, ao meu redor, as faces dos amigos e dos demais moradores eram tristes e chorosas. De forma intensa, muitos olhavam em direção ao rio Doce, agora tingido de laranja. Essa situação perdurou algumas horas, até que a melancolia e o silêncio inicial foram, então, interrompidos por gritos de socorro e raiva.

Seguindo o fluxo do rio, a lama foi em direção ao mar. Na ocasião, o rio Doce estava com a foz sul fechada, com acesso restrito ao mar, dadas as várias questões que o assolavam mesmo antes da chegada da lama e que afetavam o nível da água – por exemplo, a falta de chuvas e o desvio de sua água para os mais variados fins, como apontado nos capítulos anteriores. Dessa forma, trabalhadores com o auxílio de retroescavadeiras tentavam, apressadamente, mas com pouca eficácia, abrir a barreira de areia que separava as águas entre o rio e o mar, para evitar que a lama com os rejeitos da barragem de mineração ficasse estacionada na foz e comprometesse ainda mais o ecossistema local.[43]

[43] Conforme apontado no capítulo anterior, o trabalho direcionado à abertura do canal localizado na foz sul foi iniciado em 9 de novembro de 2015.

Na ocasião, os técnicos e especialistas que trabalhavam na região, sobretudo no ICMBio e no Projeto Tamar, explicavam em reportagens realizadas pela imprensa local que o volume de água alaranjada verificado naquele início de tarde representava uma primeira onda da pluma de rejeitos oriunda da barragem rompida em Mariana. No entanto, havia uma expectativa de que outras duas ondas de pluma de rejeitos ainda chegariam à foz do rio Doce nas horas seguintes. Diante dessa expectativa, tornava-se necessária uma ação mais célere de abertura da foz sul para garantir a passagem do material carreado pelo rio e impedir que esse material ficasse estacionado na região da foz, caracterizada como ambientalmente sensível pelos especialistas.

"O rio é Doce e a Vale é amarga": ato-velório do (no) rio Doce

A melancolia e o silêncio que predominaram no porto dos pescadores durante o momento inicial da passagem da lama foram interrompidos, poucas horas depois, por gritos de raiva e por pedidos de socorro na vila de Regência. Ainda no período da tarde, escutei, de amigos, que alguns moradores estavam iniciando uma reunião na praça Caboclo Bernardo e me desloquei ao local referenciado. Ao chegar lá, observei um aglomerado de pessoas, cerca de 40 ou 50, posicionadas em círculo, conversando entre si e segurando alguns cartazes.

O assunto da conversa girava em torno da necessidade de executar alguma ação local que evidenciasse a tristeza e a indignação com a situação vivenciada. Alguns questionavam a passividade dos moradores em relação à tragédia. A conversa se estendeu por cerca de 40 minutos. Na ocasião, ressaltou-se a importância de aproveitar a presença de fotógrafos e jornalistas – que estavam na região para cobrir o acontecimento trágico – para evidenciar o sofrimento dos moradores e cobrar ações emergenciais da mineradora responsável pela tragédia. Também havia uma grande preocupação com a qualidade da água disponibilizada para ingestão humana na vila. Muitos moradores relataram a dificuldade financeira que limitava a aquisição de água mineral engarrafada. Por fim, ficou definido que o grupo faria uma caminhada da praça até o porto, levando cartazes e entoando palavras de ordem. O objetivo era manifestar a indignação, a preocupação e o sofrimento provocado pelo derrame de rejeitos no rio Doce.

Dezenas de pessoas participaram dessa caminhada. Acompanhei o grupo durante todo o percurso que passou pela pequena rua que dá acesso ao porto, onde estavam armazenadas as bobinas e os banheiros químicos, e em seguida passamos em frente à tenda, onde estavam os funcionários da mineradora e da empresa contratada OceanPact, até chegar à parte central do porto. Entre os manifestantes, havia homens, mulheres e crianças; muitos moradores e alguns turistas também. Apesar de estarem no porto no momento da manifestação, os pescadores, que estavam na época a serviço da OceanPact, não participaram do ato. Alguns, posicionados de forma lateral aos demais manifestantes, apenas observavam em silêncio.[44]

Durante a curta caminhada entre a praça Caboclo Bernardo e o porto, o grupo gritava, de forma enérgica e a todo momento, palavras de ordem como: "O rio é Doce e a Vale é amarga". Essa foi a palavra de ordem que predominou no ato,

---

44 Ressalto que em nenhum momento os vi gritando ou aplaudindo a reação dos moradores, como tentativa de apoiar o grupo, mesmo sabendo da raiva e indignação de alguns interlocutores. Considero o fato interessante, pois não sei se houve algum tipo de recomendação direcionada pela OceanPact. De maneira geral, a situação exemplifica a separação entre os pescadores contratados pela OceanPact e os demais moradores da vila nesee período de espera e chegada da lama à foz do rio Doce.

responsabilizando a mineradora pela trágica situação vivenciada na vila de Regência. Importa ressaltar que o aspecto de luto e morte estava em toda a simbologia do ato, desde a cor preta em roupas e adereços até as cruzes levantadas durante a caminhada. De certa forma, a chegada da lama foi recebida por um ato-velório do rio Doce.

Entre os manifestantes, havia dezenas de cartazes com dizeres sobre a mineradora e que expressavam também o sentimento desencadeado com a situação vivenciada: "Quanto VALE o rio Doce?; "Luto pelo rio Doce!"; "SOS Rio Doce!". Havia ainda alguns moradores com rosto e mãos cobertos de lama; outros seguravam pequenas garrafas de plástico transparente contendo a água alaranjada, retirada momentos antes no próprio rio Doce.

Posicionados à frente do grupo, dois moradores estavam com uma vestimenta que simbolizava a figura da Morte: vestiam uma túnica preta, suas faces estavam encobertas com uma máscara, em suas mãos havia uma foice onde estava escrito "SAMARCO". Durante o percurso, em curtos momentos de pausa da caminhada, algumas crianças, moradoras da vila, que também estavam posicionadas à frente do grupo e ao lado dos moradores vestidos de Morte, deitavam-se no chão e levavam as mãos ao peito, representando a morte do rio Doce. Na chegada ao porto, o grupo de manifestantes se posicionou em frente à tenda onde estavam localizados os profissionais da Samarco Mineração e da contratada OceanPact. De frente para os profissionais dessas empresas, todos gritavam de forma ainda mais enérgica e repetitiva: "O rio é Doce, a Vale é amarga". A tristeza e a raiva estavam estampadas nos rostos dos moradores. Os profissionais a serviço da mineradora apenas olhavam, aparentemente assustados, a manifestação.

Figura 7. Manifestação no dia da chegada da lama, em Regência Augusta, 21 de novembro de 2015. Rua que dá acesso ao Porto dos Pescadores.

Crédito: *Gazeta Online*

Figura 8. Manifestação no dia da chegada da lama, em Regência Augusta, 21 de novembro de 2015. Rua que dá acesso ao Porto dos Pescadores.

Crédito: *Gazeta Online*

Figura 9. Manifestação no dia da chegada da lama, em Regência Augusta, 21 de novembro de 2015. Porto dos Pescadores.

Crédito: Ava Produções

Figura 10. Manifestação no dia da chegada da lama, em Regência Augusta, 21 de novembro de 2015. Dona Ilda no Porto dos Pescadores.

Crédito: Ava Produções

Em seguida e já na parte central do porto, os moradores se organizaram em um grande círculo, com as faixas expostas no seu interior. Na ocasião, iniciou-se uma encenação sobre a morte do rio Doce. Durante a encenação, um deles gritava: "Samarco, vem trabalhar pra mim" e, em seguida, entoava uma risada sarcástica. O outro, também vestido de Morte, gritava: "Eu vou ter muito minério! E agora, todos vocês estão mortos, mortos", e novamente uma risada sarcástica, vinda da Morte. Outros moradores também gritavam a palavra "mortos". O grito da Morte ecoava em nossos ouvidos. Nesse momento, novamente as crianças, agora em quantidade maior, deitaram-se no chão com as mãos sobre o peito, retratando a morte do rio e o sentimento fúnebre que a comunidade vivenciava naquele dia.

Ainda nessa ocasião e de frente para o rio Doce, dona Ilda – uma moradora antiga da vila, muito respeitada por seus saberes com ervas e remédios naturais, falecida em 2016 – ocupou o centro da roda e iniciou uma breve reza: "Então o Senhor Jesus deixou na terra foi água para nós beber, não água amargosa, não essa água que tão trazendo aqui pra nossas vidas. Quantas vidas estão sendo perdidas? Dos meus filhos, dos meus netos... Eu já sou bisavó, como será a vida dos meus bisnetos? Então, Senhor Deus, nós queremos a sua bênção para continuar vivendo com essa dificuldade" (dona Ilda, moradora de Regência, 21 de novembro de 2015).

Dona Ilda estava visivelmente emocionada e muito entristecida com aquela situação. Bastante religiosa, pediu ainda que todos fizessem, em voz alta, as orações do Pai Nosso e da Ave Maria para pedir a proteção de todas as pessoas que naquele momento estavam sem água para viver, tendo em vista a contaminação do rio Doce. Por fim, intercedeu pelo futuro da sua família e de cada morador da vila que sempre dependeu do rio para viver.

Mais uma vez naquele dia, o silêncio imperou por alguns minutos entre os moradores, quebrado dessa vez pelo forte barulho de choro coletivo. Todos choravam após as palavras de dona Ilda e diante de um rio de coloração alaranjada e água amargosa, como salientou a moradora. Era difícil não se emocionar.

O silêncio intercalado pelo choro que ia se acalmando foi novamente quebrado, dessa vez por gritos que chamavam a população ali presente para se dirigir à praia: iniciava-se a operação de passagem de novas máquinas para a operação de abertura da boca sul da barra, que ainda se encontrava fechada. Preocupados com a vegetação de restinga, que seria parcialmente suprimida para possibilitar o deslocamento das máquinas, muitos moradores saíram de forma apressada em direção à praia. Naquele momento, também me desloquei com os demais e, chegando ao nosso destino, me deparei com uma cena assustadora para o cotidiano tranquilo da vila de Regência. Na rua da praia, já havia um carro da Polícia Militar parado e com as portas abertas. Ao lado do veículo, alguns policiais armados. Sem receio, os policiais apontavam as armas na direção dos moradores que se aproximavam do local. Na ocasião, havia homens, mulheres, crianças e idosos. Além das armas, os policiais também portavam granadas e *sprays* de pimenta. A situação causou um forte impacto entre os moradores, que questionavam a ação ostensiva dos policiais. É importante salientar que, no cotidiano da vila, não há presença de policiais, apenas em situações de emergência, quando estes precisam se deslocar de regiões próximas para atender a ocorrências. Mas, naquele dia, havia um grande efetivo de policiais na região.

PARTE III

SOBRE OS ARRANJOS INSTITUCIONAIS E AS ESTRATÉGIAS CORPORATIVAS

CAPÍTULO 3
VENDO O NAVIO PASSAR: SOBRE OS ARRANJOS INSTITUCIONAIS E O PROTAGONISMO CORPORATIVO NA GESTÃO LOCAL DAS AFETAÇÕES

Em oposição às teorias dos *hazards,*[45] no campo disciplinar sociológico e antropológico, desastres são compreendidos como um tipo específico de problema social, que se manifesta a partir de um evento catastrófico cujos efeitos não se limitam ao dia e ao local da catástrofe, mas se desdobram no tempo e no espaço, revelando "as singularidades dos modos de conflito e coesão social que afloram nesse contexto" e corporificando-se em múltiplas formas de sofrimento (Valencio, 2014, p. 3.633). A crise que se manifesta com o evento catastrófico (neste caso, com o rompimento da barragem de rejeitos da Samarco Mineração S.A.) desvela a estrutura social existente[46] e afeta diferentes sujeitos a partir de processos de vulnerabilidade que são anteriores ao próprio evento catastrófico (Oliver-Smith; Hoffman, 1999) e não

45 A teoria enfatiza uma abordagem geográfica que supervaloriza os modelos de mensuração quantitativa das probabilidades de ocorrência de eventos perigosos e suas causas. Tornou-se paradigma hegemônico, englobando diversas áreas das ciências duras (ver Valencio, 2014, p. 3.632-3.633).

46 Autores como Sahlins (1972) e Oliver-Smith (1996) chamaram os desastres de "crises reveladoras" e "crises revelatrices", respectivamente.

findam nele. Ao contrário, se perpetuam por meio dos dispositivos mobilizados para administrar a própria crise e das práticas institucionais e corporativas de ação nos territórios atingidos.

O rompimento da barragem de Fundão, no município de Mariana, é caracterizado como o maior desastre minerário do mundo em termos de volume liberado e distância percorrida (Bowker; Chambers, 2017). Em função da crise que se estabeleceu ao longo de toda a bacia do rio Doce, um conjunto heterogêneo de agentes estatais e corporativos mobilizou mecanismos institucionais para gerenciar a crise e os conflitos ambientais decorrentes (Zucarelli, 2018). Entre as ações observadas, a construção dos Termos de Ajustamentos de Condutas (TAC), celebrados entre as diferentes instituições (governo federal, governos estaduais de Minas Gerais e do Espírito Santo, órgãos associados, corporações e instituições de Justiça) e em momentos cronológicos e sociais distintos, chama a atenção, pois esses dispositivos impuseram a implementação e organização de um sistema de governança do desastre ao longo da bacia do rio Doce. Este capítulo versa sobre os dispositivos jurídicos em questão e os seus efeitos no território e na vida das pessoas atingidas pelo desastre, especialmente as vítimas situadas na região da foz sul do rio Doce, em Linhares (ES).

Reunião de portas abertas: o MPF e a apresentação do TCSA

Cena 1 (14 de dezembro de 2015, auditório do Centro Ecológico, Regência)

Fiquei sabendo da reunião com o Ministério Público, em Regência, alguns dias antes da vinda da procuradora, por meio de interações com alguns interlocutores. A divulgação da reunião para os moradores da vila foi feita no formato informal, no "boca a boca", como dizem na localidade. Diante dos conflitos vivenciados na vila desde a chegada da lama e da mineradora, havia entre os interlocutores com quem conversei durante as interações anteriores à reunião grande expectativa com a presença do Ministério Público, tendo em vista a credibilidade e a confiança depositadas na instituição. Ademais, aquela seria a primeira reunião após a chegada dos funcionários da Samarco a acontecer de portas abertas na vila de Regência, o que ampliava as expectativas. A expressão "reuniões de portas abertas" era mobilizada pelos interlocutores, em oposição às reuniões que estavam acontecendo naquele período emergencial entre os funcionários da Samarco Mineração e as lideranças locais, representando segmentos diversos, a exemplo da associação de pesca e de moradores. Essas últimas eram chamadas de reuniões de portas fechadas, tendo em vista o formato restritivo da interação.[47]

Quando cheguei ao auditório do Centro Ecológico – que fica localizado dentro da área do Projeto Tamar, no centro da vila –, já me deparei com um número considerável de pessoas atingidas. Ao todo, chegaram a participar daquela reunião mais de 200 pessoas, entre indígenas, pescadores, ribeirinhos e moradores de Regência, Povoação, Comboios e Areal. Notava-se que muitos moradores precisaram se deslocar até a sede da vila de Regência para participar da reunião. Só adentrando o espaço é que se tinha a visão da parte frontal do auditório, onde estava organizada a mesa com a presença da procuradora e os equipamentos de projeção. O espaço da mesa também estava ocupado por produtos agrícolas da região: frutas, folhas diversas e legumes em geral, representando a heterogeneidade das atividades econômicas e culturais, para além da atividade pesqueira. O labor da pesca

[47] O assunto será abordado na próxima seção deste capítulo. Mas vale salientar que o termo "reuniões de portas fechadas" já era mobilizado por alguns interlocutores em situações pretéritas de conflitos ambientais.

também estava simbolizado pelas redes de malha, estendidas no chão e vazias, simbolizando a interrupção abrupta da atividade pesqueira. Alguns moradores estavam segurando cartazes que responsabilizavam a Samarco e a Vale pelo desastre. Alguns cartazes também indicavam a morte do rio Doce.

Enquanto a reunião não começava, aproveitei para circular pelo auditório e pela parte externa do Centro Ecológico. Nesse giro pelo espaço da reunião, encontrei muitos rostos conhecidos, com os quais pude estabelecer rápidas conversas. De maneira geral, havia certa satisfação com a reunião de portas abertas, pois era uma oportunidade de conseguir informações sobre a complexidade da situação vivenciada. Apesar da presença da empresa no território, poucas informações circulavam na vila. O espaço privilegiado de diálogo entre a empresa e os moradores era uma tenda de informações posicionada na praça. Apesar de funcionar todos os dias, o espaço era ocupado por funcionários que não possuíam *know-how* para fornecer explicações para as demandas das pessoas atingidas.

Também senti falta de muitos pescadores da vila de Regência, sobretudo aqueles que, na época, estavam prestando serviço para a OceanPact, empresa responsável por coordenar o plano emergencial de mitigação da chegada dos rejeitos à região da foz do rio Doce, contratada pela Samarco Mineração. Na oportunidade, adianto que esses pescadores – que prestavam serviço para a empresa – chegaram em grupo no transcorrer da reunião e, como o auditório estava cheio, se posicionaram em pé, na parte final da sala. No momento destinado à participação pública naquela reunião, eles fizeram uma única e curta fala, indo embora na sequência, antes mesmo do término da reunião. A situação provocou desconforto e incômodo em muitas pessoas que estavam no auditório, conforme mencionarei mais adiante. Por ora, mantenho a descrição da audiência pública.

Na ocasião, o MPF, na figura da procuradora Walquiria Imamura Picoli, apresentou as obrigações da Samarco decorrentes do Termo de Compromisso Socioambiental (TCSA), assinado entre os Ministérios Públicos Federal (MPF-ES), do Trabalho (MPT-ES) e do Estado do Espírito Santo (MP-ES), no dia 15 de novembro. A procuradora apresentou também o primeiro termo do aditivo assinado posteriormente, no dia 4 de dezembro. A representante aproveitou o momento para pedir desculpas em relação à presença tardia da instituição de Justiça na vila de Regência e explicou que a demanda de reuniões, classificadas por ela como "mesa de discussão com a empresa", estava extensa e sobrecarregando o tempo da instituição de Justiça. Reproduzo aqui parte da fala introdutória da procuradora:

> A nossa mesa de discussão com a empresa está acontecendo em Vitória e Belo Horizonte, lá em Minas Gerais, em relação a algumas medidas emergenciais e preventivas em relação a outras barragens da empresa lá também e [temos reunião] em Brasília também, né? Então, estamos com um trabalho intenso em outros fóruns. E só estou conseguindo vir aqui, em nome do Ministério Público Federal, hoje. Mas estou vindo aqui com a intenção de trazer as obrigações que nós já conseguimos que a empresa fosse condenada a fazer ou que ela tenha acatado a fazer, através da ação dos Ministérios Públicos que estão atuando [...] São dois termos de ajustamento de conduta, termos de compromisso socioambiental que a Samarco assinou com o Ministério Público Federal, do Trabalho e Estadual e são obrigações emergenciais que era pra estar no cumprimento desde o momento que essa lama apareceu por aqui, e vamos ver se ela tá cumprindo ou não. (Representante do Ministério Público – Transcrição da Audiência Pública, em 14/12/2015)

Após esse momento de breves desculpas e ressaltando o trabalho intenso da instituição de Justiça na condução de reuniões e fóruns diversos, a procuradora enfatizou a necessidade de averiguar, a partir dos moradores afetados presentes naquela reunião, como a empresa estava agindo até aquele momento na vila de Regência e se ela estava cumprindo na prática com as obrigações previstas no acordo estabelecido com o Ministério Público. A procuradora continua:

> A multa pelo não cumprimento desses termos de compromisso com o Ministério Público é de 1 milhão de reais por dia. Então, hoje é um dia muito bom pra gente saber se a empresa está cumprindo com o que ela diz que está cumprindo e traz através de documentos pra nós que está cumprindo. Ou se a empresa diz que tá cumprindo, traz toda uma documentação que também diz que tá cumprindo, mas que, efetivamente, na vida dos senhores, não está. Nós trabalhamos todos os dias para que aconteça na vida dos senhores o que a gente acordou com a empresa, e não só no papel. Então, no papel tá tudo bonito. No papel ela tá comprovando tudo certinho, eu quero ver se na vida de cada um dos senhores daqui, das comunidades impactadas, ela vem cumprindo o que ela se dispôs a cumprir. E, caso não esteja cumprindo, os senhores são os fiscais. Os senhores são os fiscais do nosso termo de ajustamento, nossos termos de compromissos com a empresa. Cada um dos senhores são fiscais desse termo de compromisso da Samarco. (Representante do Ministério Público – Transcrição da Audiência Pública, em 14/12/2015)

A procuradora aproveita a oportunidade para ressaltar o compromisso das instituições de Justiça com a sociedade e a comunidade de Regência:

> Nós todos estamos do lado das comunidades pra qualquer enfrentamento que for necessário frente à Samarco e suas acionistas. É esse o compromisso que o Ministério Público veio aqui hoje, pessoalmente, reafirmar. Nós já tínhamos esse compromisso com os senhores, desde muito antes de tudo isso, mas estou vindo aqui, como procuradora, pra trazer essas informações para os senhores [...]. (Representante do Ministério Público – Transcrição da Audiência Pública, em 14/12/2015)

E, na sequência, enfatiza a necessidade da oitiva em questão:

> [...] e claro, vou sair daqui com esse caderninho cheio de demanda [a procuradora levanta e mostra o caderno aberto] pra levar para a empresa. Inclusive tenho reunião com ela amanhã, lá em Vitória. E quem sabe daqui hoje saia alguma demanda que não esteja sendo cumprida ou não esteja sendo cumprida de forma adequada. O que tá faltando para os senhores em virtude desse impacto que ela causou na vida aqui da comunidade? (Representante do Ministério Público – Transcrição da Audiência Pública, em 14/12/2015)

Antes de iniciar a apresentação e leitura do Termo de Compromisso Socioambiental, a procuradora relata ainda a sua proximidade afetiva com a vila de Regência, mediada pela prática do surfe:

> Eu venho aqui em Regência, surfo na boca do rio, pego onda aqui no *point* 1, no *point* 2 [...], eu não tinha vindo aqui depois do rompimento da barragem, mas hoje, eu passando ali e olhando, eu fiquei triste. Fico triste como uma frequentadora daqui da comunidade de Regência. Sou também uma usuária da praia de Regência. (Representante do Ministério Público – Transcrição da Audiência Pública, em 14/12/2015)

Prosseguindo a reunião e usando uma apresentação de Power Point, a procuradora leu o TCSA e citou algumas dessas exigências direcionadas à Samarco previstas no documento, explicando-as quando julgava necessário.

Algumas das "exigências" estabelecidas no documento em destaque e que foram lidas pela procuradora na ocasião foram: 1) "estabelecer contrato de trabalho com pescadores locais para resgate de fauna viva"; 2) "recolhimento de espécies do rio Doce e proteção das mesmas em ambiente apropriado"; 3) "abastecimento de água para uso humano e em atividades domésticas (54 litros de água bruta e dois litros de água potável por habitante, por dia)"; 4) "disponibilizar um helicóptero para executar o monitoramento do rio Doce"; 5) "estabelecer um canal de diálogo com a comunidade, através da elaboração de um plano de comunicação social adequado a fim de assegurar transparência e informação à sociedade, devendo ser constituída ainda uma comissão, em caráter permanente, que ficará responsável por estabelecer diálogo com as comunidades, receber informações, inclusive, prevendo um *e-mail* de reclamações e ouvidoria" (Representante do Ministério Público – Transcrição da Audiência Pública, em 14/12/2015).

Ainda durante a apresentação do instrumento jurídico, a procuradora enfatizou o conteúdo previsto no primeiro aditivo ao TCSA preliminar, assinado em 4 de dezembro de 2015, e que previa a elaboração imediata de um "plano de identificação, manutenção de renda e amparo de todas as pessoas que exerciam atividades laborativas vinculadas ao Rio Doce, seus afluentes e respectivas margens, bem como lagos, lagoas e águas marinhas atingidas pelo impacto do rompimento das barragens, e que estejam impedidas de exercer em sua plenitude essas atividades laborativas" (TCSA, 2015). Sobre esse plano de manutenção e renda, a procuradora explicou ainda que:

> [...] a Samarco deverá conceder aos trabalhadores um auxílio subsistência mensal no valor de um salário mínimo, com correção na mesma data e nos mesmos índices do salário mínimo, com o aumento de 20% do valor previsto por cônjuge, companheiro e filhos, independentemente de ser ou não o trabalhador segurado no INSS.[48] (Representante do Ministério Público – Transcrição da Audiência Pública, em 14/12/2015)

[48] Nessa situação, a empresa também fica responsável pelo recolhimento da contribuição previdenciária e imposto de renda referente ao pagamento efetuado.

O aditivo assinado também prevê a entrega de uma cesta básica mensal, via crédito em cartão de débito pessoal no valor correspondente ao divulgado mensalmente pelo Dieese nos estados de Minas Gerais e do Espírito Santo (de acordo com a localidade da pessoa beneficiada).[49] O chamado "auxílio subsistência mensal" ficou conhecido, posteriormente, como "auxílio emergencial", "cartão da Samarco" ou "benefício da Samarco".[50]

Dessa forma, o instrumento transferia para a Samarco a responsabilidade de identificar as vítimas do desastre provocado pelo rompimento da sua barragem. Apesar da autonomia corporativa no processo de identificação das vítimas, o aditivo determinava alguns procedimentos que deveriam ser seguidos pela empresa para cumprir a demanda acordada com o MPF. No caso, a procuradora explicou que não poderia haver distinção, por parte da Samarco, entre vítimas com documentação comprobatória ou sem a mesma documentação para o exercício da atividade laboral. Ou seja, todas as pessoas que manifestassem ter algum tipo de relação econômica com o rio Doce e seus afluentes deveriam ser introduzidas nesse plano supracitado, por exemplo: a) pescadores com documentação; b) pescadores sem documentação, mas que possam comprovar a atividade de forma escrita; c) trabalhadores na atividade de extração de areia e pedras ao longo do rio Doce; d) pequenos produtores rurais (como meio de subsistência), e) demais trabalhadores que se enquadrem nas hipóteses previstas.

Para alguns moradores, a leitura daquele documento era uma novidade, não obstante parte das exigências e negociações

49 A data prevista para o início da concessão do auxílio subsistência e da cesta básica foi definida a partir de 11/12/2015.

50 Apesar de muitos interlocutores nomearem o valor recebido como "benefício", optei, por questões políticas e metodológicas, por nomeá-lo neste trabalho como "cartão Samarco" ou "auxílio emergencial". Sendo assim, a palavra "benefício" só aparece no texto quando é transcrição da fala de algum interlocutor.

mencionadas pela representante do Ministério Público Federal já estivesse sendo colocada em prática pela Samarco Mineração S.A. na vila de Regência, inclusive antes da chegada física da lama, como foi o caso da contratação dos pescadores locais para atuar no plano emergencial de monitoramento do rio Doce. Sendo assim, o conteúdo apresentado pela procuradora como exigência do MPF – ou negociação com a empresa e suas acionistas – reunia práticas que, por já estarem presentes na vila de Regência, estavam sendo identificadas por alguns moradores como um indicativo de proatividade da empresa. Em contrapartida, os procedimentos utilizados pela mineradora para o cumprimento das exigências estabelecidas pelo MPF ampliaram e engendraram novos conflitos na comunidade.[51]

Na sequência, a procuradora frisou a complexidade e o ineditismo do problema criado com o rompimento da barragem de minério, ressaltando ainda que a "assinatura do termo não inibe os Ministérios Públicos de adotarem todas e quaisquer medidas judiciais e extrajudiciais cabíveis, em decorrência de eventuais irregularidades constatadas" (Representante do Ministério Público – Transcrição da Audiência Pública, em 14/12/2015). Na sequência, começaram as inscrições para os moradores presentes na reunião se manifestarem.

Nesse momento, ficou evidente que não haveria tempo suficiente para todas as pessoas que se interessavam em falar se manifestassem. Anotei no caderno de campo quase 20 inscrições e depoimentos de moradores durante aquela reunião. As manifestações se deram em torno dos problemas locais deflagrados com a chegada da lama – entre eles, a interrupção das atividades laborais, as dificuldades financeiras advindas dessa paralisação, a preocupação da contaminação decorrente do contato com a

[51] Na próxima seção serão abordados tais mecanismos e os conflitos decorrentes.

água do rio e a do mar e os conflitos sociais deflagrados a partir da inserção da mineradora na vila de Regência.

Dentre os depoimentos, destaco o de um morador de Entre Rios, um povoado adjacente à sede da vila de Regência, que chamou a atenção para as dificuldades que ele e demais vizinhos enfrentavam para conseguir acessar as medidas emergenciais que constavam no TCSA e foram apresentadas pela procuradora.

Com a chegada dos funcionários da Samarco à vila de Regência, deflagrou-se uma sequência de reuniões entre a empresa e as lideranças das diversas associações locais, que os moradores passaram a chamar de "reuniões de portas fechadas". A restrição da ampla participação dos atingidos nesses espaços de interação entre empresa e lideranças provocou o descontentamento e o receio dos demais moradores de ficarem excluídos dos benefícios da empresa nesse período de emergência, como disse o morador de Entre Rios. Ele explicou ainda que haveria uma espécie de "joguinho" para conseguir acessar tais direitos, que em tese já estavam garantidos no acordo. Diante da estratégia de comunicação adotada pela mineradora, ele pediu o apoio da procuradora para fiscalizar a relação que estava sendo construída entre a mineradora e as lideranças de associações na vila de Regência:

> Eu acho, doutora, que teria que ter uma fiscalização nessas associações de pescadores, comunidade, nessa época agora, que é uma época de emergência, que é uma época que as pessoas estão com as perdas [...] porque o povo sofrido tá aqui ó, com a cara só sofrendo. E você diz que foi firmado um compromisso com essa empresa, mas essa empresa deveria tá atendendo as pessoas e pagando as pessoas. Teria saído um salário [referência ao auxílio emergencial], tal data que ia pagar as pessoas e nada, ela não procurou as pessoas. [...] Eu repito que eu trabalho, eu tenho um nome a zelar, eu não sou vagabundo, não pretendo ficar comendo nas custas de empresa. Agora, tem pessoas aqui que estão necessitadas, mas estão sendo humilhadas, estão sendo sofridas aqui, doutora! [aplausos]

> [...] Eu falo pra aqueles que ficam aí rindo enquanto pessoas não têm o que comer, porque tem muita cesta básica em casa, porque faz parte de uma panelinha: vocês, sua hora vai chegar! [mais aplausos] Desculpa, porque eu fico emocionado, cara! Mas eu sou flor da pele, eu falo o que eu sinto, entendeu? Eu não guardo segredo, entendeu? E essas pessoas estão de barba de molho aqui. E se ela [aponta para a procuradora] for lá e fiscalizar vai encontrar coisas cabeludas que não teria necessidade. Coisas simples como servir uma água, entregar uma cesta para seu fulano. Isso é uma atitude muito covarde ficar querendo fazer joguinho com aquelas coisas que estão acontecendo aqui. (Morador de Entre Rios – Transcrição da Audiência Pública, em 14/12/2015)

Ele destacou ainda que a estratégia da empresa de privilegiar o relacionamento com um grupo em detrimento de outros dentro da comunidade não era uma novidade; ao contrário, era familiar, pois já era realizada por outras corporações na vila. Apresentou como exemplo, em seu relato, a experiência anterior com os agenciamentos e dispositivos adotados pela Petrobras na região, para negociar medidas compensatórias dos impactos da exploração de gás e óleo na região costeira do rio Doce. Ou seja, o morador apontava para a existência de um padrão de relacionamento, protagonizado por diferentes empresas naquela comunidade, construído por meio de uma relação baseada em trocas formais e informais. E, na sua percepção, ocorria algo similar na ocasião do desastre.

> Outra coisa que eu quero registrar, igual aquelas boias ali, essa empresa ela veio pra cá e fez uma maquiagem, fez um papel teatral, teatro aqui, puro! E talvez nós aqui, porque somos ribeirinhos, mas não somos burros também não. [...] Eu não gosto dessas empresas. Essas empresas já vêm me massacrando desde a minha infância, com essas Petrobras, com essas empresas. [...] Eu quero deixar claro essa minha indignação aqui. Estou me perdendo com as palavras porque eu fico à flor da pele, porque eu vejo pessoas aqui que são lesadas todos os

> dias, que são transparentes, são pessoas invisíveis, que gritam e não são ouvidos. Porque se eu chegar aqui de agradinho com a empresa eu posso até comer um churrasquinho e me enturmar, mas se você tem uma postura, se você pensa diferente, você é doido, você é um nada, você tá falando besteira, porque a empresa é legal [aplausos novamente]. (Morador de Entre Rios – Transcrição da Audiência Pública, em 14/12/2015)

Enquanto mencionava esse suposto padrão de relacionamento protagonizado pelas empresas na vila de Regência, o morador foi bastante aplaudido. Com o auditório lotado de moradores da vila, os intensos aplausos pareciam corroborar seu depoimento.

Na sequência das manifestações, destaco o depoimento dos pescadores que à época estavam prestando serviço para a OceanPact. Esse grupo de pescadores protagonizou uma cena de interação ritualizada, ao chegarem todos juntos já no transcorrer da reunião. Soma-se a essa entrada atrasada o fato de estarem todos uniformizados com a nova vestimenta de trabalho: macacão com mangas e calças compridas na cor alaranjada e botas pretas. O grupo destoava do padrão de vestimenta dos demais moradores da vila e demais presentes naquela reunião. A chegada em grupo desses pescadores chamou a atenção e provocou certa movimentação entre as demais pessoas que estavam no auditório do Centro Ecológico.

Como o auditório estava cheio, esses pescadores ficaram em pé, posicionados no fundo do auditório e de forma centralizada. O posicionamento contribuiu para a distinção visual entre eles e os demais moradores.

Um pescador falou, representando todo o grupo. De forma bem rápida, ele se dirigiu ao centro do auditório, segurou o microfone e contou que a situação dos pescadores já estava sendo normalizada e que a empresa estava tomando as devidas providências para "mitigar o problema sofrido entre a classe de pescadores". Relatou ainda que até aquele momento os pescadores estavam prestando serviço para a OceanPact e recebendo o valor de diárias específicas de acordo com a situação profissional de cada pescador.[52] De maneira geral, sua fala provocou muito ruídos entre as pessoas no auditório. Ao contrário dos aplausos recebidos pelo morador anterior, as pessoas se movimentaram na própria cadeira e fizeram cochichos entre os mais próximos. Não escutei aplausos de aprovação. Mas também não escutei vaias. Minutos depois da fala do pescador, ele e os demais pescadores se ausentaram antes mesmo do término daquela reunião. A situação gerou um visível incômodo entre os demais moradores e pessoas presentes naquela reunião.

Por fim, trago as contribuições de uma terceira moradora. Ela fez apontamentos interessantes acerca das múltiplas afetações do desastre, ressaltando que os efeitos da tragédia eram vivenciados por diferentes grupos na vila, e não apenas pelos pescadores. Na época, muito se falou (nos meios de comunicação e pela própria empresa) sobre os efeitos do desastre na vida dos pescadores, em decorrência da interrupção da atividade pesqueira; porém, as mudanças no cotidiano da vila apontavam para a multiplicidade dos danos e das vítimas.

> [...] não é só os pescadores que são atingidos por essas águas. Nós somos moradores aqui de Regência e atinge a todos, sabe?! A gente não sabe até quando essa água vai [ficar assim]. Ninguém tem certeza disso! E as pessoas se iludem com essa pouca coisa que estão recebendo, mas isso não é suficiente não, gente, porque a gente não sabe até quando vai chegar isso. Quando vai chegar o fim dessa água? A gente que não pesca, mas tem irmão que pesca. Aqui em Regência quem não pesca

52 No caso, ele se referia à situação do barco: pescador sem barco recebia uma diária de R$ 150,00 e pescador com barco recebia uma diária de R$ 300,00.

> tem seu restaurante, tem seus barcos, tudo depende do peixe. E quem não pesca compra, come! Não é só os pescadores que precisam, todos os moradores precisam. (Moradora da vila de Regência – Transcrição da Audiência Pública, em 14/12/2015)

O tempo e as incertezas em relação aos efeitos do desastre também são ressaltados na fala dela. Inconformada com o tratamento da empresa em relação aos moradores da vila de Regência, ressaltou que muitos ali na reunião não estavam confortáveis para falar abertamente sobre o que estava acontecendo na comunidade, inclusive enfatizando que, na ocasião daquela reunião, apenas um pescador se dispusera a relatar o que estava sendo vivenciado na vila e, enquanto isso, os moradores de Povoação, do Entre Rios e das TIs (Comboios e Areal) estavam se sentindo confortáveis para manifestar a indignação. Segue mais um trecho do depoimento da moradora:

> Quando chamaram os pescadores aqui na frente, só o [nome do pescador suprimido] apareceu, será que é só ele que mora aqui em Regência, que é pescador? [...] Se não reclamar é porque estão gostando. Tem que reclamar! Reclamou [nome suprimido], que é da associação de artesão, dos ribeirinhos, de povoação. E não reclamou mais ninguém aqui de Regência. Gente, vocês estão gostando do que está acontecendo? Porque eu não estou gostando! Eu não pesco, mas eu gosto de comer peixe e eu compro e não tá tendo peixe. Então, é difícil, gente! Mas vamos abrir a boca e vamos reclamar. (Moradora da vila de Regência – Transcrição da Audiência Pública, em 14/12/2015)

A moradora então relaciona o fato de os pescadores da vila de Regência estarem recebendo um valor para trabalhar para a empresa e a possível apatia em relação aos questionamentos: "Isso aí é pouco, eles vão pagar isso ai é por pouco tempo. Vocês acham que eles vão ficar toda a vida pagando? [...] Ninguém sabe quando essa água vai voltar ao normal". A preocupação com a água, que teve contato com os rejeitos da mineração, e com os desdobramentos do desastre na vila também é apontada:

> Ela tá contaminada? Tá! Agora eu queria que eles [a Samarco] pegassem essa água e eles mesmo tomassem pra gente vê. Porque a gente precisa. Todos nós precisamos. Inclusive, as pousadas agora estão todas vazias, e por quê? O motivo é essa água. E muita gente aqui vive disso. As pessoas não estão vindo de fora mais. Outro tempo atrás Regência estava cheia de gente, né? Dava um movimento para os restaurantes, até a gente tinha movimento, né? Tem algum cômodo na casa para alugar, um quartinho na casa para alugar, como eu tenho o meu cantinho para alugar. E isso dava pra gente ganhar o trocadinho da gente. Mas agora, por conta dessa água, ninguém quer vir pra cá mais. Então, tem que falar, porque quem cala consente. (Moradora da vila de Regência – Transcrição da Audiência Pública, em 14/12/2015)

"Fazer o que deve ser feito": as dinâmicas corporativas para o controle do território

> *Nós, da Samarco, reafirmamos nossa profunda consternação pelo acidente ocorrido. Já, desde o primeiro momento, mobilizamos todos os recursos disponíveis, humanos e financeiros, para atender às emergências e buscar soluções. Estamos trabalhando incessantemente e contando com muitos apoios. Agradecemos a todos que, direta ou indiretamente, estão prestando sua solidariedade às comunidades e à Samarco. Neste momento, estamos sendo muito questionados, mas continuamos firmes para esclarecer os fatos. Somos mais de 3 mil pessoas orgulhosas do trabalho que realizamos há 40 anos no Brasil. E continuaremos fazendo o que deve ser feito. Esse é o nosso compromisso, o compromisso da Samarco. (Samarco, 2015)*[53]

---

[53] *Site* oficial da empresa. Disponível em: https://www.samarco.com/noticia/comunicado-91/. Acessado em 23 de set. de 2020.

Esse excerto é um comunicado oficial extraído do *site* institucional da Samarco Mineração, publicado originalmente em 4 de dezembro de 2015. A mensagem presente nas últimas linhas do comunicado, "continuaremos fazendo o que deve ser feito", anuncia o *slogan* da campanha publicitária da empresa como resposta institucional ao rompimento da barragem de Fundão e direcionada à sociedade em geral, como tentativa de reconstrução da credibilidade da empresa a partir da "construção de uma realidade favorável a ela por meio de mecanismos de desengajamento moral" (Medeiros *et al.*, 2018, p. 84). Para isso, a Samarco realizou a contratação da agência mineira de comunicação Tom Comunicação, responsável pela criação da campanha "É sempre bom olhar para todos os lados", a partir do *slogan* "Fazer o que deve ser feito: esse é nosso compromisso". O conjunto publicitário de mensagens (em formato de entrevistas, textos e vídeos) que integra a campanha foi veiculado na televisão, na emissora de TV Rede Globo, nas páginas eletrônicas e redes sociais (YouTube, Facebook) da Samarco, conforme aponta Vilela (2020) em sua pesquisa sobre as estratégias discursivas adotadas pela empresa nessa campanha.

A campanha usava empregados da própria mineradora para relatar as providências tomadas pela empresa até aquele momento. Os depoimentos dos funcionários "expressavam sentimentos sobre os fatos ocorridos e falavam em nome da organização, tornando-se fiadores do que era dito e das intenções da empresa de restabelecer o equilíbrio de suas relações" (Vilela, 2020, p. 53). Além disso, parte dos vídeos também apresentava depoimentos de moradores e lideranças comunitárias atingidas pelo desastre em curso, "que apontavam os aspectos positivos da empresa e faziam elogios a sua atuação antes e após o rompimento" (Vilela, 2020). Ao todo, 13 vídeos, com temas distintos, foram postados nas redes sociais da mineradora, entre 11/12/2015 e 02/05/2016 (Vilela, 2020, p. 54).

Após a veiculação dos vídeos da campanha, o Conselho Nacional de Autorregulação Publicitária (Conar) recebeu 166 reclamações (Serra, 2018; Vilela, 2020). Diante das denúncias foi aberto, em maio de 2016, um processo para acompanhar e "averiguar a veracidade das informações divulgadas pela Samarco ao longo da campanha" (Vilela, 2020, p. 55). O caso foi julgado pelos conselheiros na presença de representantes da agência de comunicação e da Samarco. Na ocasião, a campanha foi reprovada por unanimidade e os anúncios deixaram de ser exibidos (Serra, 2018, p. 258).

O material publicitário chamou bastante atenção entre os interlocutores, pois um dos depoimentos da campanha foi protagonizado por uma liderança informal da pesca na vila de Regência. Na ocasião da campanha, divulgada em novembro de 2015, esse pescador e morador da vila prestava serviço para a OceanPact, empresa subcontratada pela Samarco Mineração para mitigar os efeitos da chegada da lama na região da foz do rio Doce.

O vídeo publicitário com cerca de dois minutos apresenta o pescador vestido com um macacão laranja, o mesmo utilizado pelos pescadores na audiência pública, sentado na parte frontal de um bote motorizado que está atracado no Porto dos Pescadores. Ele começa o depoimento explicando que estava "trabalhando para a empresa" responsável por "fazer o monitoramento e colocar as boias no rio" com o intuito de proteger a vegetação.

Segundo ele, apesar do trágico ocorrido, quando a lama chegou "a empresa Samarco já estava por perto para dar uma cobertura e assistência a essa situação e, por isso, amenizou bastante a realidade que era esperada na região". A edição do material publicitário alterna três planos de imagens: 1) o pescador sentado no bote, dando o depoimento; 2) imagens do pescador circulando no porto e no rio; 3) imagens do rio Doce ao fundo, bastante alaranjado. No que se refere às condições do rio após o contato com a lama de rejeitos, o pescador salienta que "o rio está vivo: a água tá barrenta, porém não tem nenhum tipo de poluição na água, porque os peixes estão todos vivos aí". Por fim, ele explica que o momento não é de preocupação em relação à água e os peixes em Regência. Ao final, a edição ainda insere uma legenda no vídeo informando que "o uso de sonar, em dezembro, confirmou a existência de peixes no rio Doce", sem indicar a procedência dessa informação. A peça publicitária possui conteúdo bastante delicado, por isso optei por não reproduzir a imagem e o nome do pescador, apesar do caráter público do material.

O que chama a atenção em relação à campanha publicitária é a forma como a empresa constrói a narrativa de que o desastre está controlado e ao mesmo tempo alimenta as supostas controvérsias sobre a contaminação do rio Doce. Dessa forma, por um lado, a empresa induz a "fabricação de incertezas" (Benson; Kirsch, 2010) sobre a contaminação no rio Doce, por meio da imagem e do depoimento de uma liderança local. A estratégia da empresa é provocar socialmente a dúvida sobre as proporções do desastre, uma vez que o próprio pescador afirma que os peixes estão vivos no rio Doce, ou seja, a sua atividade econômica não será afetada para sempre. Essa estratégia corporativa se propaga ao longo do tempo, conforme veremos no próximo capítulo.

Por outro lado, a propaganda também induz a percepção social de que a empresa estaria presente nos territórios, garantindo a assistência necessária às vítimas, quando, na verdade, a sua presença era alvo de contestações entre os moradores. No período em que a propaganda circulou, de dezembro de 2015 a janeiro de 2016, o clima era bastante tenso entre os moradores na vila de Regência. Alguns funcionários da Samarco haviam se deslocado para a vila e montado uma espécie de escritório local em uma das pousadas da região, passando a exercer o controle das ações emergenciais. Alguns pescadores, como era o caso daquele exposto na peça publicitária da empresa, foram contratados para prestar serviço para ela. Não obstante, um outro grupo de moradores não conseguia sequer participar de uma reunião com os funcionários da empresa. Tal situação imposta pela Samarco criava e alimentava os conflitos internos na vila de Regência, ampliando a vulnerabilidade provocada pela chegada da lama.

A Samarco, enquanto um novo agente social no território, passa a interferir nas relações sociais, políticas e econômicas locais. As práticas e os dispositivos adotados pela empresa para responder às emergências possibilitaram que a mineradora exercesse controle sobre os moradores, por meio de um "envolvimento estratégico" (Benson; Kirsch, 2010) nos territórios. Essas práticas e dispositivos serão aqui apresentados a partir de três mecanismos observados na vila de Regência: 1) a contratação dos pescadores; 2) os espaços de diálogo com os moradores; 3) o cadastro dos moradores. É importante ressaltar que essa fase de "envolvimento estratégico" da empresa ocorre após a assinatura do Termo de Compromisso Socioambiental Preliminar e seu aditivo (TCSA), que as mineradoras assinaram com o Ministério Público Federal (MPF-ES), o Ministério Público do Trabalho (MPT-ES) e o Ministério Público do Estado do Espírito Santo (MP-ES).

A contratação dos pescadores

Entre o rompimento da barragem em Mariana e a chegada dos rejeitos à foz do rio Doce, em Regência, distrito de Linhares, transcorreram 21 dias. Nesse ínterim, para além do sofrimento coletivo provocado pelo derrame de rejeitos da mineração no rio Doce, os moradores da vila de Regência se depararam com a inserção de novos agentes no território. Entre eles, os funcionários da mineradora e de empresas contratadas por ela para gerenciar as emergências da crise em curso na região. No que se refere ao gerenciamento dessas emergências, destaco o *Plano de prevenção, mitigação e monitoramento da pluma de rejeitos*, negociado pelo TCSA, que deveria ser imediatamente implementado na região da foz do rio Doce. Para sua realização e execução, a Samarco contratou a empresa OceanPact, que ficou responsável pelo suporte técnico e operacional do plano na região da foz do rio Doce, com ações realizadas principalmente na pequena vila de Regência Augusta. Sendo assim, funcionários dessa outra empresa também se deslocaram para a vila, provocando intensas alterações na paisagem. Entre as ações que a OceanPact executou, darei destaque às boias de contenção que foram instaladas às margens do rio Doce.

Os funcionários da OceanPact chegaram à vila entre os dias 16 e 20 de novembro de 2015. Desde a sua chegada, notou-se a intensificação das agências em função do desastre em Regência. Na ocasião, não foram feitas reuniões abertas e direcionadas a todos os moradores da vila para informar e explicar os objetivos do deslocamento desses funcionários e maquinários para a região. No entanto, por meio de ruídos locais e de informações veiculadas via imprensa, era possível tomar conhecimento sobre algumas questões, inclusive sobre o fato de que estavam acontecendo essas reuniões entre os pescadores associados, o Projeto Tamar, o ICMBio e os funcionários da mineradora e da OceanPact.

A OceanPact, segundo seu *site*, é uma empresa brasileira "que desenvolve e implanta soluções seguras, eficientes e inovadoras nas áreas de meio ambiente, operações submarinas e apoio logístico e engenharia". Além disso, ela também se apresenta como dotada de "experiência e capacidade em resposta a emergências e gerenciamento de crises [...] em todas as atividades relacionadas ao mar". A empresa foi criada em 2007, na cidade do Rio de Janeiro, para atender demandas de consultoria e responder a emergências ambientais. Desde então, ela diz ter "experiência expressiva em operações de resposta a derramamento de óleo no Brasil e no exterior, ampliando a sua atuação por toda a América Latina". Ainda segundo o *site* oficial da empresa, ela possui "profissionais capacitados e experientes para realizar atendimento a diversos tipos de emergência – vazamentos de óleo e produtos químicos, incêndio e queda de homem ao mar, dentre outros – em diferentes modais ou ambientes: *offshore*, portos e hidrovias, rodovias, ferrovias e áreas industriais".

Na semana que antecedeu a chegada da lama à foz do rio Doce, além dos funcionários da OceanPact, um conjunto de maquinários e outros equipamentos foram deslocados para a vila e passaram a ocupar espaços coletivos na região, como a praça, a igreja e o porto. De um dia para o outro, também observamos que os pescadores locais passaram a prestar serviço para a empresa, pois eles passaram a transitar pelas ruas da vila de Regência usando equipamentos e vestimenta de segurança da empresa. Como na ocasião não se falava o nome da OceanPact, entre os interlocutores desta pesquisa era comum escutar a expressão "os pescadores estão trabalhando para a Samarco, usando o macacão da Samarco".

Tentei me aproximar desses pescadores, mas tive pouco sucesso e passei por alguns constrangimentos, apesar de conhecer previamente alguns deles. Por meio da observação em campo e de algumas conversas realizadas com familiares desses pescadores e outros interlocutores, foi possível entender um pouco da jornada de trabalho imposta a eles. A atividade começava bem cedo, com uma espécie de ginástica laboral no porto e, na sequência, eles saíam navegando pelas águas do rio. A duração do dia de trabalho era de 8 horas, com um intervalo para o almoço. Não era possível observar o trabalho realizado, pois ele era feito principalmente no interior do rio Doce, mas era possível observar, enquanto eu circulava pela área do porto, o vai e vem de pescadores e demais funcionários da empresa e da mineradora.

Segundo relatório da Samarco, "9 mil metros de barreiras de contenção *offshore* e Sea Fence foram instaladas na foz do Rio Doce [...] A instalação teve seu início na parte sul da foz, em Regência, e seguiu até Povoação, na região de Linhares" (Samarco, 2015, p. 27). As barreiras foram instaladas com a finalidade de impedir que a lama adentrasse as áreas de proteção ambiental localizadas na foz do rio Doce. Ainda segundo o relatório, "os estudos para a implantação da medida e a escolha da metodologia foram realizados pela Samarco, em conjunto com a Fundação Pró-Tamar, representantes do Instituto Chico Mendes (ICMBio) e pescadores da região" (Samarco, 2015, p. 27).

Com a chegada da lama à região da foz, foi possível verificar a ineficiência da medida adotada para a contenção dos rejeitos. Não obstante, a OceanPact continuou atuando no território e os pescadores continuaram, durante um período, prestando serviço para a empresa. Diante do exposto, torna-se relevante salientar que enquanto estiveram prestando esse serviço, houve um afastamento, parcial ou integral, do grupo de pescadores em relação aos demais espaços de interação na vila, inclusive aqueles espaços onde havia interações sobre o desastre, como as reuniões e manifestações locais (vide a situação emblemática descrita na seção anterior, durante a audiência pública no dia 14 de dezembro ocorrida na vila de Regência).

A relação estabelecida entre a mineradora e os pescadores, mediada pela relação de trabalho com a OceanPact, gerou incômodos diversos com os demais moradores, provocando discussões e potencializando os conflitos internos já existentes na localidade. Nesse período, muitos rumores circulavam pela vila. O conteúdo desses rumores girava em torno de acusações sobre a relação estabelecida entre a mineradora e as associações locais, especialmente a associação de pesca e de moradores. Falava-se, inclusive, que para conseguir o serviço das boias era preciso fazer parte da panelinha, ou seja, ser membro formal da associação de pesca. O assunto circulava entre os moradores e, por meio de conversas, passei a ter acesso a esse tipo de comentário também. Dentre meus interlocutores à época, era possível notar decepção, conformismo e raiva com essa suposta relação estabelecida entre a mineradora e as associações, bem como as demais ações emergenciais implementadas pela mineradora no território da foz sul do rio Doce.

Em conversa com um pescador em janeiro de 2017, período posterior ao trabalho realizado para a OceanPact, ele explicou que "na época da lama" a Samarco fez reuniões com os pescadores para informar que haveria uma contratação de trabalhadores locais para a prestação de serviço temporário, que seria responsabilidade de uma empresa subcontratada pela mineradora para "monitorar a lama". Ele contou que, diante da vulnerabilidade em que se encontravam, sem poder trabalhar no rio e no mar, os pescadores ficaram interessados e empolgados com o trabalho. De início, ele contou também que os pescadores ficaram satisfeitos com a possibilidade de reverterem a situação crítica que se aproximava da vila. Porém, a expectativa logo se transformou em frustração, pois "o nosso trabalho não serviu de nada", comentou o pescador.

Indagado sobre a falta de efetividade da ação, ele contou que a empresa era "especializada em óleo, e não em lama", e por isso a tecnologia disponibilizada por ela era ineficiente: "O óleo boia, né? A lama passava por baixo das boias, [...] elas não estavam presas no fundo do rio". Além da frustração provocada pela ineficiência da tecnologia oferecida pela empresa e executada pelos pescadores, ele narrou também um desentendimento em relação a assuntos trabalhistas com as empresas. Segundo o pescador, no início do serviço proposto, o pagamento da diária era referente a 150 reais, mas depois a empresa baixou a mesma diária para 100 reais e ainda reduziu os dias de trabalho de cada pescador, intercalando os dias da semana, ocasionando uma enorme redução nos valores recebidos para o trabalho de monitoramento no rio. A situação ficou ainda mais delicada quando chegou a ordem para a retirada das boias de contenção e a posterior conclusão do trabalho de monitoramento no rio realizado pela OceanPact. A empresa, subcontratada pela Samarco, foi embora da vila de Regência, finalizando o serviço com os pescadores. Ele contou que deve ter tido, ao todo, sete meses de trabalho. Em face disso, ele contou que os pescadores se reuniram com os funcionários da Samarco para negociar um valor referente a uma possível indenização trabalhista. Todavia, a mineradora negou qualquer responsabilidade contratual com o grupo. Com a negativa da empresa, ele contou que a Asper iniciou uma ação na Justiça para receber essa indenização.

O debate em torno da ineficiência da medida de contenção da lama adotada pela Samarco e implementada pela OceanPact também gerou questionamentos no âmbito científico e judicial. Naquele período que antecedeu a chegada da lama, as barreiras flutuantes de contenção foram tema de diversos veículos jornalísticos. Ainda sobre o assunto, destaco uma entrevista com um professor de Engenharia da Universidade Federal do Rio de Janeiro, que participou de simulações da chegada da lama ao oceano, publicada num jornal local, que já enfatizava que as barreiras para conter a lama seriam ineficazes: "É inevitável, a lama vai chegar ao mar, porque é impossível conter. Eu não entendo o porquê de colocar essa barreira. Isso não tem eficácia alguma. Ela tem que sair, se dispersar pelo oceano e isso vai ser feito naturalmente". Na ocasião, o professor enfatizava ainda que os efeitos da lama no oceano seriam irrelevantes: "no mar, eu creio que não será nada relevante. Haverá só uma mancha colorida muito grande que se dispersará normalmente, como se dispersam as manchas que saem dos rios em épocas de grandes chuvas" (*A Gazeta*, 2015d). Corroborando essa necessidade, o juiz titular da 3ª Vara Cível de Linhares determinou, um dia antes da chegada da lama, que a mineradora retirasse as boias de contenção instaladas e abrisse a foz do rio Doce para que a lama pudesse se dissipar no mar.[54]

Ademais, acrescento que os próprios funcionários da mineradora, em entrevistas à imprensa, também ressaltavam que a tecnologia de mitigação utilizada na foz do rio Doce não era a ideal para a pluma com rejeitos de mineração, pois era uma tecnologia adaptada das situações de derramamento de óleo no mar. Na sequência, registro parte de uma entrevista jornalística com um funcionário da Samarco.

> [Repórter] Qual o efeito dessa barreira para a vegetação do rio Doce aqui na foz?
> [Funcionário da Samarco] O objetivo da barreira é proteger essas áreas mais sensíveis. A gente discutiu com alguns especialistas locais, pessoas do Projeto Tamar, pessoas da Reserva de Comboios, pescadores da região e a gente identificou as áreas mais sensíveis. O objetivo dessa barreira é fazer uma proteção pra evitar o contato direto desse material com essa parte mais sensível.
> [Repórter] E essa barreira é própria para esse tipo de material que tá descendo?

---

54 Disponível em: www.tribunadonorte.com.br/noticia/lama-de-barragem-chega-ao-mar/330675.

> [Funcionário da Samarco]: Não! A gente tem um acidente sem precedentes na indústria e por conta disso a gente não conseguiu identificar uma tecnologia desenvolvida, dedicada e testada para esse tipo de material. Essa barreira é aplicada na indústria de petróleo com muita eficiência, e ela tá sendo utilizada aqui como a melhor alternativa que foi encontrada. A gente tá mobilizando todos os esforços no sentido de reduzir esses impactos [...]; essa barreira ela tem uma boia, existe uma cortina de PVC que é impermeável e essa cortina vai até o fundo do rio, onde tem um lastro e um ancoramento para tentar manter essa barreira o mais próximo possível do rio, que tem um fundo irregular e a gente precisa fazer um cuidado especial. Ela varia entre 60 centímetros e 2 metros e 10 [centímetros], que foram as alturas que foram medidas em cada ponto de colocação de barreira, antes de a gente definir qual tipo e barreira era apropriado.

A fragilidade do procedimento de mitigação adotado pela mineradora como tentativa de minimizar os efeitos da lama foi apontada por diferentes agentes, e não deveria restar dúvidas sobre a ineficiência dessa ação. Diante dos conflitos locais engendrados em um período de forte abalo emocional e das ineficiências da ação de mitigação proposta pela mineradora, torna-se, portanto, necessário indagar: qual o motivo para a execução do *Plano de prevenção, mitigação e monitoramento da pluma de rejeitos*? A quem essa medida beneficiou?

Os espaços para o diálogo com os moradores: as reuniões de portas fechadas

Concomitantemente às atividades executadas pela empresa OceanPact no âmbito do *Plano de prevenção mitigação e monitoramento da pluma de rejeitos*, a Samarco deu início a uma sequência de reuniões entre seus funcionários e os representantes formais e informais das instituições comunitárias da Vila de Regência. A situação provocou a desconfiança e o descontentamento dos moradores que não participavam dessas interações. Rumores sobre o conteúdo discutido nessas reuniões também começaram a circular na vila.

Geralmente, as reuniões aconteciam em espaços aos quais os moradores da vila possuíam acesso, como o Centro Ecológico, do Projeto Tamar, e o auditório da associação de moradores (Amor). No entanto, como não havia uma convocação prévia e pública dirigida aos demais moradores para participarem da reunião, muitos sentiam-se constrangidos em participar de tais espaços. Dito isso, é preciso salientar que algumas reuniões também ocorriam em espaços privados: alguns funcionários estavam hospedados em pousadas locais e passaram a fazer uso desses espaços como uma espécie de escritório local, chamado de "QG" por eles. Esses espaços também eram utilizados para a realização de reuniões com a participação de representantes de segmentos locais.

Na outra ponta do desastre, em Mariana, sucessivas reuniões entre os funcionários da empresa e as pessoas atingidas também aconteciam com frequência. Todavia, no município mineiro formou-se uma comissão de atingidos para tratar do assunto. As reuniões eram mediadas pela presença de representantes do Ministério Público e, posteriormente, os atingidos puderam contar com o apoio de uma assessoria técnica independente (Zhouri *et al.*, 2018; Zucarelli, 2018). Na região da foz do rio Doce, não foi formada, inicialmente, uma comissão específica para tratar do assunto. Uma comissão foi formada com o apoio do Movimento dos Atingidos por Barragem (MAB) e mediada pelo Ministério Público apenas em 2017. A contratação de assessoria técnica independente também nunca foi realizada, apesar do processo de escolha e homologação em juízo, em 2019. Na região da foz do rio Doce, o modelo de representatividade anteriormente estabelecido na região, cujos grupos de interesses são identificados e representados a partir de associações locais, previamente eleitas, foi imposto ao processo. Sendo assim, é importante ressaltar que as reuniões entre funcionários da Samarco e representantes das instituições comunitárias locais não contavam com a participação de membros do Ministério Público, apenas de alguns órgãos institucionais, como era o caso do ICMBio e da Fundação Pró-Tamar, que tinham naquela ocasião (e ainda têm) uma presença forte na região. Em linhas gerais, participavam das reuniões as lideranças de segmentos locais como: Associação de Moradores de Regência, Projeto Tamar, Associação de Surf de Regência, Associação de Surf de Linhares, Instituto Unidos pela Vida, Associação de Pescadores, Companhia de Artes de Regência, Regência Viva, Associação de Ribeirinhos da Foz do Rio Doce, Time de Futebol Veteranos de Regência, igrejas locais, Associação Comercial de Regência e Associação Cultural Congo de Regência.

É interessante ressaltar que quase todas as instituições em destaque já existiam anteriormente à crise, com exceção de duas, criadas no processo de mobilização face à lama. O contexto de transformações provocadas no âmbito das políticas preservacionistas e desenvolvimentistas implementadas na região no final do século passado possibilitou a criação dessas instituições, de caráter representativo. O funcionamento do modelo institucional, por meio das grandes empresas de exploração de *commodities* e das unidades de conservação, impõe a necessidade dessa estratégia de comunicação com a comunidade via representatividade de uma pessoa jurídica, no caso, a associação. Ou seja, para adentrar no modelo de compensações das atividades econômicas dessas empresas, como a Petrobras, era necessária essa institucionalização da comunidade.

As primeiras instituições formadas foram a Amor, criada em 1987, e a Asper, criada em 1998. Quando a associação de pesca foi criada, havia apenas 12 pescadores associados. Com o passar dos anos, ela foi crescendo, mas nunca representou a totalidade de pessoas que viviam em torno da atividade da pesca na vila. Em 2007, a associação contava com 29 pescadores registrados, enquanto havia 60 pescadores inscritos na Colônia de Pesca (Suassuna, 2007). Em 2014, a associação contava com 54 pescadores registrados, enquanto a estimativa de pessoas que viviam em torno da atividade pesqueira passava de três centenas (Bicalho, 2012; Leonardo, 2014). Muitas pessoas, especialmente homens da comunidade, buscavam a pesca por se tratar de um trabalho autônomo (Suassuna, 2007). Ademais, as mulheres e os jovens também se envolvem na atividade ao longo da cadeia produtiva, limpando, beneficiando e comercializando o pescado. Em um contexto em que o trabalho temporário, mobilizado pelas *firmas*, predominava na região, a atividade da pesca complementava o ciclo anual de atividades econômicas e a renda da comunidade, contribuindo com as diversas "estratégias de vida" (Bebbington, 2007) desenvolvidas naquele território.

A Amor, apesar de contar com mais associados, também não representava a totalidade de moradores da vila de Regência. Para integrar a associação e ter direitos políticos integrais (votar e ser votado para o conselho diretor), era necessário apresentar uma comprovação equivalente a pelo menos três anos de moradia na vila de Regência e estar em dia com suas obrigações tributárias perante a associação. Em face dessa dificuldade, em 2015 e 2016, circulou na vila de Regência um abaixo-assinado para reverter essa situação em relação ao tempo para a comprovação de moradia.

A relação em torno dessas instituições representativas na vila de Regência já era uma questão que merecia atenção no que se refere à compreensão das dinâmicas locais de poder e sociabilidade. Há uma forte cultura de representação via associação na vila, ao mesmo tempo que as fragilidades e embates em torno dessa representação são recorrentes; a própria expressão "reunião de portas fechadas" já era usada pelos interlocutores desde antes da experiência da tragédia que se abateu sobre Regência em novembro de 2015. Não obstante, a inserção dos funcionários da Samarco durante este período de crise aguda, provocada pelas diversas incertezas que acompanhavam a chegada (e acompanham a permanência) da lama na região, tornou mais visível e potencializou diversos conflitos entre os interlocutores diante do descontentamento com a escolha da Samarco de adotar a dinâmica de reuniões exclusivas com os representantes das associações locais.

Diante das restrições e dos constrangimentos que caracterizaram a participação nessas reuniões, eu não acompanhei presencialmente tais situações de interação entre a empresa e os moradores em campo. Contudo, por um diálogo constante estabelecido com alguns interlocutores que participavam dessas reuniões, foi possível acompanhar em certa medida o que estava sendo discutido.

Nessas reuniões, cada representante de segmento apresentava, para os funcionários da Samarco Mineração, as demandas e as propostas de projetos referentes ao segmento que representava. De acordo com esses interlocutores, a postura dos funcionários da Samarco durante as reuniões era evitar as situações de conflito com os representantes das instituições, ou seja, eles não negavam a situação crítica vivenciada na foz e a responsabilidade da empresa diante da tragédia, mas buscavam minimizar a gravidade dos efeitos da lama.

O tom dado a essas reuniões pelos funcionários da empresa era "propositivo", girando em torno da apresentação de possíveis soluções para os problemas gerados pela lama. Nesse sentido, as discussões eram centradas em demandas e propostas de projetos, e não nos efeitos do desastre em si. A sequência dessas reuniões mobilizou os representantes de instituições comunitárias formais e informais na vila de Regência no processo de criação e discussão de projetos sociais, culturais e de infraestrutura e que poderiam ser implementados a curto, médio e longo prazo. É interessante destacar que alguns desses projetos já existiam (na etapa de elaboração) antes da lama, mas não contavam com o apoio financeiro de instituições públicas e/ou privadas para a sua efetivação. Diante do exposto, compreendo que a dinâmica introduzida pela mineradora na vila de Regência pode ser interpretada a partir da noção de "engajamento estratégico", cunhada por Benson e Kirsch (2010). Ou seja, em alguma medida, a inserção dessa dinâmica de reuniões na vila pode indicar que a empresa aceitou escutar e debater determinadas questões com a comunidade, não obstante a sua interferência buscasse influenciar as medidas que iriam ser tomadas para "resolver" o problema, tal como Benson e Kirsh examinam.

O ritmo de reuniões no período entre novembro de 2015 e fevereiro de 2016 foi intenso. Em meio às incertezas deflagradas com o derrame de rejeitos da mineração no rio Doce, os distintos segmentos passaram a discutir projetos sociais e de infraestrutura para o desenvolvimento da vila de Regência. Além das reuniões com a presença dos funcionários da mineradora, também aconteciam nesse mesmo período reuniões entre os representantes de segmentos para discutir os projetos que seriam apresentados aos funcionários. Destaco uma, acontecida em 24 de fevereiro de 2016, cuja ata me foi cedida por uma interlocutora que esteve presente. Por meio da ata, foi possível identificar o conteúdo das abordagens e quais projetos estavam sendo discutidos pelas lideranças da vila de Regência naquele período, marcado pela espera e chegada da lama à foz do rio Doce. Na ocasião, cada representante de associação apresentou os projetos que poderiam ser implementados para atender às demandas identificadas previamente pelo segmento específico. No intuito de facilitar a descrição desses projetos, a tabela abaixo foi elaborada contendo o registro e a sistematização deles, divididos por segmento social.

Na ocasião da conversa, realizada em março de 2016, a interlocutora manifestava certo cansaço e estranhamento com aquela sequência de reuniões deflagradas com a chegada da Samarco à vila de Regência. Segundo a moradora, cada representante das associações estava sendo orientado para apresentar as demandas da vila e elaborar os projetos que poderiam ser implementados a curto, médio e longo prazo para contemplar tais demandas. Não havia uma garantia de que esses projetos seriam implementados, pois os funcionários da Samarco que participavam das reuniões com os segmentos locais, estavam mapeando e estudando as possibilidades de intervenção na vila. De imediato, ela já estranhou a apresentação de demandas por parte de seus colegas que não tinham relação direta com a lama. Como exemplo, ela mencionou a pavimentação da estrada, que, apesar de ser um desejo antigo da comunidade, não era um problema diretamente relacionado ao rompimento da barragem e à contaminação da água do rio Doce e do oceano.

Outro fato deixou a interlocutora ainda mais intrigada com aquela sequência de reuniões. Após a reunião supracitada, cujo objetivo foi a elaboração e apresentação de projetos a serem sistematizado em documento único e apresentado à equipe de diálogo da Samarco, ela identificou um ofício da empresa, endereçado à Associação de Moradores, com data anterior à da reunião, negando todos os pedidos de melhorias previstos para a vila de Regência e discutidos durante a reunião das lideranças que ela havia participado. No ofício em questão, a mineradora já havia alegado que "seu principal objetivo é utilizar toda a sua infraestrutura e atenção às solicitações de caráter emergencial" (Ofício Samarco, p. 2). Diante do fato, a interlocutora questionava como os pedidos dos representantes de segmentos já haviam sido negados pela mineradora, antes mesmo da realização da reunião entre as lideranças? Segundo a interlocutora, "se esses pedidos já haviam sido negados, qual seria a finalidade da reunião interna das lideranças e das demais reuniões com os funcionários da Samarco Mineração?". A moradora disse que questionou a Associação de Moradores e os demais representantes dos segmentos para saber o que poderia ter acontecido, mas não teve respostas confiáveis. Desde então, ela foi se afastando do processo de diálogo conduzido pela mineradora.

Tabela 1. Demandas e projetos elencados pelos representantes de segmento da vila de Regência, durante reunião realizada no dia 24 de fevereiro de 2016

Associação	Demandas e/ou projetos apresentados durante a reunião
Associação de Surf de Regência	Criação de um complexo turístico e esportivo: piscina de ondas, skate parque, Aquário de Regência, parede para rapel, concha acústica, academia de ginástica, sala de fisioterapia, consultório, enfermaria, área de alimentação; criação de um espaço para a realização de atividades com caráter acadêmico: planetário, laboratório, turismo científico.
Associação de Surf Linhares	Criação de uma escola de surfe, com espaço voltado para desenvolver as habilidades socioemocionais das crianças e jovens; fomento de campeonato e transporte para os alunos envolvidos surfarem em outras praias.
Movimento Regência Viva	Atividades que priorizem a importância da educação física; curso de natação para moradores; curso de salva-vidas na vila; recuperação do meio ambiente, principalmente do rio Doce.
Igrejas locais	Alterações na praça de eventos já existente.
Companhia de Artes de Regência	Atividades culturais: construção de um espaço cultural; valorização do programa Mais Cultura, com oficinas permanentes; construção dos museus naïf e de discos de vinil; apoio e adequação do Museu Pelissari; aquisição de materiais e indumentárias.
Esporte de Regência	Melhoria do campo de futebol: iluminação e alambrado; apoio à escolinha de futebol; criação de complexo esportivo: vila olímpica do rio Preto; patrocínio para campeonatos.

Instituto Unidos Pela Vida	Criação de site sobre a vila e criação de um programa de intercâmbio cultural de idiomas para formação socioprofissionalizante das crianças e jovens da vila.
Associação de Moradores de Regência e Associação Comercial de Regência	Obras para o desenvolvimento social, cultural e turístico: construção do portal com guarita policial, criação de pedágio verde; placas turísticas indicativas; ornamentação de atrativos turísticos; pontos de ônibus de madeira; iluminação baixa nas avenidas principais; limpeza e recuperação dos canais e afluentes do rio Doce no interior da vila e rio Preto; Praça do Museu com adequação de vôlei de areia; arborização das ruas com frutas e árvores nativas; latões de lixo ecológicos na praia e na rua; evento mensal musical; estrutura de lazer nas lagoas; formação de condutores mirins; pacotes turísticos no mercado; passarela de acessibilidade na praia; incentivo ao turismo na natureza; calendário anual de eventos; passarelas ecológicas ligando portos e manutenção das existentes; adequação do palco para eventos culturais; espaços de lazer para crianças em locais já existentes (finais de rua, por exemplo); divulgação positiva de Regência em mídias audiovisuais; praça do farol e skate parque; criação de rádio comunitária; beneficiamento de resíduos urbanos orgânicos e aquisição de trator; paisagismo da área verde do interior da vila; reserva de hospedagens nas pousadas; tratamento de água para a vila de regência; kit caixa-d'água para casas de Regência; concha acústica na área de eventos do museu; apoio à escolinha de surfe e futebol; estrutura de barracas e som para realização de feirinhas semanais; ponte no brejo da rua da praia e outra na bifurcação da avenida Principal com a avenida do Farol; asfalto (estrada-parque com ciclovia). Obras relacionadas à infraestrutura da vila: adequação do projeto existente para a pavimentação das rodovias ES-440 e ES-010, que ligam, respectivamente, Regência até a sede do município e a vila do Riacho (Aracruz); finalização da obra do esgoto com estação ecológica de tratamento; reformas nos equipamentos públicos, como posto de saúde e Cemei; reforma de espaços culturais, como a cúpula do farol e o clube carnavalesco Valete de Ouro; construção de uma sede e aquisição de matéria-prima para as artesãs.
Associação Cultural Congo de Regência	Melhoria e ampliação da Casa do Congo.
Associação de Ribeirinhos da Foz do Rio Doce	Construção de poço artesiano para cada família e construção de sede física para a Associação de Ribeirinhos.
Projeto Tamar	Melhorias de espaço do Museu de Regência e do Centro Ecológico.

Fonte: elaborado pela autora a partir da ata de reunião, realizada em 24 de fevereiro de 2016.

Com o transcorrer do tempo e os novos arranjos institucionais mobilizados para administrar a crise em curso, houve uma reestruturação das relações de poder local e das dinâmicas corporativas na região. Com a inserção da Fundação Renova como agente da reparação, parte dos projetos anteriormente apresentados se transformou arbitrariamente no Programa

Projetos da Foz. Segundo a Fundação Renova, "alguns compromissos firmados na foz do rio Doce antes da criação da Fundação Renova foram incorporados à missão da entidade como resposta às demandas das comunidades para a reparação dos danos causados pelo rompimento da barragem" (Voz da Foz, 2019, p. 7). No mesmo jornal, de circulação impressa e eletrônica, ela informa:

> Esses compromissos são conhecidos como Projetos da Foz e englobam diferentes ações para a retomada das atividades pesqueiras, o apoio ao turismo, cultura, esporte, lazer, à diversificação da economia local e à melhoria da infraestrutura básica. Todas as soluções foram construídas a partir de uma escuta sobre as necessidades das comunidades. (Voz da Foz, 2019, p. 7)

Apesar de a Fundação Renova apresentar os projetos como sendo sugeridos pela comunidade, é importante salientar que não houve uma discussão coletiva, envolvendo uma participação ampla dos moradores, sobre as prioridades para a execução dos projetos. As reuniões em que as supostas discussões dos projetos foram realizadas ocorreram com restrição da ampla participação da comunidade. E, de maneira geral, diante do que os representantes das associações apresentaram de demandas e solicitaram à equipe de diálogo da Samarco, poucas demandas ou projetos foram concretizados pela fundação e implementados no período de quatro anos na vila de Regência e nos povoados arredores. Ademais, as medidas que foram concretizadas pela Fundação Renova até a ocasião descrita são, por vezes, pontuais. Ou seja, são ações que se restringem ao apoio parcial e provisório de recursos financeiros para a realização de projetos elaborados e financiados por outras instituições, como é caso do Projeto Inova Pesca, realizado pelo Instituto Capixaba de Pesquisa, Assistência Técnica e Extensão Rural (Incaper) e pela

Associação de Pescadores de Regência em parceria financeira com outras instituições, como o Banco do Brasil. Por meio do informativo local divulgado pela Fundação Renova, veiculado em setembro de 2019, é possível verificar que, até a ocasião citada, poucas demandas apresentadas pelas lideranças entre janeiro e fevereiro de 2016 foram efetivadas pela fundação.

Tabela 2. Projetos da Foz - Fundação Renova

Nome do projeto	Início da ação	Instituição responsável	Descrição
Qualificação profissional	De agosto a dezembro de 2017	Fundação Renova, em parceria com o Senai-ES	Cursos de capacitação para as comunidades de Regência e de Povoação. Foram disponibilizadas 220 vagas para os cursos de pedreiro de alvenaria, cozinha capixaba, costura, carpinteiro de obra e modelagem.
Reativação da horta comunitária de Regência	Concluído	Fundação Renova	A Fundação Renova doou materiais e equipamentos para a comunidade, contratou mão de obra para trabalhar na horta e garantiu o pagamento da energia elétrica por um ano.
Reforma da Estação de Tratamento de Água (ETA) de Regência	Abril de 2018	Fundação Renova	A reforma da ETA foi entregue aos moradores de Regência. Desde então, a qualidade da água é monitorada todo mês por meio da análise de amostras da saída da estação para o reservatório.
Apoio Inovapesca de Regência	Concluído	Fundação Renova	A Fundação Renova apoiou o Projeto Inovapesca, realizado pela AAsper, em parceria com o Incaper e a Fundação Banco do Brasil. Na ocasião, foram realizados a adequação e o calçamento do terreno e o enchimento dos tanques com água de caminhão-pipa. Além disso, um gerador foi doado para a segurança energética do projeto.
Meliponicultura	Suspenso por problemas na prestação e alinhamento dos resultados esperados	Fundação Renova, em parceria com a Associação dos Meliponicultores do Espírito Santo (AME)	O projeto tinha como objetivo diversificar a economia local a partir da criação de abelhas nativas sem ferrão. A Fundação Renova iniciou os trabalhos com a entrega de colônias nas comunidades e a realização de visitas técnicas para o manejo e multiplicação dos enxames. O projeto foi suspenso por problemas na prestação de contas e alinhamento dos resultados esperados. Contratação de técnico para a manutenção dos enxames até a definição de futuras etapas.

Praça da Praia e Passarela Ecológica de Regência	Em andamento. Projeto conceitual concluído em 2018 e o básico, em 2019	Fundação Renova	Construção de uma passarela que dá acesso à praia e à foz, com recursos de acessibilidade e de educação ambiental para melhorar o turismo e a qualidade de vida dos moradores, além de gerar oportunidade de trabalho e renda. Aguarda as exigências de licenciamento do ICMBio.
Projeto de paisagismo em Regência	Em andamento (teve início em agosto de 2018)	Fundação Renova	O projeto de paisagismo contempla a reforma do campo de futebol, a construção de pontos de ônibus, de portais para as trilhas e de um grande portal turístico na entrada da vila. A proposta é dar uma unidade visual a esses locais, beneficiando o dia a dia da comunidade e o turismo. O projeto aguarda a negociação do aditivo do contrato para concluir as obras.
Grupos de costura, bordado e artesanato em tecido de Regência	Em processo de conclusão de convênio	Fundação Renova	Foi assinado um convênio com a Associação dos Artesãos e Assemelhados de Regência e Região (Arte) que inclui a contratação de uma equipe administrativa para apoiar as atividades internas, como controle de recebimentos e pagamentos. Também foram destinados recursos para a Arte e o grupo Pimenta Nativa adquirirem materiais, equipamentos e para a reforma da sede do Pimenta. A ação aguarda o processo de conclusão de convênio.
Divulgação da Foz do Rio Doce	Fevereiro de 2019	Fundação Renova em parceria com a agência Voga	Criação de site da foz do rio. A página possui conteúdo sobre a história, o turismo e as opções de lazer de Povoação, Regência, Degredo e Pontal do Ipiranga. As informações e a atualização são feitas por moradores que foram capacitados em oficinas de comunicação e receberão suporte de profissionais da área por 12 meses.
Circuito de Surfe da Foz	2018 e 2019	Fundação Renova, junto à Associação de Surf de Linhares	Apoio financeiro ao Circuito Tríplice Coroa Quebra Onda de Surfe, com o objetivo de estimular o esporte, a retomada do turismo e gerar oportunidades de trabalho e renda nas comunidades.
Reestruturação urbana de Regência	Em andamento. Projeto conceitual aprovado em abril de 2018	Fundação Renova	Prevê a reforma da praça, da academia ao ar livre, do campo de bocha, da Casa do Congo e dos vestiários. A ideia é oferecer bem-estar para moradores e visitantes.

Rampa de subida de barcos	Em andamento	Fundação Renova	Prevê a construção de uma rampa para reparo de barcos na Associação de Pescadores de Regência. Status: revisão de dimensões da rampa no projeto básico e, consequentemente, no processo de licenciamento.
Miniestação de energia limpa	Em andamento	Fundação Renova	Instalação de miniestação de energia sustentável como forma de fortalecimento das unidades produtivas e estruturas da Associação de Pescadores de Regência por meio de segurança energética - produção de tilápia do projeto Inovapesca, unidade de beneficiamento de pescado, loja de venda de material de pesca, rampa de subida de barcos, entre outros. Uma consultoria foi contratada para avaliar a necessidade de energia da associação e que tipo de tecnologia poderia ser utilizada. Enquanto a miniestação não é instalada, a conta de energia é paga pela Fundação Renova.

Fonte: elaborado pela autora a partir de informações que integram o jornal das comunidades de Areal, Povoação, Entre Rios e Regência com a Fundação Renova, edição 9, setembro 2019.

Outro ponto que merece a nossa atenção sobre a relação entre os Projetos da Foz e as reuniões conduzidas pela equipe de diálogo social da Samarco, em janeiro e fevereiro de 2016, está relacionado com a necessidade de legitimidade das ações conduzidas respectivamente pela Samarco e a Fundação Renova. Ou seja, durante um período sensível para os moradores da vila de Regência, estes foram conduzidos a sucessivas reuniões para apresentar projetos que teriam a sua execução iniciada a partir de meados de 2017. Situação que causa estranhamento quando questionamos a necessidade daquelas reuniões em um período de intensa crise, forte abalo emocional e incertezas sociais e ambientais. Em linhas gerais, a atuação em formato de "envolvimento estratégico" (Benson; Kirsch, 2010) operacionalizada pela mineradora no contexto de crise possibilitou que ela neutralizasse as críticas em torno da sua atuação. Ademais, a execução dos Projetos da Foz foi conduzida por uma fundação que atuou "alegalmente", no sentido atribuído por Gudynas

(2016), ao "atribuir sua legitimidade de origem a um acordo não homologado judicialmente" (Melendi; Lopo, 2021, p. 225), assunto que será abordado ao longo do capítulo. Por ora, seguimos com as estratégias adotadas pela Samarco para controlar o território ainda na fase classificada como "emergencial".

O cadastro dos moradores e o "cartão da Samarco"

Cena 2 (29 de março de 2016 – anotações
caderno de campo: O telefonema)

Eu estava em Vitória. Diante da crise engendrada com a chegada da lama, foi preciso finalizar o acordo de aluguel da casa em que residia na vila e, por isso, havia retornado de Regência havia menos de um mês. Do outro lado da linha telefônica estava Eliane, que ligava de Vila Velha, cidade vizinha de onde eu estava. Fazia pouco mais de um mês que estivéramos juntas em Regência. Mesmo sem conseguir vê-la durante aquela conversa, sentia que ela estava muito nervosa e sua voz, um pouco chorosa, evidenciava que ela não trazia boas notícias. Ela comunicava que havia recebido uma "ligação da empresa Samarco" naquela mesma tarde, para informá-la que seu "cadastro não se enquadrava no perfil de impactada". Diante da negativa recebida da Samarco Mineração, ela me perguntava como isso era possível, a empresa negar que ela havia sofrido dano em virtude do rompimento da barragem, sendo que ela estava vivenciando um deslocamento forçado em virtude da própria lama? Durante a ligação telefônica, Eliana me interpelava para saber o motivo de ela não se enquadrar no "perfil de impactada" pelo rompimento da barragem de Fundão e, chorando, me contava novamente tudo o que eu já sabia sobre as alterações em sua vida, desde novembro de 2015, na tentativa de evidenciar, mais uma vez, que ela fora atingida pela chegada da lama na foz sul do rio Doce: "[...] minha casa está fechada porque eu não tenho dinheiro para pagar as contas de água e luz [...] estou morando na casa dos meus pais, procurando um novo emprego na cidade [...] a vida que eu tinha eu não tenho mais".

Eliana é moradora de Regência e, nos últimos 18 anos, construiu com seu marido um espaço comercial destinado ao turismo de surfe. O empreendimento engloba uma casa, uma lanchonete, um *camping*, a locação de quartos individuais e uma página na internet com informações diárias, no formato de texto e imagens, sobre o esporte. Em virtude da chegada da lama à foz do rio Doce e a consequente ausência de hóspedes em seu estabelecimento comercial, ela precisou fechar o espaço de trabalho. Em paralelo à ameaça da lama, o casal viveu um momento de sucessivos cancelamentos das reservas para os meses de dezembro e janeiro, sobretudo para a festa de ano-novo. Impossibilitada de trabalhar e sem condições de arcar financeiramente com as contas do espaço, que não paravam de chegar nos meses posteriores, foi preciso deslocar-se da vila de Regência, com o intuito de reduzir as despesas da família e contar com o apoio e a contribuição financeira dos seus pais.

É importante destacar que o rompimento da barragem da Samarco ocorreu às vésperas do verão, período em que a vila litorânea recebe expressivo fluxo de turistas em virtude das festas de fim de ano, férias escolares e Carnaval. Nesse período, a vila sempre apresentou uma programação diversificada – com atrações musicais, esportivas e ambientais – organizada pelas diversas associações locais e com apoio da Prefeitura Municipal, a fim de atrair e receber turistas. Além desse movimento no período do verão, a vila também contava com um público de turistas durante todo o ano, em virtude das condições climáticas que contribuem com ondulações propícias para a prática de surfe. Sendo assim, o período do verão gera grande expectativa nos moradores, especialmente naqueles que trabalham com o comércio e o turismo na região. Essa expectativa se materializa na dinâmica anual de reformas nas edificações e reorganizações do espaço interno nos estabelecimentos comerciais voltados ao turismo. Por vezes, na baixa temporada, os comerciantes e donos de pousada contraem débitos – no mercado formal e informal – para tais reformas, contando com a alta temporada. Infelizmente, em decorrência da lama, o turismo no verão de 2015 e 2016 foi severamente prejudicado. Muitos comerciantes não teriam condições de saldar seus débitos, e essa era a situação de Eliana e sua família.

Diante daquela situação crítica vivenciada, ela questionava o fato de somente o grupo dos pescadores estar sendo considerado como "impactado" pela mineradora. Os demais moradores da vila, que possuíam outros ofícios também relacionados à dinâmica das águas na região, estavam sendo invisibilidados ao longo do processo. "Eles têm coragem de falar que eu não me enquadro no perfil de impactada porque eu não usava o rio como fonte de renda [...]. O que eles querem? Que eu mentisse no questionário? [...] Oras, o mar também sofreu esse impacto da lama", dizia, com bastante frustração. Em face da fragilidade da situação em que ela se encontrava, eu não sabia muito bem o que dizer para a amiga e interlocutora, apenas que seria necessário recorrer dessa decisão da Samarco, mesmo sabendo que não seria uma tarefa simples. Inconformada com a situação, Eliana e o seu marido buscaram ajuda jurídica particular e recorreram na Justiça naquele mesmo ano. O direito para acessar o auxílio financeiro emergencial (AFE), até então negado pela Samarco Mineração, foi concedido pelo sistema de Justiça no final daquele ano.

***

Com o rompimento da barragem de Fundão, os moradores passaram a conviver com a crise deflagrada pela chegada da lama em seus territórios. Em face dessa complexa e dolorosa experiência com o desastre, chama a atenção a produção das incertezas decorrentes do problema ambiental e do drama da invisibilidade social provocado pelos procedimentos adotados pela Samarco para a definição das vítimas. A situação de campo descrita anteriormente não diz respeito apenas ao casal de amigos e interlocutores, infelizmente. Testemunhei ao longo de todo o trabalho de campo (de novembro de 2015 a novembro de 2019), de forma recorrente, situações similares vivenciadas por outros interlocutores no que se refere à invisibilidade deles enquanto atingidos pela barragem de rejeitos da Samarco. O problema também não é específico da vila de Regência e dos povoados situados nos arredores da sede da vila; ao contrário, sua ocorrência é observada ao longo de toda a bacia do rio Doce e nos territórios situados na costa litorânea do estado do Espírito Santo. No que se refere à vila de Regência, em um primeiro momento essa invisibilidade partiu da própria mineradora, na sequência do acordo realizado com o MPF. Em face dos desdobramentos institucionais do caso, que institui novos atores em campo, a Fundação Renova assumiu a responsabilidade pelo cadastro, tornando-se então responsável por mais essa violação de direitos imposta às vítimas do desastre, nas ações observadas por meio da execução do Programa de Levantamento e de Cadastramento dos Impactados (PLCI).

Entre as obrigações da Samarco decorrentes do TCSA – assinado entre MPF-ES, o MPT-ES e o MP-ES no dia 15 de novembro, e também o termo do aditivo assinado no dia 4 de dezembro – estava prevista a elaboração de um "plano de identificação, manutenção de renda e amparo de todas as pessoas que exerciam atividades laborativas vinculadas ao Rio Doce, seus afluentes e respectivas margens, bem como lagos, lagoas e águas marinhas atingidas pelo impacto do rompimento das barragens, e que estejam impedidas de exercer em sua plenitude essas atividades laborativas". Nota-se de imediato que o documento que balizou a ação relacionou o dano do rompimento da barragem à atividade laboral, mas não restringiu o dano econômico apenas ao uso do rio Doce. Logo, as pessoas cujas atividades laborais estivessem de alguma forma relacionadas aos ambientes destacados ("afluentes e respectivas margens, bem como lagos, lagoas e águas marinhas") também deveriam se enquadrar desde esse primeiro momento na política de auxílio financeiro emergencial preconizada no primeiro aditivo ao TCSA.

Essa era a situação de Eliana, que tinha as suas atividades econômicas vinculadas às águas marinhas. Não obstante três meses de espera, ela foi classificada pela Renova como *ausente de perfil* para acessar o *auxílio subsistência mensal,* conhecido localmente como o *Cartão da Samarco ou benefício da Samarco.* Desde então, ela iniciou uma disputa judicial para garantir os seus direitos frente ao rompimento da barragem de Fundão. Outros moradores não tiveram a mesma oportunidade de acessar individualmente o sistema de justiça e ainda aguardam o reconhecimento enquanto atingido e o recebimento deste cartão, que foi previsto, inicialmente, como medida emergencial no âmbito do TCSA.

Nesse primeiro momento, o não reconhecimento pela Samarco do perfil de atingido acarretava a impossibilidade de acessar o auxílio subsistência mensal, direito previsto e garantido no aditivo ao TCSA, assinado entre o MPF e as empresas. Com caráter emergencial, o objetivo do aditivo foi garantir uma renda mínima e emergencial a determinados segmentos sociais que foram afetados pelo rompimento da barragem de Fundão. A esses segmentos sociais, a procuradora, durante a reunião pública realizada na vila de Regência, explicou que "a Samarco deverá conceder aos trabalhadores um auxílio subsistência mensal no valor de um salário mínimo, com correção na mesma data e nos mesmos índices do salário mínimo, com o aumento de 20% do valor previsto por cada cônjuge, companheiro e filhos, independentemente de ser ou não o trabalhador segurado no INSS".[55]

O aditivo assinado também prevê que a empresa deverá realizar a entrega de uma cesta básica mensal, via crédito em cartão de débito pessoal no valor correspondente ao divulgado mensalmente pelo Dieese nos estados de Minas Gerais e do Espírito Santo (de acordo com a localidade da pessoa beneficiada).[56] Para a garantia plena desses dois direitos, previstos e acordados no aditivo, a Samarco deveria identificar os moradores atingidos e garantir o amparo emergencial mencionado. No que se refere à comprovação para a identificação dessa situação de vítima, o aditivo prevê quatro possibilidades: "a) pescadores com documentação; b) pescadores sem documentação, mas que possam comprovar a atividade de forma escrita; c) trabalhador na atividade de extração de areia e pedras ao longo do rio Doce; d) pequeno produtor rural (como meio de subsistência), e deixa em aberto uma quinta possibilidade de identificação dessas vítimas: e) demais trabalhadores que se enquadrem nas hipóteses previstas" (TCSA, 2015).

É importante considerar que a construção de uma classificação de um "perfil" da vítima do desastre não advém do exame da realidade em que a crise se instaura, tampouco apresenta um caráter neutro. Segundo Zhouri e colaboradores, "o conhecimento a respeito das perdas e danos, suas modalidades e temporalidades de gestão por parte das instituições envolvidas

---

55 Nessa situação, a empresa também fica responsável pelo recolhimento da contribuição previdenciária e imposto de renda decorrentes dos pagamentos efetuados.

56 A data prevista para início da concessão do auxílio subsistência e da cesta básica foi definida como 11/12/2015.

implicam a produção de uma taxonomia que agrava tensões e consolida fissuras" (Zhouri *et al.*, 2018, p. 46). A definição usada no caso analisado é pautada por referências do Banco Mundial. Dentre as categorias mobilizadas, encontram-se as distinções propostas entre "deslocamento físico" e "deslocamento econômico", sendo possível operacionalizar a partir de critérios relacionados à perda da moradia ou à perda de rendimentos em função da tragédia (Zhouri *et al.*, 2016, 2018). Ainda segundo os autores, essa distinção foi compreendida como um ponto de partida para a produção de um "escalonamento das afetações em termos da gravidade e grau de emergência, bem como para reconhecimento das demandas a serem sucessivamente atendidas a partir de uma classificação e hierarquização das reivindicações" (Zhouri *et al.*, 2016, p. 58).

No caso da região da foz do rio Doce, o critério de "deslocamento econômico" pautou a definição da vítima desde o início. Não obstante, esse critério operacionalizado por meio da noção de perda de rendimentos em função da tragédia também foi escalonado e promoveu fissuras ao longo do processo de reconhecimento dos moradores enquanto atingidos pelo desastre. Ou seja, em uma pequena vila cujas atividades econômicas estão relacionadas à pesca, agricultura e atividades turísticas, a Samarco introduziu primeiro um processo de cadastramento dos moradores para, posteriormente, identificar o "perfil de impactado" pela tragédia. O reconhecimento desse perfil permitia que as famílias recebessem as medidas emergenciais e de assistência que foram acordadas no primeiro aditivo ao TCSA por meio do cartão corporativo – doravante nomeado pelos interlocutores como "cartão da Samarco" ou mesmo "cartão benefício".

Diante desse contexto de crise ambiental e vulnerabilidade vivenciada pelos moradores, a Samarco Mineração mobilizou esforços para promover tais distinções entre as vítimas. Para isso, contratou uma outra empresa para aplicar o questionário e coletar os dados dos moradores na região. Assim, a Golder Associates Brasil Consultoria e Projetos Ltda., empresa canadense, ficou responsável por realizar o cadastramento, organizar os dados e fornecer para a Samarco essas informações. A empresa contratou ainda uma terceira empresa, a Práxis, empresa de consultoria em planejamento urbano e ambiental, com sede na cidade de Belo Horizonte, para realizar o estudo nos 37 municípios localizados às margens do rio Doce em Minas Gerais e no Espírito Santo, nomeado "Cadastro das famílias afetadas pelo rompimento da barragem de Fundão – Samarco". Na prática, foram os funcionários contratados pela Práxis que foram a campo e fizeram o cadastro dos moradores na vila de Regência.

De acordo com informações contidas no *site* da Práxis, a empresa atuou em duas frentes de coleta e análise de dados sobre o rompimento da barragem de Fundão, no período de novembro de 2015 a fevereiro de 2016. Por um lado, "foram desenvolvidos Diagnósticos Socioeconômicos dos municípios através da coleta de dados secundários e entrevistas qualitativas com setores públicos e privados e associação/organizações sociais".[57] Por outro lado, foram realizados "o levantamento e cadastramento das famílias que tiveram suas atividades comprometidas pelo desastre". Ainda segundo a empresa mineira, "as informações dos cadastros foram inseridas em uma plataforma *online*, gerida pela Samarco, para repasse do Cartão Benefício às famílias que tiveram seus ofícios comprometidos com o rompimento". Não obstante, os dados desse cadastramento e da plataforma virtual citados nunca foram disponibilizados ao público. Os dados dos

57 Informação disponível em: http://praxisbh.com.br/projeto/projeto2. Acessado em 10 de outubro de 2020.

moradores da vila de Regência, coletados ao longo desse período, se tornaram, portanto, propriedade da empresa.

Durante o período de novembro de 2015 a fevereiro de 2016, caracterizado pela campanha de campo da empresa, pesquisadores foram deslocados para a vila de Regência com a finalidade de efetuar o "levantamento e cadastramento das famílias que tiveram suas atividades comprometidas pelo desastre". De início, não ficou evidente para os moradores da vila de Regência quem seriam as pessoas e famílias que deveriam realizar o cadastramento e como isso seria feito. Muitos rumores circulavam na vila apontando para um suposto caráter restritivo do programa, uma vez que se dizia que apenas o grupo dos pescadores teria direito a acessar o auxílio emergencial. Não tenho informações sobre o número de cadastros realizados na vila de Regência, mas identifiquei, por meio da interação com os interlocutores, a dificuldade de muitos em conseguir realizar essa etapa do cadastro. Não houve uma descrição objetiva sobre como seria essa etapa. Nesse momento, reforçaram-se os rumores de que apenas os pescadores artesanais seriam o público do cadastro. Havia rumores ainda de que apenas pescadores cadastrados na associação local poderiam ser cadastrados, o que restringiria ainda mais o acesso ao programa. Essa situação gerou desconfiança entre os demais moradores que também foram afetados pela lama de rejeitos e potencializou fissuras internas na vila de Regência.

Diante das incertezas relacionadas a essa política, alguns interlocutores ficaram aguardando em suas residências com bastante expectativa a visita dos pesquisadores. Essa situação contribuiu para agravar efeitos emocionais já registrados no período de espera pela lama, como ansiedade e preocupação. Além disso, diante da demora para a realização da visita, preocupados em não receber em suas residências a visita do pesquisador e, portanto, não terem a oportunidade de efetuar o cadastro da Samarco, outros interlocutores se deslocaram pelas ruas da vila em busca dos pesquisadores, como me relatou a interlocutora Eliana.

Antes da ligação telefônica, em março de 2016, informando sobre a negativa do "perfil de impactada", conversei algumas vezes com ela, ainda na vila de Regência. As conversas eram realizadas em sua casa e em lugares públicos, quando havia algum tipo de interação sobre o desastre. Nesse período, ela me contava, diversas vezes, sobre as dificuldades enfrentadas com a chegada da lama e, ao mesmo tempo, narrava o início da sua busca pelo reconhecimento institucional enquanto atingida:

> Para vir fazer esse cadastro eu tive que ligar para a moça do institucional [...] e eu pedi e perguntei: estou vendo muita gente fazer o cadastro, muitas pessoas que eu conheço já fizeram o cadastro e vocês não passaram na minha casa ainda. [...] A gente demorou cerca de 85 a 90 dias para conseguir que a Samarco fizesse um cadastro nosso aqui. Esse cadastro, quando eles vieram fazer, eles só falaram que era um cadastro socioambiental, de impacto socioeconômico e ambiental, eu não entendi direito. Mas, enfim, fizeram várias perguntas, né? Normais, sobre filho, tipo de moradia, a nossa fonte de renda, né? Mas não prometeram nada. (Eliana, entrevista realizada na vila de Regência, em fevereiro 2016)

O drama da moradora para ser reconhecida como atingida começou já nesse período, enquanto a empresa Práxis esteve em campo fazendo o cadastro dos moradores afetados, classificado pela mineradora como medida emergencial. A despeito do caráter de urgência da medida imposta pelo Ministério Público no TCSA, a dificuldade para conseguir efetuar o cadastro também foi manifestada por outros interlocutores no mesmo período. Não havia informações objetivas sobre a metodologia adotada pela Práxis para efetuar o cadastro, apenas os rumores locais que apontavam para uma suposta preferência pelo grupo pesqueiro. Na ocasião dessa campanha de campo, apesar de morar na vila de Regência, nenhum pesquisador compareceu em minha residência para sondar o nosso interesse em preencher o cadastro.

Na casa ao lado, de um casal de amigos, a visita da empresa Práxis só foi feita no mês de fevereiro, e apenas após solicitação do morador. Cleiton e Fernanda são um casal jovem, com origem no município da Serra, que se mudara para a vila havia cinco anos, depois de a frequentar como turistas por algum tempo. Cleiton é surfista e, na época, trabalhava com consertos de pranchas e como pescador. Fernanda fazia salgados e doces para vender aos moradores e turistas. Cleiton contou que, na ocasião da visita, a pesquisadora pediu para ele "comprovar" o trabalho como pescador. Como não tinha a carteira de pesca, o morador precisou mostrar as redes de pesca e o *freezer* com o pescado para que ela pudesse fazer o registro fotográfico dos petrechos e do pescado. Mesmo diante do cadastro efetuado e do registro fotográfico, o morador foi considerado "inelegível" e não recebeu o cartão com o auxílio emergencial.

A política referente ao auxílio emergencial tornou-se ainda mais complexa e conflituosa quando começou o processo de distribuição dos cartões da Samarco para aquelas pessoas que foram enfim classificadas como "elegíveis" à política do auxílio financeiro emergencial. A despeito da objetividade do dano na vila de Regência, a decisão pelo caráter elegível ou inelegível era praticada de forma unilateral pela própria mineradora. Nesse momento, os rumores sobre as injustiças praticadas pela mineradora cresciam. De maneira geral, os interlocutores evidenciavam medo e constrangimento ao falar sobre o assunto. Todavia muitos rumores apontavam para uma relação coordenada entre a mineradora e a Asper para a distribuição do cartão corporativo. Nessa perspectiva, rumores diziam que apenas os pescadores artesanais cadastrados na associação de pesca local teriam direito ao auxílio financeiro emergencial. Ademais, os rumores também diziam que a própria associação de pesca local tinha poder para definir tal elegibilidade, através do envio prévio de lista com nomes dos pescadores aptos a receber o cartão.

Assim, a política referente ao auxílio emergencial gerou muito desconforto e insatisfação entre os interlocutores e demais moradores. Em face da situação de vulnerabilidade vivenciada, a limitação inicial, restringindo o cartão corporativo apenas a alguns pescadores, potencializou conflitos outrora existentes entre os moradores da vila e fez emergir novas disputas no território. A situação provocou certa cisão entre os que receberam os que não receberam o cartão corporativo. Alguns interlocutores chamam a atenção para o enfraquecimento da luta frente à mineradora, já que muitos passaram a se ocupar com intrigas entres eles para receber o cartão da Samarco, esquecendo que a responsável pela crise era a própria Samarco Mineração. Enquanto os moradores brigavam entre si, os funcionários da mineradora assistiam, confortavelmente, às intrigas, inclusive durante reuniões com a empresa. Os interlocutores passaram a se referir ao auxílio financeiro como o "maldito cartão da Samarco".

O verão de 2016 ficou marcado pela chegada da lama e por essas disputas em torno do cartão. Enquanto a mineradora, em suas peças publicitárias, alegava que estava "fazendo o que tinha que ser feito" e "escutando todos os lados", os moradores da vila assistiam ao aumento dos conflitos internos em função do tratamento desigual vivenciado com a política do auxílio emergencial. De um lado, o grupo de pescadores, especialmente aqueles membros da associação de pesca local, tinha o direito ao auxílio emergencial pago pela empresa; do outro lado, a maior parte da população era classificada como inelegível e tinha o mesmo direito negado pela mineradora, apesar de sofrerem com os efeitos da chegada da lama em seu território.

A insatisfação social em relação ao protagonismo da empresa no processo de gestão da crise durou todo o verão de 2016. Esse período coincidiu com a presença física dos funcionários da Samarco, que montaram um escritório na vila. Ao fim daquele verão, rumores sobre uma possível saída da Samarco da vila de Regência começaram a ganhar força, até que, em meados de abril, eclodiu na vila o manifesto *Somos todos afetados*. As insatisfações sociais, que anteriormente estavam mais silenciosas, tornaram-se barulhentas. Com o fim daquele verão e a assinatura de um Termo de Transação e Ajustamento de Conduta em março de 2016, rumores sobre a saída definitiva da vila dos funcionários da mineradora começaram a ganhar força na localidade. Em função disso, a sensação de frustração e abandono entre os interlocutores foi ampliada. Passados quase cinco meses do rompimento da barragem, muitos moradores da vila não haviam sido sequer contemplados com o auxílio emergencial previsto no TCSA; além disso, a situação da água e a ausência de respostas acerca da contaminação no rio Doce também preocupavam os interlocutores. Nesse período, a vila estava sendo abastecida por caminhões-pipas, e circulavam rumores sobre a possível interrupção desse serviço por parte da mineradora. Era um momento de muita incerteza e descontentamento.

Durante alguns dias, os moradores fecharam a entrada da vila de Regência, na perspectiva de impedir a saída dos funcionários da mineradora que ainda se encontravam alocados ali e chamar a atenção pública para os problemas vivenciados na região da foz do rio Doce. Na ocasião, a tenda branca colocada na praça Caboclo Bernardo, que servia como posto de orientação e atendimento da Samarco Mineração, espaço oferecido pela mineradora para sanar as possíveis dúvidas dos moradores e que foi bastante criticado entre os interlocutores, foi retirada da praça e colocada na entrada da vila. O nome da Samarco foi retirado da tenda. No lugar, os manifestantes escreveram: "Posto de atendimento dos afetados".

Naquela ocasião, os manifestantes reivindicavam que todos os moradores fossem reconhecidos como afetados pela lama de rejeitos carreada pelo leito do rio e que havia chegado até a foz. O movimento exigia da mineradora o "cartão para todos", já que até então era ela quem definia quem acessava ou não o direito, a partir do cadastro realizado por suas terceirizadas. Diante da ausência de transparência durante esse processo de cadastramento e classificação dos moradores, os manifestantes exigiam a "divulgação da listagem de beneficiários do cartão da Samarco".

Outros dois problemas vivenciados na vila de Regência nesse período de crise aguda e de *envolvimento estratégico* da mineradora também foram elencados pelos manifestantes: a ausência de diálogo com a mineradora foi um deles. Durante os dias seguintes à manifestação na entrada da vila, era comum observar cartazes com os dizeres "A comunidade se representa", em oposição às reuniões realizadas, exclusivamente, com os representantes de segmentos locais. Um segundo problema, evidenciado pelos manifestantes, engloba as incertezas em relação aos problemas ambientais decorrentes do desastre. Havia uma forte preocupação com a ausência de laudos sobre a qualidade da água do rio Doce, do mar e daquela fornecida pela mineradora pelos caminhões-pipas. Havia a suspeita de que aquela água era captada de um poço, localizado próximo ao rio. Sendo assim, os manifestantes também exigiam: a) captação de água potável de novo corpo hídrico, que não tivesse ligação como rio Doce, nem mesmo mediante barragem construída; b) mapeamento hidrogeológico urgente da foz do rio Doce; c) fornecimento de água mineral pela Samarco para toda a população.

A resposta da Samarco ao movimento Somos Todos Afetados foi a realização de um conjunto de reuniões entre a equipe de "diálogo com a comunidade" e os moradores interessados para discutir as reivindicações apresentadas pelo movimento. É importante ressaltar ainda que as reuniões passaram a acontecer no auditório da Rebio de Comboios, espaço localizado a 7 quilômetros do centro da vila. As reuniões duraram alguns meses e, então, os funcionários da Samarco foram substituídos gradativamente pelos funcionários da Fundação Renova, instituição que passa a fazer parte das ações de administração da crise, a partir da homologação do Termo de Transação e Ajustamento de Conduta.

A situação na foz do rio Doce evidencia a processualidade da crise deflagrada com o rompimento da barragem de Fundão, pois, paralelamente às rupturas e à desestabilização produzidas com o anúncio e com a chegada da lama a foz do rio Doce, os moradores da vila também tiveram que aprender a interagir com um conjunto de ações burocráticas, administrativas e legais relacionadas ao caso. De um dia para o outro os interlocutores apontam que tiveram que reunir uma quantidade de documentos que pudessem comprovar a vida que eles tinham antes da lama. Esses sujeitos passaram a disputar, portanto, o reconhecimento dos danos sofridos e dos respectivos direitos, ao mesmo tempo que buscavam reestabelecer as antigas condições de vida. Somam-se a esse doloroso processo de aprendizagem os demais efeitos do desastre no território. Sendo assim, as incertezas relacionadas à composição química dos rejeitos, à qualidade da água do rio e àquela que abastece a vila de Regência, à condição do pescado e dos alimentos produzidos naquela região persistiam no cotidiano dos interlocutores. Esse conjunto de incertezas é caracterizado por eles como o "dano da dúvida", processo que passa a ser vivenciado como uma insustentável rotina no território da foz. O assunto será abordado no próximo capítulo.

A celebração dos acordos

Completavam-se seis meses do rompimento da barragem de Fundão quando o Termo de Transação e Ajustamento de Conduta (TTAC) foi homologado pelo Tribunal Regional Federal da 1ª Região (TRF-1) por meio de uma audiência de conciliação realizada em 5 de maio de 2016. Na época, eu estava participando de um seminário sobre o tema do desastre na cidade de Mariana. Um dos expositores era o procurador da República de Minas Gerais, que, em sua apresentação, expusera sobre o documento, questionando determinados vícios do processo. Enquanto ele tecia suas reflexões, foi anunciada no auditório a homologação do documento, causando perplexidade aos participantes e ao próprio procurador, que enfatizava a ausência da participação das pessoas atingidas pelo rompimento da barragem na elaboração daquele acordo, entre outros problemas jurídicos apontados por ele. Douglas Krenak – representando o povo Krenak, atingido pela Vale e agora pela Samarco, na cidade de Resplendor (MG), e que também participava do evento enquanto palestrante – falou na sequência e também questionou a homologação do acordo: "Quero saber o que o meu povo pode fazer depois da assinatura deste acordo? Vai ter muita luta, porque o meu povo não vai aceitar acordo enfiado goela abaixo!". Diante da situação, as entidades ali reunidas assinaram uma nota de repúdio à homologação do acordo.

Outras manifestações que apontavam o desacordo no que se refere à assinatura e posterior homologação do documento também foram corroboradas pela sociedade civil via movimentos sociais e entidades que integram o Comitê Nacional em Defesa dos Territórios Frente à Mineração e à Articulação Internacional dos Atingidos e Atingidas pela Vale, o MAB, a comunidade científica – sobretudo professores e pesquisadores da UFMG e da Ufes –, organizações não governamentais, como a Justiça Global, e organizações civis, como o Fórum Capixaba em Defesa da Bacia do Rio Doce (FCDBRD)[58] e outras organizações e instituições, evidenciando, portanto, o caráter contraditório e o enorme descontentamento social com os arranjos institucionais e o procedimento jurídico adotado para enfrentar a situação de crise deflagrada com o rompimento da barragem de Fundão.

O TTAC,[59] também nomeado como "acordão" pelas pessoas atingidas, foi um documento celebrado entre as partes – o governo federal, os governos estaduais de Minas Gerais e do Espírito Santo, de um lado, e a Samarco, a Vale e a BHP Billiton de outro – e assinado em 2 de março de 2016. O dispositivo em questão, enquanto instrumento instituído pelo governo, prevê a criação de uma série de programas de "recuperação, mitigação, remediação e reparação, inclusive indenização, pelos impactos socioambientais e socioeconômicos, quando possível, causados pelo rompimento da barragem, bem como prestação de assistência social aos impactados" (Brasil, 2016a, p. 3). O documento detalha que serão ao todo 41 programas, estruturados em dois eixos distintos, sendo um socioeconômico e outro socioambiental. O montante financeiro destinado para a recuperação,

58 Fórum criado em 16 de novembro de 2015, a partir da reunião de 72 entidades e pessoas independentes, para a construção de um espaço plural e democrático de participação e de mobilização permanente na defesa da bacia do Rio Doce e das populações atingidas pelo rompimento da barragem do Fundão (Dias, 2017, p. 559).

59 O acordo foi desenhado no âmbito da ação civil pública de número 0069758-61.2015.4.01.3400, proposta pela União, estados de Minas Gerais e do Espírito Santo, bem como por diversas autarquias, em face das empresas responsáveis pelo desastre/crime.

20 milhões de reais, também ficou previamente definido no documento (Brasil, 2016a).

O desenho institucional do acordo prevê que os programas sejam elaborados e executados por um terceiro ente, representado por uma "fundação de direito privado, sem fins lucrativos, atendidos os requisitos da lei, a ser instituída pela Samarco e pelas Acionistas com o objetivo de elaborar e executar todas as medidas previstas" (Brasil, 2016a, p. 12), no caso a Fundação Renova, que foi criada posteriormente. O acordo previa também a formação de um sistema de governança a ser estabelecido a partir da criação de um Comitê Interfederativo (CIF) constituído por instituições do Estado,[60] além do Comitê de Bacias,[61] e presidido por um dos representantes indicados pelo Ministério do Meio Ambiente. Esse comitê seria responsável por orientar, supervisionar, validar e fiscalizar as ações realizadas pela fundação privada. Ademais, estava previsto também, nesse desenho institucional, a criação de um Painel Consultivo de Especialistas que deveria ser acionado em caso de possíveis divergências entre a fundação e o CIF, antes de recorrer a instâncias judiciais

60 Segundo Zorzal e Silva; Cayres; Souza (2019, p. 475), a representatividade das instituições dos estados ocorreria da seguinte forma: 1) poder executivo federal - dois representantes do Ministério do Meio Ambiente (Ibama e ANA) e dois do governo federal (Casa Civil e Secretaria de Governo); 2) poder executivo estadual - dois representantes do estado de Minas Gerais - Secretaria de Estado de Meio Ambiente e Desenvolvimento Sustentável (Semad) e Secretaria de Estado de Cidades e de Integração Regional (Secir); dois representantes do estado do Espírito Santo - Secretaria de Estado do Meio Ambiente e Recursos Hídricos (Seama) e Secretaria de Estado de Desenvolvimento Urbano e Regional (Sedurb); 3) poder executivo municipal - dois representantes dos municípios de Minas Gerais - Mariana e Rio Doce, um representante dos municípios do Espírito Santo - Linhares. Chamo a atenção ainda para o fato de que, nesse primeiro desenho institucional, a representação do poder municipal seria feita por um ator político já envolvido no conflito entre a empresa União Engenharia e os moradores ribeirinhos da fazenda Entre Rios.

61 Um representante do Comitê de Bacia Hidrográfica do Doce - CBH-Doce.

(Brasil, 2016a). Também foram criadas, posteriormente, 11 Câmaras Técnicas temáticas com a função de auxiliar o CIF no desempenho de suas funções.

Como já mencionado, o acordo foi severamente criticado por pessoas atingidas, movimentos sociais e pesquisadores e contestado judicialmente pelo Ministério Público Federal. Dentre as razões, a ausência de participação efetiva dos atingidos nas negociações. Com efeito, nem o arranjo institucional desenhado pelo TTAC, nem os programas ali estabelecidos foram discutidos com os atingidos, ainda que reconhecesse o dever de assegurar aos impactados a participação nos programas e projetos desdobrados do acordo.

Diante dessas "alegalidades" (Gudynas, 2016) identificadas no instrumento jurídico instituído pelo governo, o Ministério Público Federal emitiu uma nota pública no mesmo dia da assinatura do TTAC repudiando o acordo e sinalizando a ausência de participação das populações atingidas, entre outros agravos. Na sequência, em 28 de abril de 2016, ajuizou uma Ação Civil Pública (ACP) na 12ª Vara Federal da Seção Judiciária de Minas Gerais, solicitando a impugnação do documento e o valor de 155 milhões de reais para a reparação de danos ambientais e socioeconômicos das comunidades atingidas.

A despeito dos questionamentos apresentados pelo MPF, o acordo foi homologado dois meses depois da sua assinatura. Na audiência de conciliação, realizada em Brasília, as partes ajustaram algumas cláusulas do acordo e, sem mais delongas, considerando a busca da pacificação social, a desembargadora (coordenadora-geral do Sistema de Conciliação da Justiça Federal da 1° Região – SistCon) confirmou o TTAC, definindo sua abrangência, inclusive para eventuais futuras ações relacionadas ao desastre (Serra, 2018, p. 264). Na ata de homologação do acordo, é corroborada a premissa institucional de que a "autocomposição (acordo) é a forma mais célere e efetiva para resolução da controvérsia, sobretudo com a complexidade do maior desastre ambiental do país" (SistCon, Ata de Audiência, 2016, p. 4).[62]

Em 16 de maio de 2016, a Procuradoria-Geral da República pediu a nulidade da homologação do acordo para a 5ª Turma do TRF-1, questionando o pretendido alcance do pacto. Na argumentação da instituição em destaque, o TTAC não protegia os direitos coletivos afetados e não garantia uma reparação adequada. A representação do MPF junto ao STJ também recorreu contra a homologação em 2 de junho de 2016, apresentando uma linha semelhante de argumentação. Questões de trâmite processual também foram trazidas pelas petições.[63]

O STJ comunicou em 30 de junho de 2016 a suspensão do acordo, inicialmente em caráter liminar, a pedido do MPF, que havia entrado com o pedido para a anulação dez dias após a data de sua homologação. Conforme avalia Lopes (2016), a interpretação da ministra que proferiu a decisão apontava para a necessidade de que "outros atores se manifestassem nos autos, tais como os municípios atingidos e associações representantes de interesses envolvidos na questão" (Lopes, 2016, p. 379), evidenciando, portanto, a necessidade de "ampliar o debate para a solução negociada da controvérsia por meio da realização de audiências públicas, com a participação de cidadãos, da sociedade civil organizada, da comunidade científica e dos representantes dos interesses locais envolvidos" (Superior Tribunal de Justiça, 2016, *apud* Lopes, 2016, p. 380). Na sequência da trama jurídica, o acordo foi anulado em caráter definitivo pelo

---

62 Disponível em: https://www.conjur.com.br/dl/ata-audiencia-homologacao--acordo.pdf. Acessado em: 11 de agosto de 2020.

63 Sobre o imbróglio jurídico em torno da homologação e posterior suspensão do documento, ver Serra (2018, p. 264-280).

Superior Tribunal de Justiça em agosto de 2016. A audiência de conciliação foi realizada no dia 13 de setembro de 2016, na 12ª Vara Federal da Seção Judiciária de Minas Gerais, em Belo Horizonte. Não obstante, a despeito da decisão de nulidade do acordo, a Fundação Renova foi criada, em 30 de junho de 2016, e passou a atuar "alegalmente" (Gudynas, 2016) nos territórios atingidos pela lama.

Nesse ínterim, iniciou-se uma etapa de reformulação e negociação do TTAC, dessa vez com a força-tarefa do MP[64] participando das discussões. Foi discutida a necessidade de elaborar um novo acordo que incluísse dessa vez a participação das pessoas atingidas. O processo mobilizou novos agentes e reestruturou relações de poder entre órgãos públicos, instituições de Justiça, sociedade civil, universidades e movimentos sociais. Essa etapa de negociação ensejou um Termo de Acordo Preliminar (TAP) entre o MP, a Samarco e as suas acionistas, que previa a contratação de peritos e assistentes técnicos para subsidiarem a força-tarefa na elaboração de diagnósticos dos danos socioambientais e socioeconômicos, elemento necessá-

---

64 A Força-Tarefa Rio Doce foi formada logo após o rompimento da barragem de Fundão, em 13 de novembro de 2015, composta por sete procuradores da República, para atuar na investigação dos danos causados pelo rompimento das barragens Fundão e Santarém, da mineradora Samarco, em Mariana. A portaria que institui a equipe de trabalho é a 953/2015 e foi assinada pelo procurador-geral da República, Rodrigo Janot. Na época, a força-tarefa era composta por: Gabriela Saraiva de Azevedo, da Procuradoria da República no Município de Viçosa (MG); Eduardo Henrique Aguiar, da Procuradoria da República no Município de Ipatinga (MG); Bruno Costa Magalhães, da Procuradoria da República no Município de Governador Valadares (MG); Walquiria Imamura Picoli, da Procuradoria da República no Município de São Mateus (ES); Jorge Munhós de Souza, da Procuradoria da República no Município Colatina (ES); José Adércio Sampaio, da Procuradoria da República no Estado de Minas Gerais (MG); e Eduardo Santos de Oliveira, da Procuradoria da República no Município de Campos dos Goytacazes (RJ). Fonte: http://www.mpf.mp.br/pgr/noticias-pgr/mpf-cria-forca-tarefa-para-investigar-danos-causados-pelo-rompimento.

rio para a concretização de um acordo final (Brasil, 2017a). Ou seja, apesar das críticas anteriores, a "nova solução" dada ao processo foi "a construção de uma nova proposta negociada para a resolução das demandas cíveis que envolvem o processo mediante a pactuação de um acordo final entre as partes, nesse caso, Ministérios Públicos e empresas responsáveis pelo desastre" (Zhouri *et al.*, 2018, p. 43).

O TAP foi assinado em 18 de janeiro de 2017 e designou quatro organizações com campos de atuação distintos para atuar na tarefa da elaboração de diagnósticos sobre o desastre, no intuito de subsidiar o MPF. Essas organizações são: 1) Lactec, para o diagnóstico socioambiental; 2) Integratio, para o diagnóstico socioeconômico e assistência aos atingidos; 3) Ramboll, para a avaliação e monitoramento dos Programas de Reparação Socioambiental e Socioeconômica; 4) Banco Mundial, ou outra entidade definida pelas partes, para coordenação dos trabalhos e consultoria ao MPF. Ficou definido às empresas o custeio integral das atividades a serem realizadas pelos *experts* e a contratação do serviço (Brasil, 2017a). A definição da Integratio como organização responsável pelo diagnóstico socioeconômico e pela assistência técnica aos atingidos não agradou a população atingida que, mais uma vez, não teve a oportunidade de se manifestar na etapa de elaboração do novo acordo (Roland *et al.*, 2018). Diante das críticas, o TAP foi homologado parcialmente, em 16 de março de 2017. Na ocasião, apenas as tratativas do eixo socioambiental foram acordadas entre as partes e, portanto, homologadas.

Em face das diversas manifestações contrárias por parte dos atingidos e demais agentes sociais organizados, o MPF "organizou um grupo de trabalho, convidando alguns atores da sociedade civil que estivessem de alguma forma envolvidos com o caso do rompimento da barragem, tais como movimentos sociais, grupos religiosos e acadêmicos, entre outros" (Roland *et al.*, 2018, p. 5) para discutir o eixo socioeconômico. Esse grupo de trabalho iniciou, portanto, sucessivas reuniões, realizadas na sede do Ministério Público Federal, na cidade de Belo Horizonte. Quando entrei no doutorado e mudei para a capital mineira, a fim de iniciar as disciplinas no Programa de Pós-Graduação em Antropologia na UFMG, a trama jurídica em torno do caso estava exatamente neste ponto. O grupo de pesquisa com o qual passei a colaborar, ao lado de outros grupos de pesquisa de outras universidades federais e movimentos sociais, participou de algumas reuniões organizadas pelo MPF. Nesse período, recém-chegada ao grupo, participei de uma reunião a convite de uma professora. Sobre essa reunião específica, lembro que as discussões aconteciam de forma impetuosa. Em linhas gerais, não havia um consenso entre os agentes. De um lado, professores e cientistas do campo das Ciências Humanas apontavam as contrariedades daquela proposta de negociação com as empresas, evidenciando que não se tratava de uma situação de conflitos ambientais decorrentes de alguma etapa do licenciamento ambiental, mas de uma situação de desastre na qual houve, no mínimo, a negligência das empresas, conforme já apontavam os laudos periciais. Pessoas perderam a vida, outras perderam as suas residências, e um vale inteiro perdeu as condições materiais e simbólicas para a manutenção das suas estratégias e modos de vida. Diante dessa situação, indagavam: "Nós estamos condenados a um acordo?". O representante do movimento social ali presente também questionava a noção de negociação, que centraliza as discussões. Para ele, era necessário ter um corte mínimo nessa etapa de negociação com as empresas, pois, segundo ele, "não era possível negociar direitos". Entre os representantes da força-tarefa, também não havia consenso sobre as negociações, mas, de maneira geral, os operadores do direito buscavam encontrar um meio termo nas considerações e reivindicações apresentadas pelo grupo, enfatizando que "se pedirmos muito as empresas não vão aceitar, não podemos perder de vista que isso é um acordo".[65]

Após alguns meses de intensas negociações entre a força-tarefa e as empresas, em novembro de 2017, o MPF, no tocante ao eixo socioeconômico, propôs um termo aditivo ao TAP, estabelecendo uma reformulação do sistema de diagnóstico de danos socioeconômicos, prevendo, inclusive:

> a contratação de assessorias também para os atingidos, de modo que possam participar de modo informado da gestão e controle social das ações de recuperação, das audiências públicas previstas no acordo anterior, bem como do processo de consulta prévia aos povos indígenas e comunidades tradicionais. (MPF, 2018, p. 4)

Assim, ficou definida a contratação de duas organizações nesse aditivo: para atuar como perito responsável pelo diagnóstico socioeconômico, a Fundação Getúlio Vargas (FGV); e, para auxiliar o processo de escolha das assessorias técnicas independentes para os atingidos e as atingidas, foi escolhido o Fundo Brasil de Direitos Humanos (FBDH). A esse fundo, por meio do Programa Rio Doce, coube viabilizar "o processo de credenciamento das organizações sem fins lucrativos que tenham interesse em funcionar como Assessorias Técnicas para os atingidos, além de garantir que as comunidades atingidas ao longo de toda a região façam, elas próprias, a escolha de suas

[65] Durante os meses posteriores aconteceram algumas outras reuniões. Não obstante, diante da proposta irredutível da força-tarefa em estabelecer um novo acordo sem a participação das pessoas atingidas e da ausência de inclusão das contradições apontados pelos *experts* naquelas ocasiões, alguns agentes foram desagregando as contribuições e optando por não mais participarem daquele processo, diante da não concordância com o modelo de solução que estava sendo adotado pelos operadores de direito.

Assessorias Técnicas" (*site* do FBDH). A organização atuou ao longo de toda a bacia do rio Doce, de Mariana até o litoral do Espírito Santo.

Durante as atividades de campo, em janeiro de 2018, deparei-me com uma pequena equipe do FBDH percorrendo a região da foz do rio Doce. Na vila de Regência, a equipe se reuniu com lideranças locais e atores-chave, entre eles os presidentes das associações, representante do Projeto Tamar, da Rebio de Comboios, lideranças de movimentos sociais e outras organizações que emergiram na vilá em face das mobilizações no contexto da lama. Na ocasião, além dessas visitas direcionadas a atores-chave no processo, o FBDH também realizou uma reunião com a Comissão de Atingidos da Foz do Rio Doce.[66] As interações sociais protagonizadas pela organização faziam parte das "atividades preliminares de levantamento de dados e pesquisas de campo na região, com o objetivo de formatar uma proposta de trabalho a partir de suas pesquisas iniciais" (*site* do FBDH). Com uma equipe ampliada, as ações do FBDH foram mantidas ao longo do ano de 2018. No segundo semestre daquele mesmo ano, foi aberto o processo público de credenciamento para as organizações sem fins lucrativos que tivessem interesse em apresentar uma proposta para realizar, no âmbito do Programa Rio Doce, a assessoria técnica aos atingidos pelo rompimento da barragem de Fundão.[67]

---

66 A Comissão de Atingidos da Foz do Rio Doce foi criada em 2017.

67 Ao todo, foram abertos 18 editais públicos para garantir a assessoria técnica em 18 territorialidades atingidas ao longo do vale do rio Doce. Entre o fim de 2018 e meados de 2019, atingidos e atingidas, incluindo povos indígenas, quilombolas e outras comunidades tradicionais, escolheram diretamente e de forma autônoma as suas assessorias técnicas. Em outubro de 2019, o juiz da 12ª Vara da Justiça Federal de Belo Horizonte homologou as escolhas realizadas nos territórios, reconhecendo a legitimidade do processo de escuta das pessoas atingidas realizado pelo Fundo Brasil. Desde então, a Força-Tarefa Rio Doce e as entidades sem fins lucrativos escolhidas para

Havia uma expectativa de que as negociações acerca do tema da governança, no caso o acordo final, somente ocorressem quando cada território atingido dispusesse efetivamente dessas assessorias técnicas para participar de forma qualificada do processo. Não obstante, o processo foi mais uma vez atropelado e a contratação dessas assessorias técnicas ainda estava sendo apresentada e discutida com as populações e comunidades atingidas quando iniciaram-se as discussões em torno da nova arquitetura institucional da governança. Sendo assim, "o trâmite judicial da ação civil pública proposta pelo MPF levou a que se entabulasse negociação acerca da chamada governança, paralelamente ao processo de contratação das assessorias aos atingidos" (MPF, 2018, p. 5). Dito isso, torna-se importante salientar que esse atropelamento da participação das pessoas atingidas no processo de discussão da governança provocou, principalmente, no:

---

atuarem como assessoria independente dos atingidos, acompanhadas pelo Fundo Brasil, permaneceram em negociação com as empresas e a Fundação Renova. No entanto, não foi possível alcançar um consenso entre empresas e entidades escolhidas. A situação foi levada, pelas empresas, ao juízo da 12ª Vara da Justiça Federal de Belo Horizonte, que intercedeu no processo, incluindo uma perícia judicial, uma auditoria finalística, a ser realizada no território por uma entidade, até então ausente no desenho institucional outrora criado no âmbito do termo aditivo ao TAP, além de diminuir o escopo metodológico inicialmente previsto no trabalho a ser desempenhado pelas assessorias. De maneira geral, até a conclusão deste trabalho, apenas duas assessorias técnicas foram implementadas em dois territórios: a Terra Indígena Krenak, em Minas Gerais, e a Comunidade Quilombola de Degredo, no Espírito Santo, além das outras três assessorias técnicas já implementadas no âmbito de outros processos e desenhos institucionais. As três últimas foram implementadas nos territórios atingidos no estado de Minas Gerais: Mariana, Barra Longa e Santa Cruz do Escalvado. Ou seja, no estado do Espírito Santo, exceto a Comunidade Quilombola de Degredo, todo o território atingido não teve o direito garantido no que se refere à atuação da assessoria técnica independente, escolhidas pelas próprias territorialidades.

> movimento social organizado e na comunidade acadêmica que acompanha o caso, sérios questionamentos acerca de sua legitimidade e oportunidade, visto que revela uma profunda assimetria de poder entre os atingidos e as demais partes em repetir a mesma e seminal falha do TTAC, não contar com a participação dos atingidos. (MPF, 2018, p. 5)

Enquanto desdobramento desse processo, o TAC Governança (TAC-Gov) foi assinado em 25 de junho de 2018. Dois meses depois, tanto o Aditivo ao TAP como TAC Gov foram homologados em decisão judicial, realizada na 12ª Vara de Belo Horizonte em 31 de agosto de 2018. Em virtude dessa homologação, a ACP dos 155 bilhões foi suspensa por dois anos e o TAC-Gov passou a substituir legalmente o antigo acordão, o TTAC (Brasil, 2018). No que se refere à decisão judicial supracitada, é relevante trazer à tona que a homologação do TAC-Gov. foi realizada com a inclusão de uma cláusula nova pelo então juiz da 12ª Vara, responsável pelo caso, que, *sem nunca ter pisado nos territórios*, interveio no acordo incluindo "ressalvas judiciais vedando a contratação de assessorias técnicas cujas entidades tenham participação de pessoas ligadas a agremiações partidárias, ONGs e movimentos sociais/religiosos na execução do trabalho" (Poder Judiciário, Ata de Homologação, 2018). A inclusão da cláusula nova foi inserida unilateralmente pelo magistrado, pois não havia sido acordada previamente entre a força-tarefa e os advogados das corporações rés no processo, que na ocasião assinaram o termo.

Na ocasião, foi feita uma mobilização em frente à 12ª Vara de Belo Horizonte, com a participação de atingidos e atingidas, organizados no MAB, denunciando, mais uma vez, a ausência das vítimas no processo de "negociação do crime". Apesar de reconhecerem nesse novo acordo a garantia da contratação de assessorias técnicas como uma conquista dos atingidos e atingidas, o movimento social em destaque denunciava na época que as empresas estariam se aproveitando da "negociação do TAC Governança pra tentar legitimar a Fundação Renova e suas ações, inserindo a participação minoritária dos atingidos em algumas instâncias decisórias. Isso indica que a coerção e a cooptação, formas de incidência já muito utilizadas pelas empresas criminosas, devem ser ainda mais fortes nos territórios, na Bacia e em outras esferas de poder" (MAB, 2018). Sendo assim, eles reivindicavam o protagonismo no processo de reparação de suas vidas e do ambiente em que vivem, exigindo a "participação plena em cada etapa dos processos e decisões que lhes digam respeito, com acesso total às informações" (MAB, 2018).

Em linhas gerais, o TAC-Gov altera o processo de governança estabelecido no TTAC, adotando uma nova arquitetura institucional para a administração do desastre em curso. Nesse sentido, ocorre uma reestruturação do sistema de governança instituído outrora no vale do rio Doce, com a introdução de novos elementos de controle e fiscalização da Fundação Renova e com a criação de espaços para a participação dos atingidos e atingidas, prevendo ainda que, em um prazo de dois anos, houvesse a possibilidade de uma "repactuação" dos programas socioambientais e socioeconômicos criados pelo TTAC, no intuito de garantir a reparação integral (Brasil, 2018). Dito isso, é importante reiterar que alguns desses programas já haviam sido implementados, unilateralmente, pela Fundação Renova, "que já não era apenas uma ideia no papel, mas sim um ator que havia se [colocado] efetivamente por cerca de dois anos, até o momento, no território" (Melendi; Lopo, 2018).

Diante do exposto, torna-se importante apontar que – no transcorrer de três anos, recorte temporal estabelecido para as análises de campo – pouco foi efetivamente resolvido com relação ao desastre da mineração no vale do rio Doce. Enquanto os efeitos do desastre eram vivenciados no território, especialmente a partir da "produção das incertezas" acerca da contaminação da água do rio e do mar, soluções administrativas permaneciam sendo discutidas distante dos territórios. No âmbito judicial, as tratativas em busca de soluções negociadas prevaleceram na discussão, sempre mediante a justificativa da celeridade do processo. Mediante várias negociações chegou-se ao TAC-Gov., que, "em certos aspectos, mais institucionaliza a mobilização popular do que estimula a participação da sociedade na construção de ações de reparação, mitigação e compensação" (Milanez *et al.*, 2018). Avançando na discussão, segundo Zhouri e colaboradores, nas sucessivas tratativas em busca de soluções negociadas, que ocorrem sob o manto da "harmonização coerciva" (Nader, 1994), observadas no caso, "escamoteia-se a discussão acerca do modelo de desenvolvimento adotado, da multiplicação e reprodução dos riscos envolvidos nas atividades econômicas priorizadas e das responsabilidades dos agentes corporativos na profusão de incertezas e danos" (Zhouri *et al.*, 2018, p. 44).

Dessa forma, o exame desses arranjos institucionais e corporativos adotados para administrar o desastre da mineração ao longo da bacia do rio Doce coloca em xeque a justificativa da celeridade no atendimento às vítimas do desastre e revela uma tendência à despolitização do debate (Zhouri *et al.*, 2018), além de impor um controle corporativo ao processo, que coloca em risco a garantia dos direitos das vítimas à justa reparação e a reconstrução dos seus modos de vida. Por ora, seguem alguns apontamentos sobre as tecnologias de gestão de conflitos descritas nesta seção.

Apontamentos sobre as tecnologias de resolução de conflitos ambientais

Desde o final da década de 1980, no contexto de crise do modelo nacional desenvolvimentista, propostas liberalizantes foram adotadas dentro e fora dos espaços governamentais. O discurso ideológico da modernização e da racionalização do Estado impulsionaram essas reformas. Nesse contexto, também se observa um conjunto de reformas no sistema de Justiça (Viegas; Pinto; Garzon, 2014). Tais reformas estão relacionadas à busca por "métodos e instrumentos alternativos para 'solução' de conflitos, com o intuito de se proporcionar, como o próprio termo 'alternativo' sugere, novas formas de tratamento de conflito que não propriamente pela via judicial" (Viegas; Pinto; Garzon, 2014, p. 02). O Termo de Ajustamento de Conduta, principal instrumento adotado como resposta para gerir a crise no vale do rio Doce, deriva dessa forma de tratamento do conflito que busca o consenso, ou seja, dessa "ideologia da harmonia" (Nader, 1994).

Essas iniciativas, que estimulam meios não judiciais para solucionar disputas e promover acordos almejando o consenso em detrimento do confronto, são identificadas já na década de 1960 nos países centrais. A antropóloga Laura Nader (1994) aponta para as origens da chamada *Alternative Dispute Resolution* (ADR), traduzida como Resolução Alternativa de Disputa, em resposta aos movimentos de reivindicação de direitos civis, ambientais, do consumidor, das mulheres, dentre outros, que emergiram nos Estados Unidos, em meados da década de 1960. Na época, tais movimentos tiveram efetivos protagonismos na arena pública daquele país, mas sucumbiram nos anos posteriores com "a utilização de um modelo legal de harmonia ou estilos conciliatórios como parte de uma política de pacificação" (Nader, 1994, p. 1). Nessa perspectiva da pacificação, a autora relata o protagonismo do Supremo Tribunal dos Estados Unidos no processo de contenção da politização crescente da sociedade estadunidense, por meio da difusão dessas práticas chamadas ADR. Para Nader:

> A ADR engloba programas que enfatizam meios não judiciais para lidar com disputas. O enfoque, geralmente, volta-se para a mediação e a arbitragem. Esta veio a ser conhecida como justiça informal. Uma justiça que promoveu o acordo, mais que vencer ou perder, que substituiu o confronto pela harmonia e pelo consenso, a guerra pela paz, as soluções vencer ou vencer. (Nader, 1994, p. 3)

No campo ambiental, a adoção dessas práticas que visavam deslocar a antiga visão "vencer ou perder" para uma perspectiva de "equilíbrio de interesses" também foram observadas nos Estados Unidos. Como um caso exemplar desse modelo legal de harmonia para a resolução de conflitos ambientais, Acselrad e Bezerra (2010) apontam os embates em torno da definição da localização de aterros sanitários no país, que deveriam ser negociados entre empreendedor e comunidade, a partir da supervisão e assistência de uma entidade estadual. Identifica-se, portanto, um processo de transformação cultural da sociedade estadunidense, cuja preocupação com a justiça será deslocada para a preocupação com a harmonia e a eficiência, dado o engajamento de diversos atores sociais, políticos e econômicos nesse projeto harmonizador (Nader, 1994; Acselrad; Bezerra, 2010).

Essas práticas extrajudiciais de resolução de conflitos orientados pelo *modelo da harmonia como técnica de pacificação* intensificaram-se e internacionalizaram-se na década de 1990, acompanhando a reconfiguração na geopolítica mundial. Para Nader (1994), há uma relação entre o aumento do poder dos países periféricos, que vinham obtendo vitórias no Tribunal Internacional e a internacionalização dessas formas de mediação de conflitos. Assim, o campo ambiental, por meio da disputa pelos rios internacionais enquanto recursos hídricos, aparece como marco da internacionalização dessa ideologia (Nader, 1994; Acselrad; Bezerra, 2010).

Nesse contexto, a técnica de pacificação também passou a fazer parte da retórica das grandes agências e organizações internacionais e intensificou-se principalmente a partir do Consenso de Washington, formulado em 1989 (Zucarelli, 2018). O Banco Mundial publicou em 1996 o documento técnico chamado "O Setor Judiciário na América Latina", que discute os elementos para uma reforma no Poder Judiciário, "com vistas a adequar o próprio Poder Judiciário aos imperativos do crescimento econômico, centrados na prática do livre mercado" (Acselrad; Bezerra, 2010, p. 38). Para atender a esses objetivos, o documento recomendava exatamente os mecanismos alternativos de resolução de conflitos, para evitar a judicialização e promover de forma mais célere supostas soluções negociadas.

Seguindo as orientações das reformas político-econômicas neoliberais no Brasil, a abordagem privilegiando os mecanismos de resolução consensual em detrimento da via judicial é identificada no campo do direito brasileiro desde 1980, com notáveis iniciativas na década seguinte. A Lei de Crimes Ambientais (n. 9.605/1998) é considerada um marco de referência para a celebração de "termo de compromisso" como instrumento extrajudicial (Bezerra, 2007; Acselrad; Bezerra, 2010; Viégas; Pinto; Garson, 2014). Segundo Abelha (2004 *apud* Viégas; Pinto; Garson, 2014, p. 4), a ideia de se "legitimar" órgãos públicos à propositura de compromissos de ajustamento deveu-se à concepção de que entes com personalidade jurídica (como o Ibama, o Procon, o Ministério Público etc.) "são aqueles que lidam direta e diariamente com a realidade dos direitos da sociedade, experimentando todos os dias, em concreto, a necessidade de pacificação social pela via extrajudicial".

Nessa perspectiva, os Termos de Ajustamento de Condutas (TACs) são instrumentos orientados à solução extrajudicial de conflitos, almejando, portanto, as técnicas de negociação e pacificação do conflito. Segundo Viegas (2007, p. 28), os TACs são utilizados para propor soluções aos conflitos "de maneira alternativa à propositura de Ação Civil Pública [...], porque evita a burocratização do processo judicial", possibilitando a flexibilização e a adequação de cada caso. O instrumento passa a ser inserido no escopo da Lei de Crimes Ambientais pela Medida Provisória n. 2.163-41, de 23 de agosto de 2001, que acrescentou o artigo 79-A a esta lei, disciplinando a celebração de termos de compromisso pelos órgãos do Sistema Nacional de Meio Ambiente (Sisnama) (Viégas, Pinto; Garson, 2014).

Desde então, identifica-se a intensificação e a prevalência dessas práticas no campo ambiental brasileiro[68] (Acselrad, 2004; Zhouri; Laschefski, 2010), possibilitando inclusive a formação de um subcampo, o campo da "resolução negociada" (Viegas, 2007). Enquanto o campo ambiental pode ser definido por meio da disputa pelos atributos relacionados ao território, o "sub-campo da resolução negociada seria caracterizado pelo fato de que, nele, certos atores apresentam-se como dotados de autoridade para dirimir litígios, contribuindo, consequentemente, para uma reconfiguração relativa das regras do jogo vigentes no campo ambiental" (Viegas, 2007, p. 24). No Brasil, a intensificação da adoção dessas práticas de resolução de conflitos fundamentadas na "conciliação" e "harmonia" é concomitante ao período de *boom* das *commodities*, entre 2002 e 2011, quando grandes projetos de mineração se multiplicaram e

68 De acordo com Acselrad (2004) e Zhouri; Laschefski (2010), a construção de tal termo é elaborada a partir da noção de "campo de poder", definido por Pierre Bourdieu, que representa um espaço de relações de força entre diferentes tipos de capital e agentes, com poderes de coerção diversos. Nas obras do autor em questão, podem ser encontradas discussões sobre os campos "literários", "políticos" e "jurídicos". Em face à densidade e diversidade da obra do autor, maiores esclarecimentos podem ser feitos em Bourdieu (2011a; 2011b).

foram acompanhados pela proliferação de conflitos ambientais (Zhouri; Laschefski, 2010).

Com relação aos TACs, Acselrad e Bezerra (2010) chamam a atenção para o fato de que esses mecanismos de resolução negociada "são usualmente simbolizados como formas de obter o consenso à maneira de Termos de Acordo e não de instrumento de garantia da legislação e de concepções de justiça social" (Acselrad; Bezerra, 2010, p. 55). Ou seja, o que está em jogo não é uma discussão sobre direitos, mas passa pela maior ou menor capacidade que os sujeitos, partes litigantes, possuem de barganhar seus interesses. Nesse sentido, quando os conflitos envolvem atores sociais em situações assimétricas de poder, "a resolução de conflitos pode operar como uma tecnologia da desmobilização social" (Acselrad; Bezerra, 2010, p. 55).

Zucarelli (2018, 2021), durante a sua investigação sobre as formas de gestão e de resolução de conflitos, a partir de dois casos envolvendo a atividade de extração de minério de ferro no Brasil – o licenciamento ambiental do complexo Minas-Rio e o desastre da Samarco –, evidencia a existência das mesmas práticas institucionais e a ocorrência de estratégias corporativas similares para gerir e solucionar os conflitos ambientais, que perpassam o licenciamento da atividade minerária e o desastre na mineração. Os casos analisados ainda estão em processos de desdobramento, mas o que prevalece até o momento é a prevenção das disputas a partir da construção de acordos entre as "partes litigantes". As respostas adotadas para administrar a crise no contexto analisado colocam "em curso um efetivo controle sobre a aplicação do Direito e a extensão dos direitos dos atingidos, com repercussões sobre suas possibilidades de atuação política" (Zucarelli, 2021, p. 296). Tal controle é exercido por meio da adoção das tecnologias sociais de gestão, supostamente implementadas para promover soluções céleres e legitimadas aos danos oriundos dos desastres e dos licenciamentos. O autor organiza essas tecnologias a partir de dois eixos. De um lado, ele aponta o eixo estrutural:

> com mudanças significativas de organização e gestão burocrática, contando com a destituição, readaptação e/ou criação de agências, organismos institucionais executivos e judiciários, além dos remanejamentos de funcionários e de suas funções. Incluo ainda neste eixo as flexibilizações legislativas que, sob o manto da modernização, facilitam os licenciamentos em prol dos empreendimentos e regridem em direitos socioambientais conquistados por movimentos sociais, principalmente nas décadas de 1980 e 1990. (Zucarelli, 2021, p. 219)

Por outro lado, ele traz um segundo eixo, chamado de processual, no qual:

> temos a construção de instrumentos que contribuem para elegibilidade, controle e pacificação social, tais como: definição de categorias, cadastramento, mediação, conciliação, arbitragem, termos de acordos, enfim, procedimentos que engendram a captura da crítica para o diálogo harmonioso com vistas à gestão e à resolução pacíficade conflitos. (Zucarelli, 2021, p. 219)

Essas tecnologias sociais de gestão partem do pressuposto de que, pela cooperação, os dois lados da disputa teriam vantagens significativas com a assinatura de acordos. Contudo, conforme evidenciado por Zucarelli (2018, 2021), diante de um ambiente assimétrico, que configura o campo ambiental, a utilização desses mecanismos que transformam réus e vítimas em "partes interessadas" do processo torna-se questionável. Além das críticas já apresentadas a esse *modelo legal de harmonia como técnica de pacificação*, torna-se relevante reiterar ainda que, no caso do rompimento de barragem, não estamos falando de uma situação de conflitos ambientais, decorrentes do processo de licenciamento ambiental de um determinado empreendimento. Conforme argumentam Zhouri e colaboradores (2018), é um equívoco classificar o ocorrido como "conflito ambiental"; ao contrário disso, o caso evidencia uma situação de "desastre sociotécnico". O termo é mobilizado pelos autores em destaque para "enfatizar um processo deflagrado para além de uma avaria ou erro meramente técnico". Os autores evidenciam, assim, as "falhas da governança ambiental, produtoras de novos padrões de vulnerabilidade que expuseram, de fato, a população ao risco" (Zhouri *et al.*, 2018, p. 41). Na oportunidade, os autores destacam ainda que o rompimento da barragem de Fundão evidenciou de forma assustadora o contexto crítico já denunciado outrora no que se refere ao processo de *flexibilização do licenciamento ambiental* e, portanto, não deve ser tratado como um caso isolado ou meramente um acidente, como sugerem os agentes corporativos e determinados agentes do Estado para caracterizar a situação de crise. Em face da situação, torna-se contraditório transformar réus e vítimas em *partes interessadas no processo.*

Outro ponto que chama a atenção quando analisamos as tratativas dadas ao caso é o processo de privatização do desastre. De maneira geral, Santos e Milanez (2018, p. 136), ao analisar o caso, apontam para a existência de "um salto do paradigma da regulação fraca para a autorregulação", por meio da combinação e substituição entre padrões público e privado de regulação no que se refere ao contexto das políticas nacionais para o licenciamento ambiental e para a reparação ambiental. No caso analisado, o "acompanhamento e auditoria das ações de recuperação e compensação ambiental resultantes do desastre foram transferidos para uma fundação privada e as empresas de consultoria por ela contratadas" (Santos; Milanez, 2018, p. 145).

Frente aos eventos catastróficos cujos efeitos não podem ser negados, as respostas das corporações envolvem a "gestão de crise" (Benson; Kirsch, 2010), a partir de uma suposta responsabilidade social empresarial. A criação de um fundo foi apresentada inicialmente como uma solução inovadora para o problema deflagrado no vale do rio Doce,[69] porém a criação da Fundação Renova evidenciou a privatização do desastre, seguindo uma tendência global vinculada ao avanço e aprofundamento do neoliberalismo (Santos; Milanez, 2018). Assim, a presença de fundações em setores que causam danos sociais e ambientais como o da mineração tem sido uma prática recorrente. No entanto, a existência de fundações dedicadas exclusivamente a funções de compensação não era identificada até o final da década de 2000 (Melendi; Lopo, 20021, p. 211). Em face a essa estratégia corporativa adotada, é relevante compreendermos as práticas de atuação da fundação no contexto do desastre.

A renovação do desastre

O tratamento institucional dado ao desastre mobilizou novos agentes e reestruturou relações de poder em diferentes escalas. De acordo com Zucarelli (2018, p. 230), a governança instituída "reverbera nos territórios, nas estratégias de vida dos seus moradores e impõe uma obrigatoriedade de construção de participação disfarçada de facultativa". Para o autor, a mediação do conflito pressupõe em seus princípios a voluntariedade de ambas as partes. No entanto, essa suposta voluntariedade da empresa mascara determinados dispositivos corporativos com a função de administrar a crise e as críticas que emergem nos territórios em função da sua própria atuação (Zucarelli, 2018).

Retomando para os acontecimentos na vila de Regência, após a eclosão do movimento Somos Todos Afetados, em abril, e quatro dias após a homologação do TTAC, em 9 de maio de 2016, a Samarco Mineração S.A. convocou uma reunião

69 Ver Serra (2018).

pública na sede da vila com a finalidade de apresentar aos moradores os novos procedimentos adotados para a gestão do desastre, no caso, o TTAC e o desenho institucional da governança. O convite foi feito por meio de cartazes espalhados em lugares-chave na vila, como restaurantes, associação de moradores, posto de saúde e o centro ecológico. A reunião aconteceu no auditório da Associação de Moradores (Amor), situado no centro da vila de Regência, em frente ao campo de futebol. A reunião contou com a participação de muitos moradores e o auditório não comportou a lotação, sendo preciso que algumas pessoas assistissem à reunião pelo lado de fora, pelas janelas. Dito isso, é preciso considerar que conduzir reuniões em ambientes abertos e com ampla participação dos moradores atingidos não era uma prática recorrente da Samarco na vila de Regência até então.

Por meio de uma projeção na parede da associação, os funcionários da Samarco apresentaram o TTAC e deram destaque para a criação de uma fundação privada para gerir os danos causados pelo rompimento da barragem de Fundão. O desenho institucional da governança foi representado por um organograma representando o Comitê Interfederativo (CIF) que seria, então, criado para controlar e fiscalizar as atividades da fundação. Ao longo da reunião observei que, apesar de não aprovarem e não confiarem nas medidas adotadas para a gestão do desastre, os procedimentos adotados não causaram a mesma perplexidade observada no seminário em Mariana. Não obstante, um ponto que provocou bastante indignação aos moradores foi a descrição dos atores políticos que iriam compor a representação dentro do Sistema CIF. Entre eles, destaco a representação do poder municipal de Linhares, que seria feita por um ator político já envolvido no conflito entre a empresa União Engenharia e os moradores ribeirinhos da fazenda Entre Rios. O anúncio desse nome gerou uma reação de repulsa entre os moradores.

Já no cotidiano da vila, os novos arranjos institucionais não provocaram mudanças imediatas. De certa forma, a transição entre a presença física da Samarco e a chegada de um novo agente ao território –a Fundação Renova – para gerenciar a crise já estava sendo orquestrada pela mineradora nos meses anteriores à homologação do acordo. Nesse sentido, os rumores que circularam pela vila ao longo dos meses de março e abril já apontavam para a saída da empresa. Em abril, enquanto o MPF questionava a assinatura do acordo e lançava mão de uma ação civil pública, eclodiu o movimento Cartão para Todos, evidenciando e corroborando a insatisfação pública frente aos procedimentos adotados para a gestão da crise na região da foz do rio Doce.

A despeito da decisão de nulidade do TTAC, a Fundação Renova foi criada em 30 de junho de 2016 e passou a atuar "alegalmente" (Gudynas, 2016) nos territórios atingidos pela lama. Em nota pública, a Samarco Mineração comunicou a suspensão da homologação: "a decisão não afeta as obrigações contidas no acordo, que continuaram sendo integralmente cumpridas, inclusive no que diz respeito à instituição da fundação de direito privado prevista no documento" (Samarco, 2016). Dessa forma, as análises sobre o caso, a partir de um contexto mais amplo, apontavam para uma intensa disputa no âmbito judicial, marcado pela complexidade e dinamicidade das ações. No âmbito local, ao observarmos o cotidiano na vila de Regência, vemos que a Fundação Renova foi gradualmente substituindo a mineradora e se impondo como novo agente de poder.

A inserção da Fundação Renova no território da foz sul do rio Doce foi observada a partir de agosto de 2016, quando os interlocutores passaram a comentar jocosamente que determinados ex-funcionários da Samarco agora trabalhavam para a tal

Fundação Renova. Os comentários eram feitos pelos interlocutores de forma debochada, no sentido de evidenciar que os funcionários eram os mesmos, mesmo com a alteração do uniforme e do nome da instituição. Ou seja, quais eram as garantias de mudanças no processo de reparação? Qual tipo de autonomia a fundação tinha, tendo em vista que parte dos funcionários eram os mesmos da mineradora? Com o tempo, não só os funcionários foram se mostrando os mesmos, mas o próprio *modus operandi* da Fundação Renova foi se mostrando equivalente às estratégias da Samarco, já mobilizadas anteriormente naquele território. Contudo, nesse novo contexto produzido pela inserção desse arranjo institucional, foi imposto o discurso de uma suposta independência, autonomia e neutralidade da fundação em relação às empresas responsáveis pela barragem colapsada.

Nesse novo arranjo institucional criado pelo TTAC, a Fundação Renova teria a função de implementar e gerir os programas de reparação, restauração e reconstrução referentes às regiões afetadas pelo desastre. Ao todo, foram 41 programas divididos em dois módulos, sendo um socioambiental e o outro socioeconômico. As interações realizadas em campo na região da foz sul do rio Doce me permitem examinar as ações que integram o eixo socioeconômico no gerenciamento da crise. Sendo assim, no período de dois anos de atuação da Fundação Renova na vila de Regência, destacam-se cinco programas desse eixo que foram implementados ou parcialmente implementados pela fundação na sede e zona rural da vila de Regência: 1) Comunicação, Participação, Diálogo e Controle Social; 2) Programa de Levantamento e Cadastro dos impactados (PLCI); 3) Auxílio Financeiro Emergencial (AFE); 4) Programa de Indenização Mediada (PIM); 5) Programa de Turismo, Cultura, Esporte e Lazer.

De imediato, o que causou algum tipo de dinamicidade e repulsa à presença da Fundação Renova no território da foz do rio

Doce foram as ações referentes ao Programa de Levantamento e Cadastro dos Impactados (PLCI) e à distribuição do Auxílio Financeiro Emergencial (AFE). Dentro de "uma lógica empresarial de definição daqueles que são atingidos" (Zhouri *et al.*, 2018), o programa apresentava como principal objetivo realizar, por meio de um *cadastro individualizado*, a identificação dos "danos das pessoas físicas e jurídicas, famílias e comunidades impactadas pelo rompimento da barragem nas áreas em que se constatarem impactos sociais, culturais, econômicos ou ambientais".

Apesar de se tratar de uma atividade de pesquisa para a identificação das pessoas atingidas, o escopo territorial de aplicação desse programa já estava previamente definido pelo TTAC e foi assumido, sem nenhuma alteração, pelo PLCI. No caso, a área de abrangência para a realização do cadastro foi a das "localidades e comunidades adjacentes à calha do Rio Doce, Rio do Carmo, Rio Gualaxo do Norte Córrego Santarém e as áreas estuarinas, costeiras e marinhas impactadas". Ao todo, o levantamento seria feito em 35 municípios no estado mineiro e cinco no estado capixaba, incluindo Linhares. Nota-se uma relação prévia entre o percurso da lama e a política adotada para identificar os atingidos e os danos sofridos (Zhouri *et al.*, 2018). Para executar o programa, a Samarco contratou a Synergia,[70] uma empresa de consultoria ambiental que ficou encarregada de realizar: 1) o levantamento e o dimensionamento dos danos, assim como a identificação e o cadastramento das vítimas, por meio do Programa de Levantamento e Cadastro dos Impactados (PLCI), 2) definir quais pessoas teriam o direito ao Auxílio Fi-

[70] A empresa foi fundada em 2007 e atualmente opera no território nacional e no continente africano. Possui sede em São Paulo, uma filial no Rio de Janeiro e outra em Moçambique. Entre seus clientes estão alguns empreendedores do setor da mineração, como a Vale, a Manabi, a Anglo América e a própria Samarco.

nanceiro Emergencial (AFE); e, posteriormente, 3) quais pessoas teriam o direito à indenização final, que seria realizada por meio do Programa de Indenização Mediada (PIM), que, na ocasião, ainda seria apresentado aos moradores.

Já no segundo semestre de 2016, a equipe da Synergia passou a circular no território da foz sul do rio Doce para fazer visitas técnicas às famílias atingidas. O objetivo das visitas era aplicar o *cadastro integrado*, instrumento quantitativo de pesquisa vinculado ao PLCI e elaborado pela empresa em destaque. A dinâmica de introdução desses novos pesquisadores no território ampliou as expectativas dos moradores em torno das medidas adotadas para administrar a crise e, como consequência, ampliou o sofrimento social.

Com a inserção da Synergia nos territórios, todos os moradores que já haviam realizado o cadastro com a empresa Práxis durante a fase emergencial tiveram que refazê-lo, na versão elaborada pela Synergia, que passou a ser denominado "cadastro integrado". Esse procedimento ampliou as angústias no cotidiano dos atingidos e produziu novas vulnerabilidades no território. Na ocasião, não havia a divulgação de informações sobre quem poderia responder ao instrumento de pesquisa e qual a ordem de aplicação dos cadastros. Este fato trouxe muitas dúvidas acerca de quais famílias teriam acesso ao programa, e a ausência de informações ou mesmo as informações desencontradas sobre o suposto agendamento prévio fizeram com que muitas famílias alterassem suas rotinas para não se ausentar de casa ao longo do dia, perdendo a oportunidade de fazer o seu cadastro. Inicialmente, o padrão de aplicação do cadastro foi por núcleo familiar atingido, ou seja, apenas um integrante do núcleo familiar deveria responder ao instrumento de pesquisa. A empresa orientava que o cadastro deveria ser respondido pelo "provedor econômico principal", procedimento que excluiu os demais membros da família, geralmente as mulheres e os jovens, condicionados à situação de dependentes desse "provedor econômico principal".[71]

Foi durante esse período, o segundo semestre de 2016, que pude acompanhar, com outros dois pesquisadores, a aplicação do "cadastro integrado" em uma família ribeirinha, residente à época em Entre Rios.[72] O convite partiu da própria família, que se mostrava bastante receosa quanto à assinatura do termo de consentimento. O entrevistado, que não sabia ler, enfatizou que não havia recebido nenhuma orientação prévia sobre como proceder diante do cadastro e da assinatura do termo de consentimento. Quando chegamos à residência da família, dois pesquisadores da Synergia já estavam sentados na sala e pareciam aguardar a autorização do morador para iniciar o procedimento. No mesmo cômodo, estavam o casal de ribeirinhos, posicionado em cadeiras ao redor da mesa, e os dois filhos, a nora e os netos, alguns em pé e outros sentados no chão da sala. Alguns vizinhos também apareceram na porta da casa para observar o procedimento.

Em linhas gerais, a aplicação do instrumento de pesquisa com a família de ribeirinhos foi longa e bastante angustiante. Além de perguntas um tanto quanto dúbias sobre produção rural e a atividade pesqueira, a marcação temporal imposta pela empresa era bem intensa, com a expressão "na data do evento" presente em quase todas as perguntas. Essa marcação temporal dificultava o registro das dinâmicas estabelecidas pela família

---

71 A situação só foi alterada ao longo do processo, com a intervenção da força-tarefa.

72 A equipe de pesquisadores integrava o Grupo de Pesquisa em Populações Pesqueiras e Desenvolvimento no Espírito Santo (Geppedes), vinculado ao departamento de Ciências Sociais da Ufes. A descrição dessa interação social durante a aplicação do cadastro também foi registrada em Leonardo; Izoton (2018).

com a produção da horta, a criação dos animais, a pesca no rio e os demais afazeres domésticos. As perguntas eram lidas de um *tablet* pelos funcionários da Synergia e, na sua quase totalidade, as perguntas eram objetivas e exigiam como resposta um ligeiro "sim" ou "não" do entrevistado, evidenciando a simplificação da complexa realidade vivida pela família no território e acarretando, por vezes, a dificuldade em respondê-las (Leonardo; Izoton, 2018).

Ademais, a quantidade de documentos solicitados pela equipe da Synergia também chamou a atenção durante o procedimento. Em cima da mesa da sala do casal de ribeirinhos, onde a família estava reunida com os pesquisadores, era possível ver os documentos pessoais solicitados pelos funcionários da Synergia: certidões de nascimento dos filhos e netos, identidades de todos os membros da família e CPF. Documentos relacionados à residência também foram solicitados: comprovante de residência, contas de energia, de água, nota fiscal referente à compra de material de construção para a reforma na casa. Além deles, documentos relacionados à saúde da família: exames, receituários médicos e até mesmo caixas de remédios. Toda a documentação apresentada pelos moradores era imediatamente anexada ao cadastro pelos funcionários, por fotografia, com o auxílio do *tablet*. Não obstante, quando determinado documento não era localizado, não era possível anexá-lo ao cadastro e o fato causava constrangimento e trazia mais incertezas para os moradores.

A interação que presenciamos entre a família de ribeirinhos e os funcionários da Synergia foi angustiante também para nós, pesquisadores e amigos do casal, pois, conforme relatado em outro trabalho, ela "evidenciava o deslocamento das responsabilidades sobre o desastre, que, naquele momento, pareciam recair sobre o casal de ribeirinhos, como se estes estivessem tentando ludibriar as empresas" (Leonardo; Izoton, 2018, p. 171). A cada resposta do casal evidenciando um problema ou dano sofrido em função da chegada da lama ao seu território, os pesquisadores exigiam uma "comprovação" via algum tipo de documento. Diante dessa demanda, o clima da interação ficava ainda mais tenso, especialmente quando o casal não possuía ou não conseguia localizar de forma ágil o documento solicitado.

Segundo a Fundação Renova e a Synergia, o cadastro integrado, realizado mediante aplicação de formulário de pesquisa quantitativa, "consiste em um instrumento único para coleta de dados, composto por módulos temáticos para atender as especificidades de cada público-alvo". A ação consiste em visitas domiciliares, em que uma equipe de funcionários da Synergia – geralmente em dupla – visita as famílias atingidas. Apesar da complexidade do caso e dos danos multidimensionais dele decorrentes, o perfil desejado dessa equipe inclui estudantes de nível superior em áreas de Humanas. Durante a visita técnica, a família deve responder a um extenso e cansativo questionário quantitativo, organizado em 33 módulos ou blocos de perguntas que abordam variados temas ou públicos-alvo, conforme observado durante a visita à família ribeirinha de Entre Rios. Em sua versão impressa, o questionário apresenta aproximadamente 500 páginas (Zhouri *et al.*, 2018, p. 51). São objetivos específicos desse processo de cadastramento:

> i) Traçar o *perfil socioeconômico e cultural* de todas as famílias impactadas pelo acidente da barragem; ii) Proceder ao levantamento das perdas e danos das famílias; iii) Identificar as relações socioeconômicas e culturais estabelecidas entre a população impactada no município; iv) Fornecer dados da população impactada para aplicação dos programas de reparação socioeconômicos e ambientais. (Synergia, s/d, p. 4)

Ao longo dos anos, o instrumento de pesquisa sofreu alterações. O Grupo de Estudos em Temáticas Ambientais (Gesta/

UFMG), a partir de uma equipe interdisciplinar, fez uma análise criteriosa da versão do questionário apresentada em julho de 2016, ainda assinada pela Samarco e utilizada na região da foz do rio Doce. O documento analisado "compreende a elaboração de uma base de dados quantitativos sobre perdas e danos identificados para orientar estratégias gerais relativas à formulação e execução dos programas socioeconômicos destinados à região afetada" (Zhouri *et al.*, 2018, p. 51). É importante destacar que a linguagem utilizada no instrumento cadastral é a mesma linguagem utilizada no TTAC. Assim, categorias como "evento", "na data do evento" e "impactado" também foram adotadas no instrumento de pesquisa. A Synergia e a Fundação Renova não se preocuparam em alterar a linguagem utilizada no TTAC, que na época era alvo de críticas, negociações e novas tratativas jurídicas. De acordo com a avaliação do Gesta, esse instrumento - a partir da adoção de categorias e classificações próprias do campo empresarial, especialmente aquelas adotadas no universo do licenciamento ambiental - reforça "o controle da empresa sobre a definição e reconhecimento dos efeitos do desastre e, consequentemente, sobre quem é considerado impactado pelo rompimento da barragem, resultando em uma concepção subjacente de atingidos inelegíveis" (Zhouri *et al.*, 2018, p. 52).

Entre as inadequações e as insuficiências apontadas pela equipe do Gesta sobre o instrumento cadastral, destaco que ele foi construído "a partir de uma perspectiva urbana e também empresarial agroindustrial alheia às dimensões próprias do universo rural", como é o caso dos "pequenos produtores, agricultores familiares, camponeses, pescadores artesanais, grupos tradicionais e étnicos localizados ao longo da bacia do rio Doce" (Zhouri *et al.*, 2018, p. 52). Em face dessa perspectiva patrimonialista adotada na elaboração do cadastro, categorias próprias do universo dos entrevistados sobre as atividades econômicas, por exemplo, atividades de caráter informal, tais como diaristas, barqueiros, pedreiros, manicures, cozinheiras e pescadores sem registro geral da atividade (RGP) não foram incorporadas ou foram parcialmente incorporadas ao instrumento, acarretando um processo de invisibilidade das diversas estratégias de vida empregadas pelos sujeitos e pelas famílias e o cerceamento de seus direitos enquanto atingidos pelo desastre.

A noção de "estratégias de vida", cunhada por Bebbington (2011), permite uma compreensão ampliada sobre as dinâmicas da vida social e cultural nos territórios. A categoria de análise não se limita ao exame das condições materiais para a afluência do grupo social. Por meio de um resgate do cotidiano desses grupos, é possível compreender os diferentes modos de vida, a partir de rotinas de subsistências, das práticas econômicas, das territorialidades e das estruturas de relações sociais e condições ecológicas que sustentam a vida em sociedade. Ou seja, esse olhar mais apurado para a rotina dos grupos sociais permite compreender as estratégias implementadas por eles para criar condições de trabalho e garantir a reprodução familiar, mesmo em condições adversas, como aquelas impostas pelas transformações capitalistas no território.

Ao longo dos anos, conforme vimos no primeiro capítulo, o território da foz sul do rio Doce passou por transformações capitalistas no território que impuseram novas relações entre os sujeitos e a natureza. O cadastro, por ser um instrumento elaborado sob uma concepção patrimonialista, não permite avaliar e considerar essas adequações sociais e de reprodução cultural.

Em face desse olhar mais apurado para o cotidiano, a perspectiva do tempo adotada no instrumento cadastral da Synergia, centrada na "data do evento", também impõe limitações para a compreensão das dinâmicas da vida social e cultural que foram comprometidas pelo desastre, bem como pelos efeitos processuais da crise em curso no rio Doce e na costa litorânea do Espírito Santo. Nesse aspecto, trabalhos anteriores sobre desastres no Brasil já apontam para esse problema cronológico nas concepções meramente administrativas do desastre. Valencio (2014) e Silva (2010) apontam para a experiência processual do desastre. Para as autoras, os desastres são compreendidos como acontecimentos coletivos trágicos que causam perdas e danos súbitos, desorganizando de forma multidimensional e severa as rotinas, as estratégias e os modos de vida da comunidade que sofre com o acontecimento trágico. Sendo assim, os desastres devem ser considerados como uma "crise social associada a um acontecimento físico devastador e um tempo social" (Valencio, 2014, p. 3.633), que não corresponde ao tempo cronológico oficial relacionado à manifestação física do acontecimento trágico.

Diante do exposto, Zhouri e colaboradores argumentam pela insuficiência e inadequação do instrumento cadastral como método utilizado para identificar as perdas e os danos que são experimentados em uma ordem multidimensional (Zhouri *et al.*, 2018, p. 57). Salientam ainda que:

> ao Cadastro escapa a apreensão das afetações sobre as formas de organização social que permanecem invisibilizadas, assim como as diferenças constituídas no plano coletivo, em especial, os efeitos do desastre sobre as redes de interação, trabalho e reciprocidade e sobre a formação de identidades sociais e culturais. Essas limitações contribuem para a desarticulação dos grupos locais e para a multiplicação de dificuldades no tocante à reposição das condições de sua reprodução sociocultural. A obliteração da esfera coletiva de existência ignora ainda a contribuição do desastre no aprofundamento de tensões existentes, na possível geração de conflitos sociais e nas práticas de discriminação/estigmatização impostas às vítimas. (Zhouri *et al.*, 2018, p. 57)

A despeito das críticas apontadas, o cadastro integrado foi utilizado como principal instrumento para identificação dos danos sofridos e das pessoas atingidas ao longo da bacia do rio Doce, inclusive na região da foz. Apenas no município de Mariana o instrumento foi reformulado com apoio técnico da assessoria independente. Com efeito, esse conjunto de limitações e inadequações para identificação das vítimas e dos danos presentes no instrumento cadastral corroboraram para a ampliação das vulnerabilidades e a produção das incertezas sobre os desastres nos lugares em que ele foi utilizado como instrumento principal. Muitos atingidos na região da foz do rio Doce que apresentavam estratégias de vida diversas – pedreiro, ajudante de pedreiro, cozinheira, diarista e pescadores sem registro – tiveram como resposta ao cadastro realizado a *ausência de perfil* e, com isso, foram classificados de imediato como *atingidos inelegíveis* para as políticas assistencialistas, como o auxílio financeiro emergencial, e indenizatórias, como o Programa de Indenização Mediada.

Para além do que foi observado no território, o relatório da Ramboll (2019), que passou a atuar como *expert* do Ministério Público após a homologação do TAP, aponta para uma "razoável exclusão de pessoas atingidas, em especial em estado de vulnerabilidade" ao longo de toda a bacia do rio Doce, tendo em vista os critérios de elegibilidade no processo de análise adotado no instrumento cadastral. Logo, "os critérios assumidos de perda de renda e renda abaixo de meio salário mínimo para dar celeridade na identificação de pessoas e famílias [...] esbarram no procedimento do cadastro e critérios de elegibilidade que notoriamente não permite uma forma célere e participativa de atendimento" (Ramboll, 2019, p. 122). É importante ressaltar ainda que os critérios de elegibilidade adotados no cadastro não são evidentes: "o que se tem é um conjunto de critérios difusos, porém formais, cujo objetivo é a reparação final do dano ocorrido" (Ramboll, 2019, p. 124).

Na prática, o que se observa é o descompasso em relação ao tratamento dado às coletividades atingidas, uma vez que, num mesmo território, o atingido pode ser considerado elegível ou não pela Fundação Renova. Ou seja, entre vizinhos ou até mesmo dentro da mesma família, um atingido é considerado elegível e o outro, não. Essa situação agrava e provoca novos conflitos entre os moradores. As críticas são diversas em relação aos critérios utilizados para a definição da elegibilidade. Os interlocutores falam em "privilégios para alguns e outros não" (Leonardo *et al.*, 2017, p. 79). No cotidiano da vila, são identificadas diversas ações que questionam essa política de invisibilidade protagonizada pela Fundação Renova e a própria legitimidade da fundação no território. Entre essas situações estão desde denúncias durante as audiências públicas até relatos dirigidos aos pesquisadores no âmbito privado e manifestações de caráter diverso, como faixas e camisetas com frases que questionam a atuação das empresas e da Fundação Renova. Trata-se de resistências cotidianas, que se assemelham ao que Scott (2000) identificou em seus estudos sobre grupos camponeses indianos como "resistência silenciosa" ou "arma dos fracos".

Mesmo diante de toda a burocracia imposta pela Fundação Renova no processo de cadastramento e elegibilidade do atingido, ouvi, durante todo o período que compreende o trabalho de campo, relatos de situações em que a pessoa deveria receber o cartão e não recebeu, ou sobre pessoas que nem moram em Regência e receberam o cartão. São relatos proferidos em ambientes públicos e privados. Para alguns interlocutores, a relação entre os moradores da vila de Regência e povoados adjacentes, após a chegada da lama, passou a ser pautada e mantida pelo critério de ter recebido ou não o "cartão da Samarco" – com o AFE. As situações desencadeadas desestabilizaram pessoas, famílias e grupos sociais, contribuindo com mais danos de ordem psicoemocional nos atingidos e agravamento do "sofrimento social" experimentado coletivamente (Das; Kleinman; Lock, 1996).

Para além dos programas já expostos, a Fundação Renova também ficou responsável pelo Programa Comunicação, Participação, Diálogo e Controle Social (PCPDCS). Em linhas gerais, o PCPDCS foi estabelecido a partir da criação de espaços de comunicação e interação com a comunidade. Enquanto programa, ele foi sistematizado apenas em 2018. Mas algumas ações pontuais acerca do conteúdo e das práticas propostas para esse eixo foram executadas ao longo do processo. Logo no primeiro semestre de atuação, a Fundação Renova deu continuidade às reuniões com os representantes das diversas associações existentes na localidade, ou seja, manteve o formato de interação estabelecido anteriormente pela Samarco e que já havia causado repulsa e conflitos entre os moradores.

Sobre as ações do PCPDCS, a Fundação Renova explica em relatório que, de início, "principalmente no que tange à atuação do diálogo social, configurou-se como um programa isolado dos demais, sem transversalidade e com foco em si mesmo" (Renova, 2021, p. 5). Sobre essas ações de interações sociais realizadas no início da sua atuação, a fundação explica ainda que: "Não cabe aqui nenhum julgamento de valor sobre essa estruturação, que cumpriu um papel importante naquele momento inicial e que vem evoluindo à medida que a própria Fundação e seu modelo de governança amadurecem" (Renova, 2021, p. 5). O programa foi se estruturando a partir de 2017, quando "foi criada uma gerência de engajamento, que iniciou um trabalho de reposicionamento e reconfiguração da atuação do diálogo social da Fundação" (Renova, 2021, p. 5). Basicamente, funcionários dessa gerência percorriam os territórios realizando reuniões com as lideranças setorizadas. Além de não resolver concretamente os problemas apresentados pelos atingidos, nesses espaços os funcionários da fundação buscavam demonstrar sentimentos humanitários sobre a tragédia, mas sempre enfatizavam que "o pior já passou", direcionando as ações para uma suposta normalidade na vida cotidiana das pessoas atingidas (Leonardo *et al.*, 2017, p. 83).

Além dessas interações em formato de reunião com representantes de associações, a fundação também criou e disponibilizou uma central 0800 de atendimento à população e, posteriormente, alugou um espaço físico para montar uma sede na vila de Regência. Também criou um *site* para divulgação das inciativas da fundação e, posteriormente, um jornal local. Não obstante, as críticas em relação à central 0800 e às demais formas de atendimento foram constantes.

Outra prática que chamou a atenção no período estudado foi a realização e o patrocínio de festas e eventos na vila de Regência, ações que integram o Programa de Turismo, Cultura, Esporte e Lazer. Segundo a Fundação Renova, o objetivo geral do programa é "fortalecer as políticas públicas de gestão da Cultura, Turismo, Lazer e Esporte por meio de um apoio técnico e material das estruturas necessárias para um melhor desenvolvimento dessas atividades na região impactada". Ainda segundo a fundação, "é a partir de um diagnóstico de impacto do rompimento na área de abrangência socioeconômica" que as medidas são elaboradas de acordo "com o grau de severidade sofrido por cada localidade" (Renova, 2019, p. 113). Coube à Futura Consultoria e Pesquisa, empresa capixaba, a realização do diagnóstico para o Turismo, Cultura, Esporte e Lazer, nos municípios de Baixo Guandu, Colatina, Marilândia, Aracruz (Barra do Riacho), Linhares (Regência e Povoação), no estado do Espírito Santo, e nos municípios de Resplendor, Itueta e Aimorés, no estado de Minas Gerais (Futura, 2017).

Na prática, o programa consiste em patrocinar festas e campeonato de surfe na região da foz sul do rio Doce. Em relação às festas, destaca-se o Projeto Verão, com a contratação de artistas locais e nacionais para se apresentarem no palco principal e o patrocínio das festas já tradicionais no calendário anual da vila de Regência, como é o caso da Festa do Caboclo Bernardo, em junho, e da Fincada e Retirada do Mastro de São Benedito, que acontecem respectivamente em novembro e janeiro de cada ano. As festas são organizadas pelas Associações de Moradores, de Comércio e Congo local. Em 2018, a Fundação Renova patrocinou o Circuito Tríplice Coroa Quebra Onda de Surf, nas praias de Pontal do Ipiranga, Povoação e Regência, em Linhares, que integrou parte do circuito capixaba e do circuito brasileiro de surfe, organizado pela Associação de Surf de Linhares.

Conforme exposto, os mecanismos adotados para a gestão do desastre no vale do rio Doce tiveram pouca efetividade na vida dos interlocutores e desencadearam uma nova frente de avanço dos problemas causados pela lama. Durante o período de imbróglios jurídicos em torno da resposta ao desastre vinda dos instrumentos pautados na ideologia da "harmonia coerciva" (Nader, 1994), notou-se a continuidade de um *engajamento estratégico* das empresas, via Fundação Renova, nos territórios atingidos. Ou seja, enquanto se discutia a elaboração de um novo acordo no rio Doce, a Fundação Renova atuava de forma deliberada nos territórios, exercendo poder e contribuindo para a desarticulação dos grupos locais.

Sendo assim, os dispositivos adotados no contexto de gestão do desastre trouxeram novos desafios às territorialidades e contribuíram para agravar o "sofrimento social" dos atingidos (Das, Kleinman; Lock, 1996), ao permitir que as empresas, através da Fundação Renova, mesmo atuando "alegalmente" (Gudynas, 2016), "interferissem no processo de definição de ações de reparação e indenizações, fato que corrobora para assegurar os interesses das empresas em detrimento dos direitos dos atingidos" (Zhouri *et al.*, 2018, p. 201). Dessa forma, os mecanismos adotados pela fundação contribuem para um "esvaziamento do político" (Rancière, 2018). Ademais, a Fundação Renova também atuou no processo de construção e proliferação da dúvida via produção de laudos e divulgação de informações sobre a qualidade da água, aspecto que será tratado no próximo capítulo.

CAPÍTULO 4
A PRODUÇÃO LOCAL DAS INCERTEZAS E O INSUSTENTÁVEL *DANO DA DÚVIDA*

Puxando o fio: descrevendo algumas situações em campo

Situação 1. "Era piquenique que a gente fazia lá no rio"

Encontrei Ana na sua casa para tomar um café e conversar sobre a pesquisa. Ela marcou comigo no final da tarde, assim teria tempo para fazer as tarefas domésticas e ainda realizar a sua caminhada diária na praia, disse-me ao telefone. Quando a lama chegou à foz do rio Doce, Ana ficou quase três meses sem caminhar na praia, pois não se sentia bem caminhando ao lado de um rio morto, explicou. Mas, com o passar dos meses, sua rotina foi gradualmente retornando a uma suposta normalidade. Mesmo assim, ela diz que antes da lama ela caminhava e sentia a energia do rio, sentia os seres que viviam lá, mas hoje é um vazio enorme. "É um rio morto, né, minha filha!". Ana veio do estado da Bahia e, na ocasião daquela conversa, já morava havia mais de 15 anos na vila de Regência. Moravam ela e o marido, nativo da vila, em uma casa simples, com varanda e quintal, onde plantavam flores, hortaliças e algumas ervas.

Logo quando cheguei à sua casa, fui recebida com um delicioso bolo e um café fresquinho. Fazia 11 meses do rompimento da barragem e, na ocasião, a nossa relação ainda estava sendo construída. Expliquei sobre a pesquisa que estava realizando. Conversamos na mesa da sala. O marido, um pouco mais ressabiado, ficou sentado de longe observando nossa conversa. Na oportunidade, fez algumas intervenções esporádicas, especialmente quando tocamos no assunto do "maldito cartão", adjetivo dado pelo próprio Marcos durante aquela conversa, referindo-se ao auxílio financeiro emergencial (AFE) concedido pela Samarco por determinação das instituições de justiça envolvidas no caso. O "reconhecimento enquanto atingido" ou "perfil elegível", nos termos da empresa, permite que as famílias acessem as medidas emergenciais e assistencialistas acordadas no Termo de Compromisso Socioambiental Preliminar (TCSA) e no Termo de Transação e Ajustamento de Conduta (TTAC). No entanto, até a ocasião daquela conversa, ele e a esposa não haviam sido considerados elegíveis pelas políticas de cadastramento e de reconhecimento da Samarco Mineração e, posteriormente, da Fundação Renova.[73] Por esse motivo, não recebiam o AFE. Ou seja, desde a chegada da lama, estavam enfrentando sozinhos todas as dificuldades emocionais e financeiras deflagradas com o desastre em curso.

Além da perda financeira provocada pela interrupção abrupta das atividades econômicas na vila, os gastos domésticos aumentaram naquele período em função do consumo de água mineral e da alimentação, provocada pela substituição do pescado por outra proteína animal, conforme explicou o casal. A saúde da família

---

[73] Entre 2015 e 2019, foram mapeados em campo dois procedimentos para cadastro das pessoas atingidas: um controlado pela Samarco Mineração, por meio da empresa Práxis, no contexto vigente do TCSA, e o outro coordenado pela Fundação Renova, realizado pela empresa de consultoria Synergia, já no contexto do TTAC.

também estava comprometida e a intervenção via medicamentos controlados já era uma realidade. Nesse contexto de perdas, Ana relatou que a emergência e o prolongamento de sentimentos como frustração, tristeza e decepção estavam contribuindo com o adoecimento mental dela e de outras pessoas. Ela explicou que o que ainda a segurava em pé era a fé em Deus e a luta contra as injustiças que estavam acontecendo na vila.

Diante dessa difícil realidade, seu Marcos estava muito enfurecido com os procedimentos adotados pela empresa para cadastrar os moradores atingidos e fornecer o auxílio emergencial: "A empresa falou que nós não temos perfil, mas ela não conhece a realidade daqui". Ele explicou que o serviço de pedreiro, atividade que era exercida por ele, não ia bem na vila depois da tragédia. Com medo da lama e sem dinheiro, as pessoas pararam de construir e de reformar as suas casas e os estabelecimentos comerciais. Ele reclamava que não tinha mais serviço. Situação semelhante enfrentava a esposa, Ana, que fazia de tudo um pouco: vendia salgados, limpava as casas e os quintais das residências de veraneio e dos turistas, limpava peixe e descascava camarão. Assim como o marido, ela também viu a sua renda desaparecer em função da falta de serviço provocada por um cotidiano abruptamente alterado pela chegada da lama. Apesar de toda a dificuldade enfrentada pelo casal, Ana se mostrou forte durante toda a conversa. Ela acreditava, com muita fé, que em breve a situação financeira da sua família melhoraria, pois ambos seriam reconhecidos como atingidos. Todavia, naquela ocasião, ela não esperava que a negação do reconhecimento institucional, ou seja, a condição de *inelegibilidade* da sua família, iria se prolongar no tempo, ampliando o seu sofrimento.

A situação relatada ao longo desta conversa não era exclusiva do casal. Ao contrário, o que se viu ao longo desse período na bacia do rio Doce foi uma disputa em torno da definição autorizada de "atingido". Segundo Zhouri *et al.* (2016), a empresa Samarco, pautada por referências do Banco Mundial, operacionalizou uma definição baseada na distinção entre "deslocamento físico" e "deslocamento econômico". Diante dessa distinção, foi operacionalizado pela empresa um processo de "escalonamento das afetações em torno da gravidade e grau de emergência, bem como para o reconhecimento das demandas a serem sucessivamente atendidas pela empresa a partir de uma classificação e hierarquização das reivindicações" (Zhouri *et al.*, 2016, p. 58). Na foz do rio Doce, a definição de "atingido" adotada pela empresa perpassou a construção de um "perfil do impactado", cuja "atividade econômica principal" precisava estar vinculada "diretamente ao rio Doce". Sendo assim, todo um conjunto de atividades econômicas praticadas na vila de Regência e nos povoados dos arredores foram excluídas e invisibilizadas no decorrer dos procedimentos administrativos, adotados pela empresa, em relação à gestão do desastre.

Ao longo da conversa, as alterações impostas pelo desastre também foram acionadas pelo casal a partir da existência de "outros vínculos" com a água (Almeida, 2013), para além do econômico. São vínculos que permitem situar histórica e culturalmente (Laschefski; Oliveira; Zhouri, 2011) a foz do rio Doce como um território produtor de saberes e fazeres próprios, manifestados nas estratégias de vida adotadas pelos nativos da região. Nesse sentido, o vínculo afetivo emerge com um elemento constitutivo e integrador entre os moradores e as águas fluviais e marinhas. Além das dificuldades financeiras do casal, Ana chamou a atenção, durante a conversa, para os prejuízos nos momentos de lazer da família e na sociabilidade entre a vizinhança. O casal contou que, antes da chegada da lama, eram comuns os momentos de lazer na beira do rio com os amigos e parentes. O filho e os netos, que moravam em município próximo, curtiam as férias, os feriados e os finais de semana na vila de Regência. Nessas ocasiões, o casal recebia os familiares em sua casa e fazia piqueniques na beira do rio Doce. Enquanto Ana lembrava os momentos alegres com a família na beira do rio, seu Marcos correu para o quintal e trouxe uma espécie de panela de ferro preta, bem grande. Enquanto ele segurava a panela, Ana explicou, com bastante entusiasmo, que era uma "chapa da família cozinhar na beira da praia, do mar e do rio", inclusive pediu que eu fotografasse o utensílio culinário. O casal explicou que quando os filhos e os netos iam para Regência, os almoços em família eram realizados nas ilhas no interior do rio Doce. Ana preparava tudo: "Fazia farofa, levava frutas, levava água... as crianças adoravam vim para cá", lembra ela. O marido e o filho pescavam o peixe no rio, ela fazia o arroz e fritava o peixe na chapa: "Eu e minhas netas, era arroz e peixe. Era piquenique que a gente fazia nesse rio! Agora acabou, né?".

Situação 2. "Vamos lá que eu te mostro essa lama no fundo"

Já estava há alguns dias conversando com Geraldo e sua esposa quando ele nos convidou para um "passeio" de barco, ao longo do rio Doce: "Vamos lá, eu te mostro essa lama no fundo do rio". O que ele chamou de "passeio" teve caráter de trabalho de campo, guiado pelo pescador, a partir das práticas de conhecimento empírico local. Era 1º de fevereiro de 2017, uma manhã bastante ensolarada, quando saímos cedo do porto dos pescadores em direção à Ilha dos Patos, ao norte da vila de Regência. Fomos em cinco pessoas,[74] no seu bote motorizado. Geraldo, pescador antigo na vila de Regência, chamava a nossa

---

[74] Ao meu lado estavam os pesquisadores João Paulo Lyrio Izoton e Bianca de Jesus, ambos sociólogos, que integravam a equipe do Geppedes nos anos de 2016 e 2017. Também nos acompanhou durante todo o percurso a esposa do Geraldo, que, infelizmente, faleceu um tempo depois.

atenção para a contradição entre o discurso da "potabilidade da água", na época disseminado pela Samarco por meio de constantes propagandas, e a presença permanente da lama com os rejeitos da mineração no fundo do rio Doce.

Enquanto acertava o motor para dar partida no barco, o pescador explicou que a lama não era visível na superfície da água, mas ela *permanecia no fundo do rio*; assim, era preciso *apertar o fundo* do rio para ver o material com os rejeitos da mineração se movimentar no interior da água. Ao longo do percurso, Geraldo fez algumas vezes esse movimento, utilizando a ponta do remo na tentativa de evidenciar o problema que ele nos narrava. Nas águas mais rasas, quando ele cutucava a terra no fundo do rio, uma espécie de névoa de coloração marrom alaranjada se deslocava do fundo em direção à superfície da água. Na tentativa de diferenciar a lama da Samarco da própria lama do rio, Geraldo explicou a nossa equipe que era preciso se atentar à coloração: "a lama da barragem tem essa cor laranja, esse laranja Samarco, né? Enquanto que a lama do rio é quase um marrom".

O pescador relatou que um dos problemas vivenciados e já identificados com a permanência da lama naquela região estava relacionado à antecipação do processo de deterioração do motor dos barcos, especialmente os motores dos botes menores, como era o caso da sua embarcação. Ele explicou que nas áreas navegáveis, porém, com menos água, próximo aos barrancos de areia que se formam ao longo do rio Doce, a lama, que ficou depositada no fundo do rio, penetrava nos motores desses botes, quando os pescadores tentavam navegar nessas áreas. Para ele, o contato do motor do barco com a lama causava o deterioramento mais rápido das embarcações.

De início, quando saímos com o barco e ainda estávamos nas águas próximas ao Porto dos Pescadores, a tonalidade da água na superfície era clara. No entanto, enquanto Geraldo guiava o bote e adentrava o rio em direção a Povoação, era possível ver parte da vegetação bem seca, que parecia apodrecer ou mesmo morrer, sobretudo a vegetação mais fina, chamada de "aninga" pelo pescador. Ele explicou que a aninga (*Montrichardia linifera*, nome científico) é uma vegetação que cresce em ambiente aquático, muito comum na região, conforme era possível identificar na beira das dezenas de pequenas ilhas que se formam ao longo da foz do rio Doce. As folhas e frutos dessa planta fazem parte da dieta dos peixes e tartarugas. No entanto, a vegetação da várzea estava ficando seca em função da falta de oxigenação da terra, que ficou seca com a sedimentação da lama com os rejeitos da mineração no fundo e nas margens do rio.

Navegamos cerca de 20 minutos e chegamos à Ilha dos Patos. Enquanto o grupo descia do barco, Geraldo explicava que aquela ilha sempre fora frequentada por moradores e turistas da vila de Regência: "Era um espaço de lazer nosso aqui, a gente vinha, parava o barco, tomava banho, fazia um churrasco com a família, com os amigos, as crianças brincavam aqui e tudo, mas agora tá assim, essa lama boiando, essa cor escura. Ninguém se diverte mais aqui". Ao longo da caminhada que fizemos ao redor de toda a ilha, o pescador explicou que, além da espuma com a coloração amarelada, visível na beira da água e próximo à vegetação, a água também apresentava uma aparência oleosa e tonalidade alaranjada. Ademais, quando cavamos a areia na beira da água, ao fundo, encontramos pedaços em formatos de pequenos blocos de lama. Geraldo explicou que era a lama da Samarco e que ela já estava sedimentada no fundo.

Situação 3. "Se eu pensar nisso todo dia, eu não vivo mais!"

Após um ano morando em Belo Horizonte para cumprir os créditos presenciais no doutorado, decidi passar a maior parte do verão de 2018 na vila de Regência. Na ocasião fiquei hospedada na casa que meu companheiro dividia com outros quatro amigos, situada em uma rua bastante movimentada na vila. Da varanda da casa era possível observar diariamente os caminhões-pipas passando pela rua de chão batido e seguindo em direção à cisterna central situada na extremidade oposta à entrada da vila, próxima da igreja católica. Os caminhões-pipas que trazem a água supostamente da sede de Linhares transitavam durante o dia e a noite. A incômoda poeira provocada pela locomoção dos caminhões-pipas em uma rua de chão batida invadia a nossa residência, além do incômodo sonoro provocado pelo barulho dos motores dos caminhões, que contrastava com os cantos dos passarinhos e os latidos dos cachorros, os sons habituais da rua.

No período em que estive na vila, lembro que as reclamações em relação à água que chegava até a torneira da nossa residência, bem como da residência de outros interlocutores, eram frequentes. Além da rotineira falta de água ao longo do dia, o cheiro e a coloração da água também preocupavam os moradores. Na nossa residência, a água mineral engarrafada permanecia como um item indispensável, mesmo dois anos após a chegada da lama. Na época, o produto era adquirido nos estabelecimentos comerciais na vila, no valor de 6 reais a unidade (com 20 litros), e consumíamos em média quatro galões de água por semana. Ao longo dos dias que passei na vila, observei que, além de beber a água, os moradores da casa também tinham o hábito de cozinhar determinados alimentos com a água mineral engarrafada, evidenciando o descontentamento e a preocupação com a água disponibilizada pelo Saae da região. Todavia, não era viável financeiramente cozinhar todos os alimentos com a água mineral engarrafada e, por isso, em nossa casa priorizávamos determinados alimentos em detrimento de outros. Não havia uma regra fixa sobre quais alimentos se deveria cozinhar com a água mineral ou com a água da torneira. A escolha era feita por morador, no momento da preparação de cada alimento. Na tentativa de saber como deveria proceder, indaguei uma das moradoras da casa sobre qual água deveria usar para cozinhar o macarrão. Ela me alertou que "não era para pensar nisso todo dia". Alertou-me ainda para a necessidade de prestar atenção na coloração da água e, então, decidir o que fazer.

Não havia uma regra fixa ou uma orientação específica no que se refere à separação entre os alimentos que seriam cozidos com a água mineral ou com a água da torneira; lembro que aqueles que ficavam menos tempo no fogo e absorviam toda a água do cozimento, como o arroz e o feijão, geralmente eram cozidos com água mineral. Já o café era coado sempre com a água mineral. O gasto com água mineral era considerado alto para os moradores e, até a ocasião daquele trabalho de campo, nenhum morador da casa havia sido classificado como "elegível" pela Fundação Renova e, portanto, não havia direitos garantidos pelas medidas emergenciais e assistencialistas acordadas no TCSA e TTAC.

Naquele verão de 2018, observei que a opção pelo uso da água mineral engarrafada para beber e cozinhar determinados alimentos não era exclusividade da casa em que eu estava; ao contrário, tornou-se um hábito entre aqueles moradores que possuíam uma condição financeira que permitisse tal escolha. Em contrapartida, os que não dispunham de recursos financeiros equivalentes priorizavam o uso da água mineral apenas para beber, e cozinhavam os alimentos com a água da torneira. Destaca-se ainda aquele grupo de moradores que consumiam exclusivamente a água fornecida pelo Saae por não terem condições financeiras que permitissem esse gasto. Apesar das diferenças econômicas que determinavam o consumo do produto, a desconfiança em relação à água fornecida pelo Saae era geral. Apenas nos povoados adjacentes à vila de Regência, como era o caso da comunidade indígena de Areal e da comunidade ribeirinha de Entre Rios, onde outrora a água provinha exclusivamente de poços artesianos, a Samarco, por meio da Fundação Renova, disponibilizava galões de água mineral àquelas famílias cadastradas, medida acordada com as instituições de Justiça por meio do TCSA. A água dos poços artesianos era utilizada nos serviços domésticos dentro da casa e também na parte externa, como na irrigação das plantas e na dessedentação de animais que viviam no quintal (cachorros, gatos, galinhas, porcos).

Já era o terceiro verão com a lama da Samarco. Apesar do tempo que havia se passado, não havia respostas concretas para a pergunta: a água do rio Doce está ou não própria para a captação, o consumo e o banho? Diante da ausência de respostas concretas, o dia a dia dos interlocutores evidenciava a qualidade duvidosa daquela água e a vulnerabilidade a que estavam expostos. A higiene pessoal e os afazeres domésticos eram feitos cotidianamente, independentemente da existência e da publicidade de laudos sobre a qualidade da água fornecida pelo Saae. A dúvida passou a ser um problema e também uma rotina naquele cotidiano. No entanto, pensar nela todos os dias era motivo de sofrimento entre os interlocutores. Conviver com a dúvida e o medo tornou-se, portanto, uma difícil rotina na vida dos moradores na vila de Regência e dos povoados adjacentes.

Às preocupações com o consumo humano somam-se as preocupações referentes ao uso da água para atividades de lazer e prática de esportes: aos poucos, as atividades interrompidas no rio e no mar foram sendo retomadas, embora rodeadas de grandes dúvidas. Na praia, onde não havia mais comunicado oficial de impedimento para o banho de mar, já era possível ver um número maior de banhistas e surfistas na água. Diante da situação, um grupo de surfistas, preocupado com o risco de mergulhar em uma água contaminada, iniciou uma campanha virtual exposta via *hashtag*: "#surfsemlaudo". A *hashtag* foi usada em faixas, cartazes e *cards* virtuais, além de nas reuniões públicas que aconteciam na vila, nos eventos de surfe e nas entrevistas jornalísticas às quais alguns interlocutores eram submetidos. A função da *hashtag* era denunciar a situação de descaso e a negligência que estava sendo vivenciada na vila de Regência, especialmente com o grupo de surfistas, diante da ausência de informações e laudos sobre a qualidade da água.

No verão de 2018, a coloração da água do rio Doce, na sua foz, assustava os moradores e os turistas que visitavam a região. Na altura do Porto dos Pescadores era possível visualizar a coloração laranja que predominava no rio. Na ocasião, fiz uma nova travessia pelo rio, dessa vez em direção ao distrito de Povoação, situado ao norte da foz, para acompanhar uma reunião. No percurso, a intensidade da coloração laranja na água ficava ainda mais intensa. Indaguei ao pescador que conduzia a embarcação sobre essa coloração. Sem manifestar surpresa com aquela paisagem laranja, ele explicou que a coloração forte da água era em função do ciclo anual de chuvas na cabeceira do rio Doce. Ele explicou que o período do verão é chuvoso nessa região; assim, os rejeitos que permanecem no leito do rio Doce descem em direção ao oceano. Todo ano era assim, desde o rompimento da barragem – e, para eles, a situação observada naquele verão iria se prolongar em vários outros períodos chuvosos.

A novidade daquele verão foi a abertura, para os moradores e os turistas, do acesso à praia no interior da Rebio de Comboios na altura da sede regional do Projeto Tamar, distante cerca de 7 quilômetros da desembocadura do rio Doce e da sede da vila de Regência. De acordo com o Sistema Nacional de Unidades de Conservação (Snuc), a Rebio de Comboios é classificada no conjunto de unidades de conservação (UC) de proteção integral, sendo que a categoria da Reserva Biológica:

> tem como objetivo a preservação integral da biota e demais atributos naturais existentes em seus limites, sem interferência humana direta ou modificações ambientais, excetuando-se as medidas de recuperação de seus ecossistemas alterados e as ações de manejo necessárias para recuperar e preservar o equilíbrio natural, a diversidade biológica e os processos ecológicos naturais. (Artigo 10 da Lei do Snuc)

Para cumprir com os objetivos previstos no Snuc, o espaço sempre foi fechado para o uso recreativo dos moradores e turistas na área da praia. Na Rebio de Comboios era permitida apenas a visitação, limitando a circulação das pessoas ao espaço físico da sede do Projeto Tamar, onde estão os tanques de tartarugas marinhas, o auditório e demais espaços para a realização de atividades com caráter de educação ambiental e/ou divulgação das ações de preservação do projeto em destaque. Ao longo da Rebio, o uso da praia sempre foi restrito. Apesar disso, segundo o Plano de Manejo atualizado em dezembro de 2018, "desde a sua criação, a Rebio convive com praticantes do surfe, banhistas e pescadores esportivos, que utilizaram, ao longo do tempo, cinco acessos de pedestres à praia que cortam a Rebio de Comboios, com extensões que variam de 100 a 500m", espaços chamados localmente de *points*.

Com o acesso liberado à praia via portaria principal da Rebio e com as condições duvidosas da água na altura da foz do rio Doce, um fluxo grande de moradores e turistas passou a frequentar a praia no interior da reserva, entrando pela portaria principal da Rebio, onde também estava localizada a sede do Projeto Tamar. Nesse período, em que estive em campo, também frequentei a praia nesse ponto específico, com amigos da vila. A água do mar tinha uma aparência mais clara, embora as tradicionais piscinas que se formam na areia da região apresentassem uma coloração laranja bem intensa. Inclusive, para chegar até o mar, era preciso atravessar uma dessas piscinas com a coloração alaranjada. Para frequentar a praia no interior da Rebio, a gente utilizava condução própria, pois não havia nenhum tipo de transporte público que promovesse o deslocamento dos moradores até a sede da reserva. Sendo assim, diante da ausência de um transporte público e da condição financeira compatível com o gasto de combustível para deslocar-se com o transporte próprio, muitos moradores permaneceram frequentando a praia da vila, localizada mais próximo à desembocadura do rio Doce.

As três situações de campo descritas permitem refletir sobre o contexto da crise processual vivenciada no território da foz sul do rio Doce: um drama em que as narrativas sobre a presença e permanência da lama, a composição dos rejeitos, a contaminação da água, dos peixes, da terra, as medidas emergenciais, indenizatórias e compensatórias, e sobre a causalidade da ocorrência de doenças relacionadas ao desastre revelam um contexto processual de disputa tecido ao longo dos anos (Silva, 2017). Enquanto disputas são realizadas no âmbito institucional da gestão do desastre, os relatos dos interlocutores e as distintas experiências do campo terstemunham as transformações na paisagem e nas relações sociais que estruturam os modos de ser e viver na região.

O testemunho da situação vivenciada pelos interlocutores pode então ser compreendido como uma situação de deslocamento *in situ* (Feldman *et al.*, 2003), que ocorre mesmo sem o desenraizamento físico dos moradores na foz do rio Doce, mas a partir da precarização das condições de vida naquele território, em especial as suas condições de vulnerabilidade e risco. Zhouri e colaboradores, ao fazerem uma análise dos deslocamentos das comunidades ribeirinhas localizadas a jusante da barragem de Irapé, no Vale do Jequitinhonha, explicam que esse tipo de deslocamento compulsório está relacionado:

às relações de inclusão e exclusão a partir das quais as pessoas perdem acesso e controle sobre suas condições de existência e reprodução social, incluindo, recursos naturais e materiais, moradia, segurança, redes de solidariedade, confiança e parentesco. (Zhouri *et al.*, 2013, p. 3)

É diante dessa paisagem devastada na foz do rio Doce, desenraizada dos modos de ser e viver construídos outrora, que os interlocutores vão buscando construir novos mundos e retomando a rotina como o fio condutor da vida. O tempo assume papel decisivo nesse processo, bem como adquire a capacidade de confrontar-se continuamente com o desastre (Das, 2020; Vianna, 2020). Conforme evidenciam as experiências de campo descritas, a lama – com os rejeitos da mineração – permanece na foz do rio Doce, e basta um ciclo de chuva para a tonalidade da água evocar risco novamente e voltar a amedrontar os interlocutores. Sendo assim, é com o passar do tempo que a experiência dolorosa do desastre vai sendo renovada nos afazeres ordinários, à medida que as situações de risco e de vulnerabilidade permanecem impostas àquele cotidiano. O que se observa nesse processo é que, por um lado, faltam informações confiáveis sobre a qualidade da água para o uso humano e recreativo e, por outro lado, sobram testemunhos locais das alterações indesejáveis no ambiente. Os afazeres do dia a dia são então retomados, pela necessidade e pela vontade de continuar vivendo, mas sobre eles paira a inconstância da dúvida. É nessa proposta teórico-metodológica da descida ao ordinário (Das, 2020) que nos deparamos com a dúvida como um novo elemento nesse contexto. Junto ao trabalho do tempo, ela é capaz de curar e abrir feridas.

E é nesse sentido que a dúvida se transforma, portanto, em uma experiência de dor e "sofrimento social" (Das *et al.*, 1996). O conceito mobilizado pelos autores contribui para a compreensão de que as dores e as aflições vividas por determinados grupos sociais em situações críticas não devem ser vistas como resultados exclusivos da contingência e infortúnios, ao contrário, consistem em experiências produzidas no interior da ordem social (Das *et al.*, 1996; Zhouri *et al.*, 2016). Dessa forma, o sofrimento social resulta "daquilo que o poder político, econômico e institucional faz às pessoas e, reciprocamente, de como estas mesmas formas de poder influenciam as respostas aos problemas sociais" (Das *et al.*, 1996, p. 9). No caso observado, a dúvida é construída e mobilizada no contexto de gestão do desastre, a partir dos dispositivos institucionais, burocráticos e técnicos, bem como a partir da configuração de diversas estratégias corporativas. Com o passar do tempo, o suposto debate técnico em torno da toxidade da lama permanece, impondo aos atingidos da foz do rio Doce uma vida de incertezas sobre as possibilidades da contaminação do território em que vivem e dos seus próprios corpos.

Um caso famoso acontecido no Brasil e que merece registro, o desastre radiológico envolvendo o césio 137 em Goiânia, também suscita reflexões sobre as disputas engendradas em torno da definição das vítimas. A antropóloga Telma Camargo da Silva, que tomou esse desastre como tema de pesquisa (Silva, 2017) e se debruça sobre o caso há algumas décadas, aponta um conjunto de disputas em torno do evento trágico: a nomeação do evento, a definição do tempo de duração – situado oficialmente em 1987 – e em relação aos efeitos e às vítimas do desastre, cujo registro oficial contempla quatro óbitos e pouco mais de duas centenas de pessoas atingidas pela radiação da fonte de césio 137 (Iaea, 1988 *apud* Teixeira, 2021). Mais de três décadas após a data oficial do evento, a quantidade de pessoas afetadas e reconhecidas como vítimas pelo Estado segue sendo objeto de contestações. Os próprios policiais e bombeiros que atuaram no caso, mobilizados pelas instituições governamentais e que também foram expostos aos efeitos da radiação, sofrendo consequências posteriores, não foram registrados como pessoas diretamente atingidas (Silva, 2004). Nesse contexto de disputa sobre o desastre, formas diferentes de conhecimento são articuladas:

> por um lado, o saber perito nuclear fundamentado na premissa de objetividade de doses de radiação e usado para controle do número de pessoas afetadas e na definição da temporalidade do desastre; de outro, as experiências e narrativas das pessoas que vivenciariam o cotidiano da cidade contaminada, indicando um evento que transborda os limites temporais e espaciais definidos pelo Estado a partir das narrativas produzidas pelo sistema perito biomédico-nuclear. (Silva, 2017, p. 19)

Nessa definição técnica e administrativa sobre o reconhecimento da vítima, o sofrimento e as rupturas provocadas no cotidiano das pessoas pela experiência da contaminação radioativa só existem, portanto, se definíveis e apropriáveis como "sofrimento métrico" (Silva, 2010). Refiro-me aqui ao sofrimento demonstrável pelos mostradores, diagnósticos, laudos e exames. Ao contrário dessa perspectiva numérica e estritamente biomédica, as análises que partem da perspectiva do *sofrimento social* abarcam os "aspectos sociais-culturais que engendram o sofrimento dos atingidos" (Silva, 2010, p. 5). Para Zhouri e colaboradores (2016):

> tais aspectos se relacionam não apenas aos processos físicos de exposição, vazamentos ou emissões, mas à intersecção entre esses eventos e o modo com os grupos afetados reagem a eles, às formas de interlocução que lhe são exigidas, por um lado, e, por outro, ao modo como as agências corporativas e públicas respondem institucionalmente às suas demandas, submetendo-as a uma inflexão técnica que promove a desautorização de suas narrativas. (Zhouri *et al.*, 2016, p. 57)

Sendo assim, é mediante o testemunho dessa dor, tecida no cotidiano dos interlocutores, que busco compreender neste capítulo como a dúvida passa, então, a ser construída e mobilizada como um novo elemento no cotidiano dos interlocutores e capaz de produzir o *sofrimento social*. Como as empresas e o Estado respondem às demandas dos atingidos? Ao longo da pesquisa foi possível mapear algumas estratégias corporativas distintas, porém complementares, com o intuito de promover a "manufatura dessas incertezas" (Benson; Kirsch, 2010; Kirsch, 2014) na região da foz sul do rio Doce.

Benson e Kirsch (2010) – que trabalham com o conceito de "indústrias danosas" ("*harm industries*"), para se referir às "empresas capitalistas cujas práticas têm um pressuposto destrutivo ou danoso às pessoas e ao meio ambiente: o dano é parte ou parcela de seu funcionamento normal" (Benson; Kirsch, 2010, p. 1) – trazem reflexões importantes sobre os procedimentos corporativos para responder às demandas sociais. Os autores apresentam evidências de um padrão no comportamento dessas empresas ao tentarem responder aos questionamentos que recebem. Para tanto, identificam três fases nessas respostas: negação; reconhecimento e acomodação; e envolvimento estratégico.

A negação do dano pela Samarco e os embates criados em torno das pesquisas

Com o rompimento da barragem de Fundão, a avalanche de lama seguiu, de forma descontrolada e violenta, uma viagem de quase 600 quilômetros que durou 21 dias, passando pelos rios Gualaxo do Norte, Ribeirão do Carmo, Piranga e Doce, até chegar ao oceano Atlântico, no litoral do Espírito Santo. Nesse ínterim, matas ciliares foram destruídas, nascentes e brejos foram soterrados, animais foram mortos e arrastados, plantações e pastos foram encobertos pela lama que varria tudo o que via pela frente.

De imediato, já no dia seguinte ao rompimento da barragem, a Samarco Mineração anunciou, publicamente, que havia colocado "em ação, juntamente com a Defesa Civil, Corpo de Bombeiros, Polícia Militar e outras instituições competentes, todas as ações previstas no seu Plano de Ação Emergencial de Barragens – validado pelos órgãos competentes" (Samarco, 2015) e afirmou também que o rejeito não oferecia risco à saúde da população. A declaração foi feita pelo então diretor-presidente da empresa, Ricardo Vescovi, por meio de um vídeo institucional, com pouco menos de 2 minutos, que circulou para o público em geral por veículos de comunicação distintos e também no *site* da empresa, acompanhado de nota oficial elaborada pela própria corporação: "O rejeito é inerte. Ele é composto, em sua maior parte, por sílica (areia) proveniente do beneficiamento do minério de ferro e não apresenta nenhum elemento químico que seja danoso à saúde" (Samarco, 2015).[75] Ainda nessa divulgação institucional, além de prometer "transparência" nas ações, o diretor-presidente disse desconhecer as causas do acidente, a extensão do ocorrido e o número de vítimas.

Ao contrário das declarações da empresa, o que se observava nos municípios e povoados atingidos era um total descontrole em relação à dinâmica da onda de lama que avançava nos territórios e a insuficiência, ou até mesmo ausência, de qualquer tipo de procedimento emergencial. Cristina Serra (2018), em sua investigação jornalística, aponta que os próprios moradores de Bento Rodrigues tiveram que auxiliar, no dia da tragédia, a equipe de resgate dos bombeiros na abertura de estradas que

---

[75] Página eletrônica da empresa, disponível em: https://www.samarco.com/plano-emergencial-de-barragens/. Acesso em: 25/01/2022.

estavam cobertas por uma densa camada de lama e indicar os caminhos mais curtos para alcançar os sobreviventes que estavam isolados nos subdistritos devastados. Com o avanço das investigações sobre o caso, evidenciou-se que "a empresa sequer tinha um plano de emergência com medidas básicas, como sirenes nos povoados situados nos vales abaixo, a jusante, da barragem" (Serra, 2018, p. 83), conforme declarado pelo então diretor-presidente.

À medida que a onda de lama avançava pelo leito do rio Doce, a coloração da água no rio era drasticamente alterada. O nível de turbidez era tão alto que impediu qualquer processo de tratamento da água naquele momento. Por onde a lama passou, o limite legal de 100 NTU – unidade de medida da turbidez – foi amplamente excedido (Serra, 2018, p. 44). Muitas cidades e povoados tiveram o abastecimento de água interrompido. Com as torneiras secas, algumas cidades quase entram em colapso, com reflexos inclusive na segurança pública. Governador Valadares (MG) e Colatina (ES) são exemplos de municípios que registraram conflitos entre os moradores em virtude da ausência de água potável, sendo necessária a intervenção do exército em determinadas situações (Serra, 2018; Zucarelli; Leonardo, 2020). Apesar do tempo que a lama levou para percorrer o leito do rio Doce, a mobilização da empresa, dos municípios e da defesa civil, no estado do Espírito Santo, foi insuficiente para evitar a violação de direitos básicos da população, como o direito à água potável. Nesse sentido, a intervenção do MPF foi fundamental para garantir que a empresa cumprisse a sua responsabilidade de fornecer água mineral aos moradores nos municípios e povoados afetados.

A crise que se desdobrava com o evento catastrófico assustava a população no médio e baixo rio Doce, que acompanhava, atônita, na beira do rio, os primeiros efeitos da tragédia no curso hídrico: a alta turbidez da água, a destruição da vegetação e a mortandade dos animais. O rio Doce ficou irreconhecível: "ele foi o portador de toda a carga de rejeitos, entulho e destroços até deparar-se com o barramento da Usina Hidrelétrica Risoleta Neves" (Serra, 2018, p. 44), que resistiu ao impacto da avalanche e segurou parte da carga de detritos. A partir desse ponto, parte do material e do entulho foram contidos provisoriamente. Pouca informação direcionada ao público circulava sobre essa ação. Segundo Serra (2018, p. 249), chegou-se a cogitar a possibilidade de a usina segurar a lama por um período mais longo, na tentativa de evitar que ela alcançasse o mar. Mas havia dúvidas sobre a capacidade técnica desse procedimento. Ademais, o derramamento de rejeitos continuava na barragem de Fundão, e havia o temor de mais uma tragédia, caso a UHE Candonga não resistisse à massa de rejeitos retida no barramento e um novo rompimento acontecesse daquele ponto em diante, ainda com bastante densidade, pelas margens do rio Doce, até encontrar o mar no litoral capixaba, em 21 de novembro de 2015.

Nesse ínterim, foi montada na vila de Regência uma operação nas margens do rio Doce, supostamente para conter o acesso da lama ao mar e proteger a vegetação na beira do rio e a vegetação de restinga da região da foz. A operação, coordenada pela empresa OceanPact, não foi eficiente para conter a lama, que facilmente atravessou a barreira de contenção instalada, conforme foi possível observar no dia de sua chegada à foz. Segundo o laudo da Polícia Federal (n. 248/2016 – SETEC/SR/DPF/BA), "foi possível verificar que as boias de contenção não surtiram o efeito desejado para barrar o avanço da pluma, restando constatado que a turbidez da água em ambos os lados das boias era elevada" (*apud* Serra, 2018, p. 47).

Na ocasião da chegada da lama à foz, o rio, que antes estava com uma coloração esverdeada, ficou alaranjado, com a passagem da pluma de rejeitos alterando a turbidez da água. Bolhas formando uma espécie de espuma desciam o rio e estacionavam na vegetação das margens. A água do mar ficou nitidamente dividida em duas colorações, tendo em vista a dinâmica de diluição do material carreado. Uma mancha alaranjada formou-se no oceano Atlântico. Nesse momento, o carreamento dos rejeitos não apresentava violência similar àquela verificada na cabeceira do rio, pois parte do material foi contida no barramento da Usina Hidrelétrica Risoleta Neves, na divisa dos municípios de Rio Doce e Santa Cruz do Escalvado (MG).[76] Mesmo assim, na região do baixo rio Doce, a turbidez da água era alta e muitos animais também foram encontrados mortos, entre eles várias espécies de peixes, aves e cobras. A empresa Bioma, contratada pela Samarco, foi responsável por recolher esses animais no trecho entre Aimorés (MG) e Linhares (ES), conforme aponta a Nota Técnica n. 28/2015/Cepta/Dibio/ICMBio, "Impactos provocados pelo rompimento da barragem de rejeitos de mineração da Samarco Mineradora S.A. na biodiversidade aquática da bacia do Rio Doce". Entre os dias 16 e 23 de novembro, "foram contabilizadas 7.410 carcaças de peixe de 21 espécies entre a UHEs de Aimorés e Mascarenhas, sendo que a maior quantidade foi observada no lago da Usina Hidrelétrica de Mascarenhas" (Nota Técnica n. 28/2015/Cepta/Dibio/ICMBio, fls, 5). Silva (2018) chama a atenção para o fato de o documento técnico não fazer "referência à forma com que

[76] Junto à densa camada de lama que descia pelo rio Doce, entulhos, vegetações arrancadas, carcaças de animais e restos mortais foram contidos no barramento da usina, inclusive evitando que estes últimos, arrastados pela violência da lama, continuassem a viagem em direção ao Oceano Atlântico. A situação era dramática. Serra (2018) conta que um dos trabalhadores desaparecidos teve o corpo encontrado, sete dias após o rompimento da barragem, no lago da Usina Hidrelétrica Risoleta Neves. Ao todo, cinco corpos foram encontrados no interior desse lago.

a empresa trabalhou, há somente o relato de mortandade em Regência e a ausência do quantitativo para a vila" (Silva, 2018, p. 97). Mas, durante o trabalho de campo na vila de Regência, alguns pescadores, que na época prestavam serviço para a OceanPact, relataram que ficaram incumbidos dessa delicada tarefa de retirar os animais mortos. Na ocasião da conversa, realizada dois anos após o ocorrido, os pescadores não souberam dizer ao certo quantos animais foram encontrados mortos naquele período, pois, assim que eram encontrados, eram enterrados pelos próprios pescadores nas ilhas situadas no interior do rio Doce e próximo à praia de Povoação (anotações pessoais de campo, janeiro e fevereiro de 2017).

Diante da crise deflagrada pelo colapso da barragem de Fundão, um contexto de incertezas e insegurança foi produzido sobre a composição química dos rejeitos, a qualidade da água e os efeitos disso para a população. Nesse sentido, uma corrida por coletas e análises da água do rio foi realizada por um conjunto heterogêneo de instituições, como órgãos públicos estaduais e federais, ONGs, universidades, pesquisadores independentes e a própria empresa.[77] No primeiro período em que estive em campo na vila de Regência, entre novembro de 2015 e março de 2016, antes da assinatura do TTAC, era possível observar diariamente grupos distintos de pesquisadores fazendo a coleta da água, da fauna e da flora encontradas na região. Essa situação se prolongaria nos anos posteriores em função dos arranjos institucionais adotados no caso.

---

[77] Sobre o assunto, ver a dissertação de Bianca Silva (2018): "A lama que rolou de cima: alguns desdobramentos sociopolíticos e sociotécnicos sobre as águas do rio Doce e do Oceano Atlântico, após o rompimento da barragem de Fundão/MG". A autora analisa as práticas de conhecimento técnico-científico, construídas no contexto do desastre crime no rio Doce, entre 2015 e 2017.

Apesar da intensa movimentação de pesquisadores, os resultados das análises não eram apresentados publicamente na vila, e poucas informações sobre a composição química dos rejeitos eram disponibilizadas à população local de forma ampla e elucidativa. Muitos laudos, relatórios e notas técnicas foram produzidos naquele período, por diferentes instituições e de diversas áreas do conhecimento. Concomitantemente à profusão de laudos, verificou-se a indisponibilidade dos resultados de tais pesquisas para a maioria da população. E, quando disponíveis, não dialogavam com a comunidade e não atendiam à demanda propositiva (Silva; Torres, 2018). Parte desse material foi disponibilizado em sítios eletrônicos específicos; no entanto, para acessar e compreender tais documentos, eram necessários domínio do uso de ferramentas tecnológicas e conhecimento prévio da linguagem específica e dos termos técnicos utilizados nos documentos científicos. A ausência desse repertório técnico e tecnológico, observada na população leiga, contribuiria posteriormente para a proliferação da dúvida sobre a composição química dos rejeitos e sobre a qualidade da água do rio Doce. Ressalta-se que as pesquisas eram feitas na região da foz do rio Doce, mas os resultados não chegavam na mesma proporção. Quando disponíveis, os dados gerados a partir das pesquisas eram pouco elucidativos e/ou não dialogavam com as demandas apresentadas pela população local.

Silva (2018), que analisou as práticas de conhecimento tecnocientífico construídas no contexto do desastre no rio Doce entre 2015 e 2017, apresenta um questionamento importante sobre o caráter das "controvérsias científicas" que supostamente dominariam o debate em torno da técnica e dos procedimentos administrativos sobre o desastre (Silva, 2018). Ela destaca que parte desses laudos e documentos científicos produzidos no período analisado "não apresentavam conclusões que possam ser discutidas enquanto resultados que respondam às demandas dos atingidos, fazendo apenas com que novas pesquisas sejam estimuladas" (Silva, 2018, p. 93). Dito de outra forma, a autora enfatiza que não havia necessariamente o embate acerca dos resultados, mas as recomendações das pesquisas apontavam sempre para o horizonte de novos monitoramentos. Dessa forma, questionamentos aparentemente simples não eram plenamente respondidos à população na mesma proporção em que as pesquisas eram realizadas. Os questionamentos sobre a qualidade da água e dos alimentos permanecem sem respostas e sem alternativas, ampliando o sofrimento provocado por um contexto de incertezas.

De maneira geral, as possíveis explicações sobre a toxidade de metais encontrados na água do rio foram traduzidas pelos moradores e interlocutores a partir da leitura das ações proibitivas no território, protagonizadas pelos agentes institucionais responsáveis. De imediato, todas as atividades relacionadas às águas do rio e do mar foram interrompidas. A pesca e a navegação foram proibidas, e as praias no município de Linhares foram interditadas. Durante um longo período, o abastecimento de água na vila de Regência e povoados adjacentes foi realizado exclusivamente por caminhão-pipa. Diante dessa situação, houve muita preocupação, por parte dos moradores, com a qualidade da sua água e do seu alimento. As famílias que apresentavam condições financeiras favoráveis fizeram (e ainda fazem) uso de água mineral para o consumo humano (bebida e alimentação). Todavia, com o passar dos anos, algumas atividades foram retornando ao cotidiano dos moradores. Nesse contexto de incertezas, a proibição da pesca permanece no ambiente marinho e torna-se um elemento importante nessa dinâmica, enquanto o uso da água do rio Doce passa a ser flexibilizado.

Por meio dos veículos de comunicação era possível verificar que essa movimentação de pesquisadores em busca da coleta e análise da água ocorreu de forma similar em outras cidades e povoados atingidos pela onda de lama. O Instituto Mineiro de Gestão das Águas (Igam) apresentou relatório logo nos primeiros dias após o rompimento da barragem (Relatório Técnico n. 17/11/2015), antes mesmo de a lama chegar à foz, constatando a presença de metais como arsênio, cádmio, chumbo, cromo, níquel, mercúrio, cobre, ferro, manganês e alumínio, em valores acima do limite permitido pelas agências de regulamentação, em vários pontos de monitoramento (*apud* Serra, 2018, p. 47). Diante das afirmações da Samarco de que o rejeito depositado na barragem de Fundão era composto apenas por óxido de ferro e sílica e da garantia de que somente a empresa fazia uso daquela barragem,[78] o Igam explicou que a presença de metais pesados constatada nos monitoramentos da pluma "pode ser devido ao revolvimento de grande volume de material de fundo ocasionado pelo deslocamento da pluma de rejeitos, o que pode ser causa da ressuspensão dos materiais que haviam sido depositados por longos períodos no leito do rio Doce" (Igam *apud* Serra, 2018. p. 48). O documento também salientava que não havia controle sobre "quando as condições do rio Doce retornarão à normalidade, devido às proporções do impacto causado pelo evento e a possibilidade de novos revolvimentos ocasionados por fatores externos, tais como a ocorrência de chuvas na bacia" (Igam *apud* Serra, 2018, p. 48).

Ademais, também de forma imediata, amostras de água também foram coletadas e analisadas a pedido do Serviço Autônomo de Água e Esgoto (Saae) dos municípios de Baixo Guandu

[78] Todavia, com o andamento das investigações, foi comprovado que a Vale também fazia uso da barragem de Fundão (Serra, 2018).

(ES) e Governador Valadares (MG), após o rompimento. As análises evidenciaram a presença de substâncias tóxicas à saúde humana, sendo que o primeiro laudo aponta a presença de elementos como arsênio, chumbo, cromo, zinco, bário e manganês, entre outros metais, com níveis muito acima do recomendável; e o segundo atesta uma quantidade de ferro, manganês e alumínio muito acima do tolerável para o tratamento de água e posterior uso humano do recurso (Tommasi Analítica, 2015).

No litoral capixaba, o ambiente marinho também foi alvo de pesquisas e embates em torno dos seus desdobramentos. A demanda da pesquisa partiu do governo do estado do Espírito Santo, que solicitou, via ministérios da Defesa e do Meio Ambiente e Recursos Hídricos, o apoio da Marinha do Brasil, "a qual disponibilizou o Navio de Pesquisas Hidroceanográfico Vital de Oliveira – NpqHo (H-39) e uma equipe pluri-institucional de pesquisadores para realizar uma expedição de caracterização preliminar dos danos causados na área" (Marinha do Brasil, 2016, p. 01). O objetivo da expedição foi verificar os impactos oceanográficos na fauna e flora da foz do Rio Doce e nas áreas marítimas adjacentes, para que órgãos de diferentes esferas do governo desenvolvessem ações de recuperação da área. No período em que o navio esteve em missão, entre 26 de novembro e 5 de dezembro de 2015, próximo à foz do Rio Doce, era possível avistá-lo da praia "e disso emergiram algumas incertezas e discussões sobre os trabalhos realizados por parte dos moradores", conforme lembrado por Silva (2018, p. 107), durante o trabalho de campo realizado em sua companhia. Na ocasião, foi relatado que o navio precisava manter uma distância da pluma de rejeitos que permanecia na região da foz do rio Doce.[79] O fato

[79] Segundo informações coletadas pelo jornal local: "as amostras de água e sedimentos foram retiradas da foz do Rio Doce em duas estações ocea-

provocou indagações entre alguns interlocutores: “Se o navio da Marinha não pode entrar nessa lama, imagina nós, moradores, tendo contato com essa água?” (anotações de caderno de campo, dezembro de 2015).

Os resultados apresentados no Relatório de Análise dos Dados Coletados por meio do NpqHo Vital de Oliveira, durante o levantamento ambiental em Regência, descrevem um cenário baseado em análise preliminar da área afetada, em um curto período. Foi detectada grande quantidade de sedimentos na área abrangida pela pesquisa, proveniente de fonte alóctone ao rio. Esses sedimentos apresentam uma dinâmica específica, baseada em três comportamentos distintos:

> Os dados de MPS e sedimento superficial aqui apresentados mostram que o material que chega do rio se divide em 3 comportamentos distintos: um sedimento denso floculado que se deposita junto à foz; uma pluma junto ao fundo; e outra pluma de sedimento fino e de longo alcance que flutua na superfície (‘pluma flutuante’). As duas plumas podem apresentar padrões de dispersão diferenciados no mesmo ponto, sugerindo que as forçantes que ditam a dispersão são diferentes. Isto é, pontos em que a superfície mostrou-se límpida apresentaram uma pluma junto ao fundo e pontos em que apresentaram esta pluma flutuante não necessariamente tiveram uma pluma junto ao fundo. Este comportamento foi variável de um dia para outro, indicando uma mudança rápida e drástica de direcionamento de dispersão das plumas. (Marinha do Brasil, 2016, p. 16)

Não foi identificada qualquer alteração que caracterizasse perigo à navegação. Sobre a composição da pluma de rejeitos, o relatório aponta que:

---

nográficas de trabalho, com o auxílio de um bote do navio, em diferentes profundidades, uma a 10 metros e outra a 20 metros”. (G1/ES, 28/11/2015, publicado em: http://g1.globo.com/espirito-santo/noticia/2015/11/navio-da-marinha-comeca-analisar-materiais-coletados-no-es.html. Acesso em: 18/01/2021.

> [...] dentre os elementos metálicos identificados nas plumas três ocorreram em concentração acima do limite estabelecido pela resolução Conselho Nacional do Meio Ambiente (Conama) para águas salinas do tipo I – Arsênio, Manganês e Selênio. Dois deles – manganês e selênio – ocorreram em alta concentração em amostras provenientes do Rio Doce, além do chumbo. Esses metais podem ter sérios impactos, contudo, pouco conhecidos sobre os organismos marinhos. (Marinha do Brasil, 2016, [s. p.])

Como observação técnica e assuntos de interesse do conselho, o documento destaca que: "i) A dinâmica da pluma na superfície é diferente daquela no fundo; ii) A extensão (área) da pluma de superfície é maior do que aquela da pluma de fundo; iii) A dispersão das plumas é complexa e influenciada pelos ventos, correntes, marés, batimetria, vazão do rio e dinâmica de mesoescala; iv) As partículas que estão em suspensão na água são finas, entre 0.45 e 5 milésimo de milímetro" (Marinha do Brasil, 2016, p. 34). No que se refere a sugestões para futuros trabalhos na área pelos demais órgãos competentes, "sugere-se que qualquer trabalho realizado na região em estudo seja precedido de uma avaliação das condições meteoceanográficas reinantes na área" (Marinha do Brasil, 2016, p. 34). Por fim, o documento enfatiza que a pesquisa possui caráter preliminar e recomenda o acompanhamento das questões pelos órgãos públicos competentes.

Em relação aos desdobramentos dessa pesquisa, torna-se relevante destacar que, no início de abril de 2016, foi feito o pedido de sigilo pelo período de cinco anos sobre as informações do relatório, limitando o acesso apenas à União.[80] A

---

80 Disponível em: http://g1.globo.com/espirito-santo/desastre-ambiental-no-rio doce/noticia/2016/04/marinha-coloca-relatorio-da-lama-do-rio-doce-sob-sigilo-por-5-anos.html. Acesso em: 26/01/2022.

condição de sigilo ao Relatório da Marinha do Brasil veio a público após denúncia feita pelo Fórum Capixaba de Entidades em Defesa da Bacia do Rio Doce, que solicitou à Marinha do Brasil o acesso ao resultado das pesquisas; no entanto, o retorno do órgão vinculado à União foi negativo. Foi necessário que o Fórum Capixaba de Entidades em Defesa da Bacia do Rio Doce e a ONG Transparência Capixaba acionassem a Justiça para conseguir acesso ao relatório, que, na ocasião, já estava em posse do Instituto Estadual de Meio Ambiente (Iema). Por meio de nota, o Iema informou que recebeu o documento com os resultados da pesquisa, porém, destacou o caráter reservado do documento. Ainda segundo o órgão estadual, por meio de declaração disponibilizada por veículo de comunicação local,[81] os resultados das pesquisas obtidos até aquele momento foram apresentados em seminário realizado com pesquisadores da Ufes e de outras universidades do país e representantes do Iema, Tamar, ICMBio e Ibama. A informação sobre a condição sigilosa dos dados, que circulou ao público capixaba via meios de comunicação, provocou sentimentos de desconfiança em relação a essas instituições e ampliou a insegurança dos moradores atingidos. Na vila de Regência, a informação sobre o sigilo circulou acompanhada de muita preocupação pelos interlocutores. De maneira geral, a interpretação local sobre o pedido de sigilo foi relacionada ao fato de a área estar certamente contaminada.

A pesquisa contou com a participação das seguintes instituições: Instituto de Estudos do Mar Almirante Paulo Moreira (IEAPM), Centro de Hidrografia da Marinha (CHM), Univer-

[81] Disponível em: http://g1.globo.com/espirito-santo/desastre-ambiental-no-rio-doce/noticia/2016/04/marinha- coloca-relatorio-da-lama-do-rio-doce-sob-sigilo-por-5-anos.html. Acesso em: 18/01/2021.

sidade Federal do Espírito Santo (Ufes), Universidade Católica de Santos (Unisantos), Universidade Estadual Paulista "Júlio de Mesquita Filho" (Unesp), Instituto Estadual de Meio Ambiente e Recursos Hídricos (Iema/ES) e Prefeitura Municipal de Vitória (PMV) (Marinha do Brasil, 2016, p. 01). O relatório não destaca quais grupos ou laboratórios dessas instituições universitárias integraram de fato a pesquisa, mas destaca os nomes dos pesquisadores (e o departamento no qual cada um atuava) que embarcaram na expedição. O trabalho de Silva (2018) evidencia que dentre esses pesquisadores estão alguns dos que realizaram posteriormente o relatório consolidado da Rede Ufes Rio Doce.[82] Para a autora, esse mapeamento dos atores científicos envolvidos em distintas pesquisas, evidenciando a relação entre eles e as supostas redes de pesquisas criadas neste contexto, tornou possível a constatação de que não "estavam sendo travadas (pelo menos até então) controvérsias científicas. Antes, existiam pesquisadores mais próximos e menos próximos" (Silva, 2018, p. 109).

Após o embate em torno do sigilo dos resultados proveniente de pesquisas realizadas com o suporte técnico do Navio de Pesquisas Hidroceanográfico Vital de Oliveira (H-39) na região, a atuação do órgão estadual de meio ambiente (Iema) foi alvo de novos questionamentos por parte da sociedade civil organizada, tendo em vista o processo de contratação de recursos humanos para atuar no contexto do desastre do rio Doce. Presenciei em uma audiência pública realizada na Ales em junho de 2016 a denúncia de que o Iema havia contratado cerca de 30 profissionais, em regime de designação temporária, para atuar no caso, e

82 Monitoramento da Influência da Pluma do Rio Doce Após o Rompimento da Barragem de Rejeitos em Mariana/MG – Novembro de 2015: Processamento, Interpretação e Consolidação de Dados.

esses profissionais relataram a necessidade de assinatura de um termo de confidencialidade das informações coletadas referente a um período de dez anos.

Na ocasião da audiência, a resposta do então secretário de meio ambiente foi a seguinte: "Eu não participei da assinatura do contrato dos DT's, tô na secretaria desde o final de abril, eles já estavam lá, a minha equipe tá dando a informação que essa questão da confidencialidade, ela foi assinada conforme prevê a Lei 146 do Servidor Público". E continuou: "O fato é que nada que nós produzimos é documento sigiloso, todos os nossos documentos são públicos, e eles vão ter acesso por todos, quem quiser e quem tiver interesse, OK?" (secretário estadual de Meio Ambiente, 29/06/2016). Na sequência, o representante do fórum das entidades em defesa do rio Doce, entidade que solicitou a audiência em questão, informou que a situação dos DTs e o termo de sigilo eram de ciência do fórum, e que já haviam feito uma denúncia sobre o fato. Acrescentou: "Temos só essa cobrança pra que o governo não opere para a situação toda se tornar uma caixa-preta, inviolável, mas tudo seja colocado à sociedade" (Vitor César Zilli Noronha, representante do Fórum em Defesa da Bacia do Rio Doce, audiência pública em 29/06/2016).

Espaços destinados ao diálogo: disciplinamento e poucas respostas elucidativas

Nesta seção apresento duas situações sociais de cunho ritualizado, no intuito de agregá-las ao debate em torno da gestão das afetações e da promoção das incertezas. As situações foram vivenciadas ao longo do ano de 2016, quando pude acompanhar duas audiências públicas realizadas na Ales sobre o contexto estudado: (1) a primeira, em junho de 2016; e (2) a segunda, em dezembro de 2016.

Situação 1. 29 de junho de 2016, Assembleia Legislativa do Espírito Santo

Cheguei ao prédio da Ales e, na portaria, sem solicitar informações prévias, já fui direcionada para o plenário onde aconteceria a audiência com o tema "O desastre ambiental em Mariana e suas consequências causadas pela Samarco". Após percorrer alguns corredores do prédio da Assembleia, cheguei ao plenário indicado. No corredor que dava acesso ao plenário, já era visível uma pequena aglomeração de pessoas aguardando o início da sessão. Nesse momento, encontrei alguns amigos da universidade, moradores de diversos municípios atingidos, como Baixo Guandu, Colatina, Linhares, Aracruz, e interlocutores da vila de Regência e dos povoados adjacentes. Parei e conversei brevemente com alguns interlocutores sobre as nossas impressões e as expectativas para aquela audiência. A parte de dentro do plenário também estava cheia.

Pouco tempo após minha acomodação, iniciou-se o rito de composição da mesa. Nesse momento, já se encontravam presentes à mesa dois deputados: Rafael Favatto, na época presidente da Comissão de Proteção e Meio Ambiente e Defesa dos Animais, e Josias da Vitória, na época representante da Frente Parlamentar Pró-Rio Doce. As demais autoridades foram convidadas a compor a mesa, nesta ordem: 1) a vice-presidenta da Ordem dos Advogados do Brasil da Seccional Espírito Santo, doutora Simone Silveira; 2) o procurador-geral do estado do Espírito Santo, doutor Rodrigo Rabello Vieira; 3) o representante da Defensoria Pública do Estado do Espírito Santo (DP-ES), doutor Felipe Vieira; 4) o representante do Fórum das Entidades em Defesa do Rio Doce, Vitor César Zilli Noronha; 5) o gerente-geral da Samarco, Alexandre Souto; 6) o secretário de Meio Ambiente do governo do estado do Espírito Santo, Aladim Cerqueira; 7) o promotor de Justiça da 12ª Promotoria de Justiça

Cível de Vitória e coordenador de Meio Ambiente e Urbanismo da Região Metropolitana, doutor Marcelo Lemos Vieira. Por fim, após a reprodução sonora do Hino Nacional, também foi convidado a compor a mesa 8) o gerente de Recursos Naturais do Iema, no Espírito Santo, Fabiano Zamprogno Novelli. Nessa fase introdutória, durante a apresentação da mesa, o gerente-geral da Samarco, o secretário de Meio Ambiente do governo do Estado do Espírito Santo e o gerente de Recursos Naturais do Iema foram recebidos com intensas vaias e gritos poucos amistosos das pessoas que estavam no plenário. As intervenções sonoras partiram de diversas partes do plenário, não sendo possível identificar um grupo específico como protagonista da ação. A manifestação evidenciava o descontentamento das pessoas atingidas, presentes naquela sessão, com a empresa e os órgãos ambientais, sinalizando uma nítida insatisfação com as práticas que vinham sendo adotadas por essas instituições.

Seguindo o protocolo, a primeira fala da mesa foi do deputado Rafael Favatto, presidente da Comissão de Proteção e Meio Ambiente e Defesa dos Animais. O deputado rapidamente agradeceu a presença de todos e usou parte do tempo da sua fala para questionar as intervenções e manifestações das pessoas atingidas e demais presentes no plenário:

> Eu sei da insatisfação de cada um com a situação, com tudo, mas se a gente não seguir o trabalho, né? [...] *As manifestações não ajudam, às vezes elas atrapalham o trabalho, porque a gente tá aqui num ambiente pra criar um diálogo e é isso que nós queremos sair daqui, com soluções e proposições para resolver, né, o crime ambiental que foi ocorrido.* (Deputado – presidente da Comissão de Proteção e Meio Ambiente e Defesa dos Animais da Ales, 29/06/2016, grifo nosso)

Na oportunidade, ele também destacou o objetivo da reunião no sentido de promover o diálogo com a sociedade, integrando todas as partes envolvidas para, então, achar uma solução viável para todas as áreas:

> [...] esse é o nosso desafio de hoje: um *diálogo com a sociedade*, né?, essa reunião foi fruto de um primeiro debate que eu fui visitar o fórum [em Defesa do Rio Doce] e de lá surgiu a necessidade de fazer uma audiência pública aonde a Assembleia pudesse chamar a sociedade civil, chamar as entidades, chamar o governo do estado, chamar a defensoria pública, chamar a empresa, né? *Todas as partes envolvidas para que, em conjunto, achasse uma solução viável para todas as áreas.* (Deputado – presidente da Comissão de Proteção e Meio Ambiente e Defesa dos Animais da Ales, 29/06/2016, grifo nosso).

O deputado continuou questionando as intervenções da população atingida, por meio das vaias e gritos, para manifestar o descontentamento com a situação vivenciada nesse que seria o espaço, sugerido pelo próprio deputado, privilegiado para estabelecer o diálogo com a sociedade: "Então as manifestações, assim, a gente acha que são importantes, mas nós precisamos dar seguimento no trabalho, né?" (Deputado – presidente da Comissão de Proteção e Meio Ambiente e Defesa dos Animais da Ales, 29/06/2016). Observa-se que a noção de "diálogo com a sociedade" é apresentada de forma unilateral, com o deputado priorizando a construção do consenso entre as "partes envolvidas". Sobre o assunto, é importante destacar que, ao longo da audiência, a noção de "diálogo entre as partes envolvidas" vai sendo construída atrelada à noção de consenso.

Em seguida, o deputado Josias da Vitória, representante da Frente Parlamentar Pró-Rio Doce, cumprimentou a todos os presentes e utilizou a oportunidade para fazer um breve resgate sobre a atuação da Ales até aquele momento, no que se refere ao contexto do desastre. Destacou as visitas técnicas, as reuniões, as audiências públicas realizadas nas localidades atingidas com o intuito de, nas palavras do deputado, "encontrar caminhos para amenizar o sofrimento das pessoas".

> Só lembrando a todos os presentes, essa é a Assembleia Legislativa do Estado do Espírito Santo, essa é a casa que recebe a população, né, que acolheu uma manifestação do fórum rio Doce [...] aproveitem a oportunidade da grande maioria dos parlamentares, que aqueles que não estiverem, aqui, talvez por conflito de agendas, eles possam estar com seus assessores para que os senhores posam passar o sentimento, as dificuldades, problemas vivenciados, desde a data de 5 de novembro até aqui que foi criada uma comissão nesta casa e eu tive a oportunidade de presidir, apoiado pelos nossos parlamentares, né, com o sentimento da grande maioria dos senhores, talvez não tão profundo porque alguns vivem exclusivamente da pesca, vivem do rio Doce e tiveram nas suas famílias uma dificuldade tremenda que não dá pra se medir, mas nós vivemos aqui a angústia, o sentimento dessas pessoas, andamos em todos esses municípios, distritos até Mariana, *fizemos dezenas e dezenas de audiências públicas aqui, avisando na TV Assembleia, nos veículos de comunicações para que nós possamos, pudéssemos, naquela época encontrar caminhos para amenizar o sofrimento das pessoas.* (Deputado – representante da Frente Parlamentar Pró-Rio Doce, 29/06/2016)

O deputado continua sua fala ressaltando que o período no qual a instituição se deslocou até os territórios foi fundamental para que ela pudesse conhecer a realidade vivida pelas pessoas atingidas e com isso pudesse adotar medidas que fossem condizentes com as demandas locais. Todavia, os conhecimentos advindos do território são colocados numa ordem que se aproxima de certa depreciação, pelo próprio deputado.

> [...] e olha, eu quero só aqui no início dessa manifestação falar, para vocês que, *muitas pessoas, às vezes sem posição social, SEM CULTURA, como muitos tem aqui neste parlamento* e em tantas instituições, me deram ideias extremamente importantes para aproveitar, *que essa casa aqui pudesse colaborar*

e comprar algumas brigas emergenciais naquela época, como foi a distribuição de águas, a distribuição de mantimentos, que nós precisamos tanto, principalmente na cidade que eu moro, Colatina, que valeu muito a pena ouvir a sociedade. (Deputado – representante da Frente Parlamentar Pró-Rio Doce, 29/06/2016)

Na sequência, adotando a mesma estratégia do deputado anterior de evitar o dissenso, o deputado também questionou a finalidade das vaias e dos gritos ao longo da reunião.

> *Portanto, a minha sugestão é que vocês possam aproveitar muito essa audiência, de maneira que ela possa ser resolutiva, construtiva e propositiva. Porque a manifestação, a gente sabe que ela é muito importante e todos aqui podem se manifestar, mas que vocês possam se manifestar, principalmente, pensando num resultado que a gente possa encontrar.* Porque, da minha parte, não tem nenhum doutor aqui pra saber o caminho que a gente possa percorrer, mas não tem *ninguém* melhor que a gente que possa ouvir de quem tá vivenciando esse problema, portanto é a minha sugestão e eu acredito que a gente possa ter uma boa e grande audiência pública. (Deputado – representante da Frente Parlamentar Pró-Rio Doce, 29/06/2016)

Percebe-se que esse momento introdutório da interação ritualizada foi utilizado pelos parlamentares para introduzir o tema da audiência pública e disciplinar os atingidos presentes naquela ocasião e que, segundo eles, deveriam estabelecer um "diálogo entre todas as partes envolvidas no processo". Sendo assim, ambas as partes questionaram os repertórios adotados pelos atingidos para manifestar o descontentamento com a situação vivenciada.

Continuando com a descrição da audiência pública, o representante do Fórum das Entidades em Defesa do Rio Doce foi convidado a se manifestar. De imediato, o representante do fórum solicitou que sua oratória fosse antecedida pela manifestação do representante da Samarco. Prontamente, a solicitação foi negada pelo presidente da sessão, que justificou a sua decisão alegando atendimento ao protocolo previsto pela Casa. No caso, foi o Fórum em Defesa do Rio Doce quem solicitou a audiência, portanto, deveria ser a primeira instituição a discursar. O impasse criou certo constrangimento entre a mesa e o plenário. O recurso das vaias foi novamente utilizado, desta vez para evidenciar o descontentamento das pessoas no plenário com a decisão do presidente da sessão. Houve ainda uma pequena discussão sobre a ordem das apresentações, que levou alguns minutos da audiência. Com a solicitação negada, o representante do fórum das entidades em defesa do rio Doce dirigiu-se ao espaço destinado à oratória.

Vitor Noronha, na situação de representante do fórum, destacou que, passados sete meses da tragédia, a entidade que ele representava já havia tido a oportunidade de se manifestar em duas organizações internacionais, a Organização das Nações Unidas (ONU) e a Organização dos Estados Americanos (OEA), mas ainda não havia tido espaço naquela Casa. Agradeceu a oportunidade, porém lamentou que a solicitação feita sobre a representação dos fóruns locais na mesa da sessão não houvesse sido atendida pelo presidente da sessão. Na oportunidade, ele explicou que o Fórum das Entidades em Defesa do Rio Doce contava, na época, com 80 entidades, que integravam áreas como a de direitos humanos e a ambiental, além de movimentos sociais, igrejas, órgãos de classe e tantos outros técnicos, cientistas, juristas e voluntários, que se auto-organizam, acompanhados dos fóruns locais, a fim de garantir o controle social daquilo que vem sendo feito pelas empresas rés e pelos estados. Os fóruns locais são organizações formadas por moradores e entidades atingidas pelos rejeitos. Nesse sentido, a participação de um representante de cada fórum local seria imprescindível para a qualidade daquela audiência pública, pois garantiria uma representatividade local dos territórios atingidos pelo rompimento da barragem. A reivindicação, no entanto, foi negada pela presidência da sessão.

No decorrer da sua fala, Vitor argumentou ainda que o princípio das ações realizadas pelo fórum segue a premissa de que "não foi acidente. Trata-se de um crime, para nós, atingidos. É uma afronta se referir a esse crime como tragédia ou como acidente". No intuito de confirmar essa afirmação, listou uma dezena de argumentos, inclusive denúncias já apontadas em relatório da Polícia Federal, que corroboram a interpretação de que houve um conjunto de falhas que apontam, no mínimo, para a negligência da empresa no que se refere à segurança da barragem de Fundão. Dito isso, acrescentou que o "fórum repudia o acordo assinado e já homologado em juízo, de forma absolutamente ilegal", fazendo referência ao TTAC, também chamado de "acordão". Antes de finalizar, apresentou as pautas de reivindicação trazidas pelo fórum à audiência pública. Vitor encerrou sua fala com fortes aplausos das pessoas presentes no plenário.

Na sequência, foi a vez do gerente-geral da Samarco. Durante toda a sua apresentação, vaias e gritos explicitavam o descontentamento daqueles que assistiam à apresentação. A despeito da reação dos atingidos e apresentando bastante calma para a situação, que não aparentava ser amistosa, o gerente-geral da Samarco introduziu a sua apresentação agradecendo o espaço disponibilizado pela Ales para que a empresa pudesse estabelecer um diálogo com a sociedade: "[...] a gente tem buscado todos os espaços possíveis pra dialogar com a sociedade, esse é um espaço importante". Em seguida, introduziu um pedido de desculpas direcionado a todas "aquelas pessoas que, nesse momento, vivem uma realidade muito difícil" (gerente-geral da Samarco Mineração, 29/06/2016). Sua estratégia segue um padrão verificado no conjunto de respostas protagonizados pelos diferentes agentes que representam a empresa em distintos espaços de interação com os atingidos: reconhece o problema como um acidente, pede desculpas "àquelas pessoas que estão sofrendo" e garante que será feito um trabalho para garantir a "condição anterior à ocorrência do acidente".

> Eu sou empregado da Samarco há 20 anos, e venho pedir desculpa em meu nome, em nome de todas as pessoas que, nesse momento, vivem uma realidade muito difícil. A gente solidariza com todos vocês. A gente reconhece que os impactos causados pelo rompimento da nossa barragem, no dia 5 de novembro, têm um tamanho enorme, têm uma complexidade imensa. E estamos aqui nos comprometendo em fazer todo o possível pra poder minimizar esses impactos, pra poder trabalhar nas esferas social, econômica, ambiental e, ao final de todo esse processo, assegurar que cada pessoa impactada por este acidente tenha reestabelecido seu modo de vida, sua dignidade, sua condição anterior à ocorrência do acidente. (Gerente-geral da Samarco, transcrição da audiência pública, em 29/06/2016)

Na sequência da apresentação, o gerente-geral da Samarco seguiu com uso de um equipamento multimídia para projetar em tela o que ele chamou de "perfil do acidente". Nos *slides* que foram projetados havia uma série de mapas e fotos que ilustravam a tragédia deflagrada com o rompimento da barragem. Era possível ver o mapa e imagens do município de Mariana, do rio Doce e da hidrelétrica de Risoleta Neves (Candonga). Sobre Candonga, o gerente-geral informou que a estrutura da hidrelétrica conseguiu conter "90%, mais ou menos, do material que foi liberado da barragem".

Alegando que a Samarco não mediu esforços para "mitigar os impactos", ele classificou como "momentâneo o impacto causado na qualidade da água" e, inclusive, também classificou de "momentâneo o impacto causado na vida daquelas pessoas que exerciam atividades econômicas no rio Doce". Nesse momento, as intervenções dos atingidos por meio de vaias e gritos foram ainda mais barulhentas. Enquanto o funcionário falava sobre esse aspecto "momentâneo" do impacto, as pessoas atingidas questionavam, aos gritos, a afirmação de que os impactos teriam um caráter transitório. A despeito das manifestações, o gerente-geral continuou explanando, até que a sua fala foi interrompida por uma atingida, que, do plenário e sem o uso de microfone, levantou-se da cadeira e gritou: "O rio tá morto" e seguiu falando, aos gritos, que "muitos pesquisadores já afirmaram que o tempo de recuperação desse rio será longo. Vocês estão mentindo!". A mulher foi advertida pelo presidente da mesa, novamente contrário às intervenções das pessoas atingidas, alegando que estas não condiziam com aquele espaço de diálogo.

Passada a advertência, o gerente-geral da Samarco adentrou no assunto relacionado ao TTAC, acordo extrajudicial assinado entre as empresas, a União e as demais instituições do estado:

> [...] foi assinado um termo de ajustamento de conduta. O governo federal, o governo dos estados do Espírito Santo e de Minas Gerais entraram com ação civil pública e essa ação foi discutida com as empresas, com a Samarco e suas acionistas, né, e, por fim identificou-se que a melhor solução, né, pra esses impactos, visto que é muita coisa, são muitas entidades, há muitas decisões conflitantes, dificuldades de se alinhar aos planejamentos, alinhar as ações, é, criar um termo como um ponto de partida para todas as ações que seriam desenvolvidas era uma etapa fundamental. (Gerente-geral da Samarco, transcrição da audiência pública, em 29/06/2016)

Ele destacou a legalidade do processo e o compromisso da Samarco e suas acionistas:

> Então, esse acordo, ele foi assinado, foi homologado pela Justiça trazendo, sim, um caráter de legalidade pra esse acordo,

> e tem um ponto muito importante, esse termo de ajustamento de conduta é um compromisso da Samarco e suas acionistas em reparar todos os impactos, não existe qualquer relação desse compromisso com a retomada das atividades da empresa. (Gerente-geral da Samarco, transcrição da audiência pública, em 29/06/2016)

Ainda sobre o assunto do TTAC, ele rebateu as críticas feitas anteriormente pelo representante do Fórum das Entidades em Defesa do Rio Doce, comentando que não haveria teto de gastos para as atividades de reparação, e sim "uma parcela do financiamento que diz respeito a ações compensatórias, mas a reparação integral dos danos está preservada". O restante do tempo, e mais alguns minutos extras que foram disponibilizados pelo presidente da mesa, foram utilizados pelo gerente-geral da Samarco para apresentar os 42 programas socioambientais e socioeconômicos previstos no acordo,[83] a criação de uma fundação de direito privado (Fundação Renova) para gerir todos os programas previstos e também destacar o modelo de participação previsto no Comitê Interfederativo (CIF), alegando "o compromisso da Samarco com a democratização e a transparência em todo o processo".

Na sequência da audiência pública, o presidente da mesa convidou o subprocurador geral, doutor Luís Henrique Miguel Pavan, que falou em nome da Procuradoria-Geral da União. Durante 15 minutos, o subprocurador endossou as palavras

---

83 Em outro trabalho, realizado em coautoria, outra pesquisadora destacou que, enquanto o representante da Samarco anunciava os programas socioambiental e socioeconômico previstos no acordo, ilustrações dessas futuras iniciativas eram projetadas em tela: "como muitas das iniciativas que estariam para ser realizadas do rio Doce estavam ilustradas em *slides* com imagens de confecção virtual, via ferramentas de *software* de edição e apresentação, as mesmas deram um caráter hiper-real à apresentação, e ouviam-se interjeições jocosas, como a de que 'vai virar um clube'" (Creado *et al.*, 2017, p. 259).

do gerente-geral da Samarco, arguindo sobre a legitimidade do acordo, o TTAC. Para isso, ele ressaltou a experiência jurídica das pessoas envolvidas na elaboração do TTAC ao adotarem tal dispositivo. Reproduzo aqui a justificativa apresentada pelo subprocurador para a elaboração e assinatura do acordo em questão:

> E por que discutir o acordo, eu acho que esse é um ponto que os senhores têm que saber. Porque isso é uma questão de experiência jurídica, que se, nós adotássemos o caminho tradicional, que é entrar com uma ação civil pública, esperar a decisão do judiciário pra tratar de um tema tão complexo que tem vertentes sociais, econômicas, ambientais, essa ação, *com base na nossa experiência, nas ações que nós já tratamos do tema, é coisa pra décadas, ou seja, a gente ia pegar, ia ficar discutindo no Judiciário e não íamos ter nenhuma garantia, pelo menos mínima pra poder, com base nisso daí, a gente poder tratar dessa recuperação, dessa compensação e dessa mitigação por essa série de danos, né?* Então, ao longo dos meses, né, de janeiro e fevereiro foi feito esse acordo judicial. (Subprocurador, representando a Procuradoria-Geral da União, transcrição da audiência pública, em 29/06/2016)

Em relação aos convidados para compor a mesa nessa audiência pública, ainda foram realizadas três falas: 1) do representante da OAB; 2) do subdefensor público geral do estado do Espírito Santo; e 3) do prefeito da cidade de Linhares, Guerino Zanon. Somente após todas essas manifestações das autoridades que estavam compondo a mesa o espaço foi aberto para o debate e a participação dos atingidos e atingidas e demais pessoas presentes naquela sessão.

No momento de abrir as inscrições para intervenções do público presente, houve cerca de duas dezenas de manifestações de diferentes agentes: representantes de ONGs, ambientalistas, pessoas atingidas de diversos municípios e povoados do estado do Espírito Santo, representantes de fóruns e associações locais, surfistas atingidos, entre outros. Cada intervenção tinha o limite de três minutos. Para sistematizar a descrição desse espaço ritualizado de interação, organizei os conteúdos desse conjunto de intervenções em cinco grupos temáticos: 1) questionamentos em torno das classificações sobre o rompimento da barragem: *acidente x crime*; 2) conflitos relacionados aos dispositivos adotados pela empresa nos territórios, incluindo o cadastramento das pessoas atingidas e o auxílio emergencial; 3) questionamentos sobre a limitação da categoria "impactado" adotada pela empresa (que invisibilizou uma grande quantidade de grupos afetados, entre eles, como destacado na ocasião, os moradores do litoral norte do estado do Espírito Santo, bem como toda a cadeia produtiva da pesca artesanal – beneficiamento e comercialização – e os trabalhadores que vivem do turismo e comércio nas áreas afetadas, todos invisibilizados pela empresa); 4) descontentamento em relação às ações protagonizadas pelos órgãos ambientais, resgatando o histórico de atuação desses órgãos, por vezes mais próximos dos grandes empreendimentos em detrimento das populações afetadas; 5) conflitos sobre a qualidade da água, tanto do rio Doce quanto aquela disponibilizada para o consumo humano, que provocava insegurança e vulnerabilidade dos atingidos e dos territórios afetados. Tendo em vista o objetivo deste capítulo, na sequência, vou me deter ao conteúdo do último grupo.

Durante a sessão, os atingidos trouxeram suas experiências sobre as mudanças socioambientais em seus respectivos territórios, por exemplo, as alterações no comportamento da fauna e flora local, as dúvidas sobre doenças e mortes que acometem os moradores das regiões atingidas, como o aparecimento de dermatites diversas, doenças estomacais e intestinais, entre outras. Reproduzo aqui alguns trechos dessas manifestações:

[...] *é necessário a gente revisar o conceito de atingidos.* [...] durante a primavera e o verão predominavam o vento nordeste, a ondulação leste, a pluma, e visualmente a lama ela permanecia na foz do rio Doce. Entrou o outono e o inverno, predominam-se as ondulações sul e o vento sul, então, assim, *existem várias denúncias das populações do norte, das comunidades pescadoras, coletoras do norte, desde o Pontal do Ipiranga, Uruçuquara, Barra Seca, Barra Nova, Guriri. Denúncias de mortandade de peixes, de mariscos se comportando de forma muito estranha, a partir do conhecimento que aquelas pessoas têm daquele meio ambiente,* e, é notório, a galera do surfe também pode descrever isso muito bem e assim, a presença da lama da Samarco no norte do estado do Espírito Santo. [...] Então, assim, há uma necessidade de lançar luz ao norte do estado a essas comunidades que estão aqui representadas, e a gente precisa de uma força-tarefa das entidades responsáveis pra de fato avaliar essa conjuntura, pra gente poder dizer inclusive, né, que de fato essas populações, elas devem ser incluídas nas preocupações tanto das políticas públicas quanto da Samarco. *A Samarco, ela precisa se fazer presente no norte da cidade de Linhares. Há uma presença muito tímida, existem alguns cartões que foram distribuídos, mas eles, a Samarco não tem noção e nem os entes públicos do que está acontecendo no norte do Espírito Santo!* (Atingido de Regência, sociólogo, surfista e ativista na foz do Rio Doce, 29/06/2016)

Eu venho aqui denunciar o absurdo da atual situação do abastecimento público de água no nosso município, Colatina. [...] para além do problema da escassez, tão noticiado nos últimos tempos, soma-se o problema da contaminação. *A imensa maioria do povo pobre e trabalhador do município, enquanto eu, né, me incluo, cuja renda familiar não permite a compra de água mineral, creches, escolas e hospitais servem-se de água contaminada para a satisfação da necessidade, das necessidades diárias.* A perfuração desordenada de poços fragiliza inúmeras estruturas trazendo à tona sério problema de ocupação de solo urbano. [...] *As únicas análises realizadas e disponibilizadas pelo Sanear são financiadas pela empresa criminosa, a Samarco [aplausos], e não constam, nestas análises laudos toxicológicos que comprovem a não existência de metais pesados cujos efeitos cumulativos em nossos organismos são nefastos.* As obras de captação alternativa de água para o município estão paradas e mesmo que estivesse em plena operação a análise séria dos afluentes do Doce não indica a possibilidade de abastecimento imediato a partir deles, pois [se] encontram secos e sujos [...]. Exigimos o retorno do fornecimento de água mineral à população do município de Colatina e que seja feito de maneira séria, via compensação financeira ou logística factível às necessidades da população, evitando enormes transtornos. Repudiamos veementemente a atuação do prefeito do município de Colatina [aplausos] e presidente do Comitê da Bacia do [Rio] Doce, [...] absolutamente todos os movimentos desse senhor ocupando cargos de tão extrema importância para a defesa dos interesses dos atingidos caracterizam-se pela defesa desavergonhada dos interesses da empresa criminosa, a Samarco [aplausos e ovações]. (Atingida de Colatina, 29/06/2016)

Antes o nosso mar era chamado de Caribe capixaba, *hoje o nosso mar é o mar de lama, de rejeito e de doenças, porque metais pesados traz doença, nossos peixes estão com câncer, estão totalmente feridos, peixes nojentos, doentes,* certo? Nós não temos dignidade, nós não temos trabalho digno que é o nosso... nosso trabalho de buscar o peixe no mar, nós não temos uma comunidade alegre e satisfeita porque nossa comunidade hoje vive na violência, vive no descaso e no acaso, num marasmo, porque não tem serviço, *recebendo uma miséria da Samarco, que esse dinheiro que a Samarco dá não supre as necessidades dos pescadores, das pessoas que vivem da pesca.* A doença está tomando conta das pessoas. Queremos dizer também que pescador não é só aquele que vai pro mar buscar o peixe no barco, é aquele que beneficia o peixe, é aquele que vende o peixe, é aquele que come o peixe, certo? É o banhista que usa nossa praia, que hoje em dia não temos mais, então quero dizer aqui, senhores e senhores, que estão aqui representando, cadê a consciência de vocês? (Pescadora atingida da Barra do Riacho, Aracruz, 29/06/2016).

Algumas intervenções também foram protagonizadas por moradores de Regência e povoados adjacentes, como foi o caso de Areal, que estavam presentes na ocasião da audiência pública:

> Eu sou moradora da vila de Regência. Para quem não conhece, é uma vila de pescadores e voltada também para o turismo. Regência, antes, era uma vila voltada para a pesca, onde se retirava o sustento para o pescador e para a sua família e os demais, porque não era somente o pescador que era voltado a pesca, tinha pessoas que, indiretamente, dependia desse pescado, que hoje não se pode mais utilizar e nem ir até ao rio ou ao mar para buscar. A qualidade da nossa água foi embora. *Nós estamos recebendo uma água que a gente não sabe a procedência. A água que está chegando às nossas torneiras é de coloração escura, preta, como uma borra de café, quando não chega fedendo a ferrugem e amarelada, como disse a colega, cor de Fanta, laranja, e nós não temos resposta de onde essa água vem.* E quem é que vai utilizá-la? Eu? Eu compro a minha água, porque eu não confio nela, mas e aquele que não pode, da onde que ele vai tirar [dinheiro] pra não consumir essa água? Ele vai beber e os problemas estão sendo gerados. (Atingida de Regência, Linhares, 29/06/2016)

> Eu vim aqui representando a comunidade de Areal, que fica próximo à Regência. Já foi falado muito sobre a catástrofe, o crime. Venho ressaltar que *nossa comunidade é uma comunidade familiar, ela vive direta e indiretamente também com a pesca, ela fica a menos de 500 metros do rio Doce e rodeado por lagoas, essas lagoas, né, somam um total de sete, [sendo que] duas, as principais delas, foram contaminadas pela lama, os rejeitos, da Samarco.* Ressaltando a pergunta sobre o perfil, gostaria de saber que raio de perfil é esse que todo mundo quer saber, que a Samarco quer pra poder ser beneficiado com o cartão... [aplausos] e nessa lama, que chegou à comunidade contaminando lagoas e rios, acabou acontecendo algo pior, *os nossos lençóis freáticos também foram contaminados e até agora não tivemos retorno nenhum de uma solução definitiva, gente! O que vai acontecer com a gente recebendo esse tipo de veneno?* Porque não só adultos consomem ela, crianças tam-

> bém. Temos que pensar no futuro, o que vai acontecer com a gente, na nossa comunidade, tanto pequeno como comunidade grande, queremos sim uma resposta já e a gente quer pelo menos sair com ela definitiva aqui hoje. (Atingido de Areal, distrito de Regência, Linhares, 29/06/2016).

Após a rodada de intervenções, seguindo a ritualidade da ocasião, foi aberto um espaço para os integrantes da mesa responderem aos comentários e às indagações realizadas pelos atingidos e atingidas. Nesse momento, o representante do fórum endossou os questionamentos realizados pelos demais atingidos, enquanto o gerente-geral da Samarco tentou, com pouca aprovação de público presente, tecer comentários sobre os questionamentos apresentados. Na sequência, deterei a atenção nos comentários do gerente-geral.

Em relação ao abastecimento de água em Colatina, que depende exclusivamente do rio Doce, o gerente-geral da Samarco afirmou que "os laudos apontam para a potabilidade da água", mas sem mencionar quais laudos. Também enfatizou que a questão foi amplamente discutida com a "Justiça, Ministério Público, órgãos locais, quando houve a suspensão do fornecimento de água em Colatina, já havia uma quantidade enorme de laudos atestando, de acordo com todas as portarias, de acordo com toda a legislação, a potabilidade da água".

Ainda sobre os laudos, explicou que a relação entre a Samarco e os laboratórios era exclusivamente econômica, negando qualquer tipo de interferência da empresa:

> A respeito da contaminação, a gente tem executado testes: na água, nos peixes, nos mariscos, é verdade, sim, que todos os custos estão sendo pagos pela empresa, essa é uma imposição dos órgãos que a gente acha correta porque não seria justo que o dinheiro público arcasse com um problema causado pelo, eh, rompimento da nossa barragem. Um ponto que eu queria colocar é que todos os laboratórios, eh, são certificados

> e que os resultados são entregues e são submetidos aos órgãos públicos. *O que, o que nós estamos fazendo é por orientação dos órgãos públicos, pagando essas despesas, o que é justo, isso não implica de forma nenhuma que nós estamos contratando quem a gente quer, tampouco influenciando qualquer tipo de resultado a respeito desses laudos.* (Gerente-geral da Samarco, audiência pública em 29/06/2016)

Na ocasião da audiência, diferentemente de Colatina, a comunidade de Regência permanecia com o seu abastecimento de água realizado por caminhão-pipa, uma ação controlada pela Samarco. Conforme relatado pela moradora da vila, por vezes essa água apresentava coloração (variando entre o tom amarelo, laranja e preto), bem como cheiro e gosto ruins. A procedência dessa água era um questionamento feito cotidianamente pelos interlocutores desde o início dessa ação, e foi ressaltado também pela moradora durante aquela audiência. Em resposta, o gerente-geral da Samarco comentou: "Eu estive em Regência na sexta-feira passada, conversei com algumas pessoas, e a informação que eu tenho é que a água de Regência tava vindo de Linhares", mas continuou não informando a procedência, apenas assumindo um compromisso de buscar tal informação: "Vou procurar averiguar qual que é a fonte de fornecimento para Regência pra gente tentar identificar". Além de não informar a procedência, a estratégia do gerente-geral da Samarco foi relacionar os problemas pretéritos da vila com a água: "Regência tem um problema histórico com água, porque, com a redução do nível do rio Doce, mesmo antes do rompimento da barragem, havia já uma entrada de água salgada [...] é um problema antigo [e] o fornecimento por pipa é de longa data". Em relação ao povoado de Areal, adjacente à vila de Regência, o gerente-geral da Samarco não negou as denúncias de contaminação nas lagoas e no lençol freático, apenas limitou-se a dizer:

> vamos buscar uma aproximação com a comunidade, escutar sobre a qualidade da água de lençol, quer dizer, levar todas as informações que a gente tem, nos aproximar também das dificuldades que a população de lá vem enfrentando, é pra tentar identificar quais são as dificuldades e buscar uma solução. (Gerente-geral da Samarco, 29/06/2016)

Sobre o monitoramento e a qualidade da água do oceano, afirmou que "não houve alteração importante na água", enfatizando a tese sobre a combinação de areia e sílica como composição predominante do material depositado na barragem e carreado pelo leito do rio Doce. Segundo ele, essa composição não apresenta risco à saúde humana. Contudo, contradizendo em partes a primeira afirmação, confirmou existir algum problema com a passagem da pluma, o que ele classificou como temporário. Além disso, ele indicou um agente causador externo, no caso, o fenômeno da "ressuspensão de materiais que estavam no fundo do rio durante a passagem da pluma", responsável pela "alteração temporária" nas águas do rio e do mar. Uma notória tentativa de minimizar os efeitos da tragédia, negar qualquer tipo de nexo causal e reduzir as responsabilidades da Samarco no litoral capixaba:

> A gente tá fazendo esses monitoramentos no mar também, eh, dentro dos testes que nós realizamos na água do oceano não houve, eh, nenhum tipo de alteração importante na água do oceano, a respeito da... composição do material que saiu da barragem da Samarco é um material, cerca de 80% é areia, é sílica, 19%, ferro e quase 1%, alumínio. Então, o que houve foi uma ressuspensão de materiais que estavam no fundo do rio durante a passagem da pluma e, aí sim, houve uma alteração temporária de vários parâmetros. Eu... eu gostaria de... de reforçar que todas essas informações estão disponíveis nos órgãos públicos, todos os dados são públicos e a empresa, como eu disse, ela tá é viabilizando a realização desses testes, ela não responde diretamente, ela não qualifica... essas informações, os órgãos públicos, as autoridades competentes é que tão se encarregando dessas análises, e de proibir ou de liberar

> a pesca, isso não é uma atribuição da empresa. (Gerente-geral da Samarco, 29/06/2016)

Seguindo com a mesma estratégia de negar qualquer tipo de nexo causal, o gerente-geral da Samarco afirmou que o tempo entre o "acidente" e a audiência era pequeno para correlacionar qualquer evidência entre o acidente e "alterações imediatas de saúde".

> É, a respeito das doenças, né, conforme eu comentei, existe um programa, e eu tô evidentemente tomando todas as notas pra levar pra organização e pra compartilhar com todos a respeito dessas preocupações. É, precisamos sim monitorar. E sobre isso não temos nenhuma evidência de que haja alteração, até porque o período é curto, e falar em alterações imediatas de saúde nos parece estranho nesse momento, mas nós vamos verificar, vamos acompanhar absolutamente tudo que está sendo manifestado aqui. (Gerente-geral da Samarco, 29/06/2016)

De fato, a temporalidade é um elemento caro para as investigações científicas. Não se faz ciência sem empiria, teoria e muito estudo. E, por isso mesmo, o tempo da ciência é diferente do tempo das interações e das demandas sociais. Nem sempre é possível dar respostas rápidas aos apelos sociais, quando se precisa fazer uma investigação científica. Mas veja a estratégia adotada pelo gerente-geral da Samarco no caso: ele aciona o pequeno intervalo de tempo entre o evento catastrófico e o momento da audiência para negar qualquer evidência em relação ao processo de adoecimento nos territórios, denunciado pelos atingidos e atingidas durante a audiência. No entanto, ele desconsidera o mesmo elemento, a temporalidade, na ocasião em que afirma a potabilidade da água para o consumo humano. Enquanto as pessoas atingidas alegam que a água que chega até as suas torneiras possui aparência duvidosa, apresentando cheiro ruim e coloração alaranjada, ele afirma que está tudo bem, pois ela já passou por testagem. Ou seja, nesta última situação, o princípio da precaução, outro elemento caro no processo científico é desconsiderado. Sendo assim, a estratégia adotada pela empresa é considerar a temporalidade curta para correlacionar com os efeitos à saúde, mas não há a mesma preocupação para garantir que não há nenhum risco à saúde humana.

Situação 2. 30 de novembro de 2016,
Assembleia Legislativa do Espírito Santo

A segunda situação também traz reflexões por meio de interações realizadas em um espaço ritualizado. Trata-se da audiência pública realizada em 30 novembro de 2016, na Assembleia Legislativa do Espírito Santo, que contou com a participação do professor pesquisador que integrou a expedição do Navio de Pesquisas Hidroceanográfico Vital de Oliveira (H-39), no início daquele mesmo ano. Na ocasião, ele apresentou resultados preliminares sobre a presença de metais no oceano e nos animais.

Da mesma forma que na audiência anterior, os deputados também fizeram falas introdutórias na mesa. As apresentações foram feitas pelo representante do Fórum Capixaba em Defesa da Bacia do Rio Doce e pelo especialista. De maneira geral, o representante do fórum trouxe a reflexão sobre a importância de nomear o ocorrido como crime, questionou o acordo e também trouxe questões sobre as incertezas que pairavam sobre as condições das águas e dos alimentos, localizadas e produzidas, respectivamente, ao longo da bacia do rio Doce.

Na sequência das apresentações, foi a vez do especialista. Ele explicou sobre o tema e discorreu sobre os aspectos metodológicos da pesquisa que estava sendo realizada por uma equipe ampliada e coordenada por ele. Até a ocasião, duas expedições haviam sido realizadas, sendo a primeira de janeiro a fevereiro de 2016 e a segunda, em abril de 2016. Explicou que, na definição dos pontos de coleta das análises, priorizou a zona costeira: abrangeu de Abrolhos (BA) a Guarapari (ES), especialmente a região da foz do rio Doce. O objetivo central era "avaliar os possíveis impactos que o rompimento da barragem e toda a chegada da lama pode ter causado em termos de análise ecotoxicológica". Também ressaltou que um segundo momento seria avaliar "os possíveis impactos sobre pesca e sobre os recursos pesqueiros". O especialista também tocou no tema do financiamento da pesquisa, explicando que as duas primeiras expedições foram realizadas com financiamento público, sem mencionar exatamente quais órgãos foram responsáveis, e explicou que estava prevista a continuação da pesquisa, ou seja, novas expedições, a partir de financiamento via Fundação Renova.

Não vou me deter aqui na descrição densa da apresentação do professor sobre os resultados da pesquisa,[84] mas, de forma resumida, ele apontou que houve uma alteração da concentração de contaminação entre a primeira expedição e a segunda. Os elementos que apresentavam níveis acima do permitido pelas agências de regulação foram o arsênio, o cádmio, o chumbo e o mercúrio. Já as espécies marinhas analisadas que apresentaram maiores concentrações desses elementos foram o roncador, o

[84] Uma descrição mais profunda sobre a apresentação do professor pode ser encontrada em: Creado, E; Silva, B; Trigueiro, A; Leonardo, F. *Práticas de ser, conhecer, pensar e escrever: incertezas e disputas sobre as condições das águas na foz do rio Doce no pós-rompimento da barragem de rejeitos de mineração da Samarco* (2017). Além disso, a consolidação dos dados apresentados preliminarmente naquela audiência foi apresentada posteriormente em relatório: "Monitoramento da influência da pluma do rio Doce após o rompimento da barragem de rejeitos em Mariana (MG) – novembro de 2015: processamento, interpretação e consolidação de dados", disponível *online*. Último acesso: 23 de nov. de 2021.

linguado, o peroá e o camarão-rosa, sendo que, na primeira expedição, mais de 60% das amostras apresentavam níveis de contaminação superiores ao permitido. Na segunda expedição, os níveis das amostras mostram redução, especialmente para os elementos chumbo e arsênio.

Finalizada a apresentação do professor, foi aberta a oportunidade de uma rodada de perguntas a serem realizadas pelas pessoas presentes naquela ocasião. De maneira geral, as perguntas giraram em torno das incertezas sobre a qualidade da água e do pescado nas áreas atingidas. A relação entre a proibição da pesca e a contaminação do pescado também foi levantada na ocasião. Além disso, o processo de adoecimento das pessoas atingidas também foi relatado nessa ocasião, especialmente aqueles relacionados a doenças na pele e ao adoecimento mental.

Um pescador atingido de Barra Nova, região ao norte da foz do rio Doce, área onde a pesca não estava proibida, afirmou que não se sentia confortável "vendendo um peixe contaminado": "[...] a gente vê que ele não tá bom". Além disso, apontou para as dermatites diversas que estavam aparecendo na pele das crianças e dos trabalhadores do mar. Outra pescadora, também atingida do norte da foz do rio Doce, relatou que não consegue mais vender o pescado, "porque os peixes lá estão contaminados e todos os consumidores estão com medo de comprar os peixes". Uma outra pescadora, atingida da Barra do Riacho, relatou sua desconfiança com a água e enfatizou a necessidade de comprar água mineral para beber e cozinhar. Ela também questionou o fato de a audiência pública acontecer na cidade de Vitória e não nos territórios atingidos e, provocativamente, convidou o professor para fazer essa mesma apresentação na Barra do Riacho e, ao final, comer uma moqueca por lá. Do interior do estado, um morador atingido de Colatina também ressaltou as incertezas com a qualidade da água, disponibilizada pela autarquia municipal, responsável por tratar a água do rio Doce e fornecer aos moradores. Ele salientou que a Fundação Renova esclarece que a água está própria para ser tratada, "mas como confiar em um laudo produzido pela própria empresa?". Outro morador da região salientou a relação entre o ciclo chuvoso e a turbidez da água, argumentando sobre o caráter processual da crise: "Toda vez que chover vai ter esse impacto novamente".

O professor rebateu a rodada de perguntas e relatos defendendo-se do argumento de que teria dito que a água ou o peixe não estariam contaminados e, por isso, poderiam ser consumidos. Ressaltou que, para tecer uma afirmação dessas, seria necessária a realização de estudos na área da saúde, para acompanhar o ser humano e a dieta alimentar dele, saber com que frequência aquele alimento é ingerido, entre outros aspectos, sendo que nesse assunto só um cientista da área da Saúde poderia contribuir. Aspecto semelhante foi apontado para a relação entre a balneabilidade das praias e o adoecimento das pessoas, provado por doenças de pele. Sobre a toxidade dos sedimentos, ele também ressaltou que não faz esse tipo de análise. Por fim, explicou que a área de proibição da pesca no ambiente marinho foi almejada como decisão do poder público, "a partir da sensibilidade da área e não devido à possível contaminação da região". A divulgação das pesquisas com os dados que apontam a existência de substâncias com níveis acima do permitido pelas agências reguladoras apenas reforçou a decisão da Justiça, mas essa área de proibição pode ser expandida ou reduzida, a depender dos próximos resultados.

As estratégias corporativas para limitar as responsabilidades da empresa e a construção local das incertezas

Desde o rompimento da barragem de Fundão, observa-se que a Samarco Mineração e, posteriormente, a Fundação Renova buscam limitar a responsabilidade corporativa no alcance das afetações e dos danos provocados nos territórios atingidos. A primeira ação da empresa nesse sentido foi logo em seguida ao colapso da barragem, quando tentou relacionar um suposto tremor de terra com a ideia de "acidente", se eximindo de qualquer responsabilidade pelo rompimento. Na sequência, demarcam-se as inúmeras declarações da empresa de que o material despejado no ambiente não causava danos à saúde humana. Com esse intuito, identificam-se outras ações corporativas que se diluem ao longo do complexo processo de "administração do desastre". Nesta seção, reuni algumas dessas ações, que foram identificadas na região entre 2015 e 2019, a saber: 1) a limitação do alcance territorial do dano no litoral capixaba e as disputas via arranjos institucionais da governança; 2) disputas em torno da proibição da pesca na área estuarina e da comercialização do pescado. O conjunto dessas ações corrobora uma estratégia corporativa no intuito de limitar as responsabilidades e, com isso, constrói a produção das incertezas.

A limitação do alcance territorial do dano no litoral capixaba e as disputas via arranjos institucionais da governança

Na seção anterior, apresentei parte da descrição de uma audiência pública realizada na Ales, no dia 29 de junho de 2016. Na ocasião, alguns moradores da foz do rio Doce e, sobretudo, ao norte dela, relataram suas experiências em relação às transformações socioambientais e socioeconômicas em seus territórios, em decorrência da tragédia que atingiu a região. São relatos que denunciam o efeito da lama no litoral capixaba e evidenciam a ampliação do dano e do quantitativo de pessoas e grupos atingidos. Seguem alguns trechos dessas manifestações:

> Eu sou pescadora e represento também os pescadores e as pescadoras, as marisqueiras e as catadoras de peixes e eu tenho uma pergunta pra fazer pra Samarco e pro seu Vitor.

A nossa região, ela foi atingida [faz gestos de aspas com as mãos] e não atingida ao mesmo tempo pela Samarco, assim ela fala, entendeu? O que aconteceu lá no início, quando houve o derramamento do rejeito, foi que a coloração da água virou cor de Fanta, entendeu? Mas a Samarco e a prefeitura no início chegaram lá e colocaram as placas indicativas interditando as praias e os rios. E o que aconteceu com o pescador? Quem é que vai comer um peixe com praia e rio interditado? Quem é que entra e toma banho num lugar desse? Alguém vai lá? Eu convido vocês lá pra visitarem lá as nossas praias pra verem a situação. A lama tá em cima das pedras onde tão as ostras, as ostras elas tão se abrindo, tão saindo água, os moluscos eles tão vindo dos *habitats* do fundo do oceano e tão dando no rio, são milhares que tão mortos em cima da areia. Eu gostaria de uma resposta sobre isso. Nós estamos lá com vários pescadores cheios de feridas, cheios, eu preciso que vocês compareçam lá. Então eu gostaria de saber, entendeu, como é que o pescador vai vender o peixe dele, como é que ele vai viver lá, porque ele tá vivendo de doações. (Atingida de São Mateus, 29/06/2016)

[...] é necessário a gente revisar o conceito de atingidos. [...] durante a primavera e o verão predominavam o vento nordeste, a ondulação leste, a pluma, e visualmente, a lama, ela permanecia na foz do rio Doce. Entrou o outono e o inverno, predominam-se as ondulações sul e o vento sul, então, assim, existem várias denúncias das populações do norte, das comunidades pescadoras, coletoras do norte, desde o Pontal do Ipiranga, Uruçuquara, Barra Seca, Barra Nova, Guriri. Denúncias de mortandade de peixes, de mariscos se comportando de forma muito estranha, a partir daquele conhecimento [que] aquelas pessoas têm daquele meio ambiente, e, é notório, a galera do surfe também pode descrever isso muito bem e, assim, a presença da lama da Samarco no norte do estado do Espírito Santo [...] Então, assim, há uma necessidade de lançar luz ao norte do estado, a essas comunidades que estão aqui representadas, e a gente precisa de uma força-tarefa das entidades responsáveis pra de fato avaliar essa conjuntura, pra gente poder dizer, inclusive, né, que de fato essas populações

> elas devem ser incluídas nas preocupações tanto das políticas públicas quanto da Samarco. A Samarco, ela precisa se fazer presente no norte da cidade de Linhares. Há uma presença muito tímida, existem alguns cartões que foram distribuídos, mas eles, a Samarco não tem noção e nem os entes públicos do que está acontecendo no norte do Espírito Santo! (Atingido de Regência, surfista e ativista na foz do rio Doce, 29/06/2016)

A lama com os rejeitos da mineração, quando atingiu o oceano Atlântico, apresentou um comportamento dinâmico, se deslocando para o norte ou para o sul, dependendo das condições ambientais. Inicialmente, a mancha de rejeitos se dirigiu para o sul. Mas, com a mudança dos ventos, seguiu também para o norte do Espírito Santo. A despeito dessa dinâmica observada em torno da lama no oceano Atlântico, a Samarco Mineração, desde o princípio, negou o avanço geográfico da pluma para além da região da foz do rio Doce e acionou um conjunto de dispositivos burocráticos e técnicos para evitar o reconhecimento dos danos e dos atingidos para além da calha do rio Doce.

As ações classificadas como emergenciais, como o cadastro das pessoas atingidas e o auxílio financeiro emergencial, foram limitadas aos territórios situados na calha do rio Doce e aos grupos específicos de atingidos que possuíam atividade econômica comprovadamente ligada ao rio. Essa foi a estratégia adotada pela empresa e que se prolongou no tempo, a partir do avanço dos arranjos institucionais no caso. Posteriormente, com a assinatura do TTAC e a emergência da Fundação Renova como um novo agente no contexto de gestão do desastre, a estratégia de limitar o recorte territorial do dano permaneceu. A implementação de alguns programas socioambientais e socioeconômicos previstos no TTCA por parte da Fundação Renova seguiu o mesmo procedimento adotado inicialmente pela empresa e limitou-se a atender, no litoral, apenas às comunidades adjacentes ao rio Doce, no caso, Regência e Povoação. Sendo assim, as comunidades pesqueiras e marisqueiras situadas nos municípios de Aracruz (ao sul da foz), São Mateus e Conceição da Barra (ambas ao norte da foz) ficaram excluídas desse processo de reconhecimento, ampliando, portanto, a situação de vulnerabilidade em que esses sujeitos viviam.

Em função desse comportamento limitante e excludente da empresa e da fundação, todo um conjunto de sujeitos historicamente subalternizados – que podem ser classificados como trabalhadores do mar e do mangue, por exemplo, pescadores, marisqueiras, catadores de mariscos e caranguejos –, situados nos territórios ao norte e ao sul da foz do rio Doce, foram invisibilizados e excluídos das ações corporativas adotadas para gerenciar o desastre. São sujeitos que tiveram seus direitos – em relação à reparação, compensação e indenização – sistematicamente violados pelas corporações e pela Fundação Renova.

Diante dessa situação de crise e invisibilidade no litoral, iniciou-se um confronto entre diferentes atores. Com o passar dos meses, os moradores atingidos nessas áreas, inicialmente excluídas do processo de reconhecimento, passaram a denunciar as alterações socioambientais e socioeconômicas observadas em decorrência da chegada da lama com os rejeitos da mineração. A denúncia desses moradores foi endossada pela atuação de movimentos sociais, como o Fórum de Entidades em Defesa do Rio Doce e o Movimento dos Atingidos por Barragens. Este último não tinha até então atuação no estado do Espírito Santo. Com o rompimento da barragem de Fundão, passa a atuar inicialmente de forma descentralizada, reconhecendo os territórios afetados e interagindo com os sujeitos atingidos em diferentes povoados no litoral norte do Espírito Santo, especialmente aqueles invisibilizados do processo de reconhecimento institucional, onde a empresa não havia ainda atuado e/ou iniciado qualquer tipo de relação. Também interagiu com outros movimentos sociais já atuantes no estado e com uma complexa rede de atores institucionais que foi se formando no entorno das ações de gestão e governança do desastre. Entre eles, o Ministério Público Estadual, a Defensoria Pública do estado do Espírito Santo e os órgãos estaduais de meio ambiente. Torna-se relevante considerar nesse contexto que a atuação do MAB – que conta com um conjunto de estratégias de ações disruptivas, como manifestações de rua, ocupação de prédios públicos e privados, barricada e/ou fechamento de vias e trilhos, participação em audiências públicas e ação cível (Araujo, 2019) – foi fundamental no processo de visibilizar os efeitos da lama no litoral capixaba para além da calha do rio Doce, chamando a atenção para a complexidade do dano que estava posto no estado.

Enquanto isso, o monitoramento feito pelos órgãos ambientais, inclusive aquele realizado por meio do Navio de Pesquisas Hidroceanográfico Vital de Oliveira (H-39) e outros realizados nos meses subsequentes, feitos pelo ICMBio, evidenciaram que a camada de lama carreada pelo leito do rio Doce, quando chegou ao oceano Atlântico, se desdobrou em três manchas, com concentrações distintas, sendo que a mais densa permaneceu na foz do rio Doce, em Regência e Povoação. Outra, mais leve, se manteve na superfície e percorreu, no sentido norte, uma distância no oceano ainda maior, alcançando, em meados de 2016, a região de Abrolhos, no estado vizinho (Bahia), distante mais de 200 quilômetros da foz. Uma outra, com uma camada média de concentração, seguiu no sentido sul e atingiu duas unidades marinhas de conservação no litoral de Aracruz: a APA Costa das Algas e o Refúgio da Vida Silvestre, atingindo ainda os municípios de Fundão e Serra, no litoral capixaba. Os dados de monitoramento no ambiente marinho corroboram a denúncia feita pelos próprios moradores situados nessas áreas ao sul e ao norte da foz do rio Doce, que, mesmo sofrendo com os efeitos da lama, foram desde o início excluídos de todas as medidas negociadas no contexto emergencial para a administração do desastre e, posteriormente, daquelas medidas adotadas já no contexto de governança no rio Doce.

A situação de negligência com as comunidades situadas ao norte e ao sul da foz do rio Doce prolongou-se no tempo. Passado mais de um ano da chegada da lama ao mar no litoral do Espírito Santo, foi publicada em 17 de fevereiro de 2017 uma nota técnica que reconheceu as comunidades pesqueiras ao norte e ao sul da foz do rio Doce enquanto comunidades pesqueiras atingidas pela pluma de rejeitos. Refiro-me à Nota Técnica n. 3/2017 – "Identificação da área atingida pela pluma de rejeitos da Samarco e das principais comunidades pesqueiras existentes na mesma", produzida pela Diretoria de Pesquisa, Avaliação e Monitoramento da Biodiversidade (Dibio) do ICMBio, pelo Iema e pelo Ibama,[85] já no âmbito do sistema de governança implantado no rio Doce.

Esse documento corrobora as denúncias dos sujeitos atingidos que vivem ao norte e ao sul da foz do rio Doce. Os técnicos que assinam a nota afirmam que a lama atingiu todo o litoral do estado do Espírito Santo, estendendo-se desde a divisa com o Rio de Janeiro até o sul da Bahia, incluindo a área do Parque Nacional Marinho de Abrolhos, sendo que a parte mais preocupante, ou seja, a região onde os rejeitos foram identificados de forma mais densa, compreende a região entre o município

[85] A nota técnica foi publicada no contexto da governança, promovido pelo Comitê Interfederativo, implementado para administrar o desastre no rio Doce. Disponível em: https://www.icmbio.gov.br/portal/images/stories/Rio_Doce/NT_CTAMAR_03_2017.pdf. Último acesso em: 23/01/2021.

da Serra e a divisa com o estado da Bahia. Diante da situação descrita, a nota apontava como conclusões e recomendações:

> 5.1. A partir das metodologias de visualização por sobrevoo e de imagens de satélite podemos afirmar que a pluma sedimentar atingiu com diferentes intensidades e concentrações toda a região costeira do estado do Espírito Santo, sendo que a área compreendida entre o município de Serra e a divisa com o estado da Bahia foi a mais atingida, pela presença frequente da mesma.
> 5.2. Assim, de diferentes formas, todas as comunidades pesqueiras localizadas na área abrangida pela pluma de rejeitos, ou que realizam atividade de pesca nesta área, foram atingidas. As principais comunidades pesqueiras identificadas foram: Nova Almeida, de Rio Preto a Barra do Sahy, Barra do Riacho, Regência, Povoação, Degredo, Pontal do Ipiranga, Barra Seca e Barra Nova. Não se considera aqui as embarcações oriundas da Grande Vitória, do sul do ES, e de Conceição da Barra, que atuam na área de proibição de pesca.
> 5.4. Devido à limitação dos dados sistematizados disponíveis, e do prazo para elaboração da referida Nota Técnica, esta não descarta a possibilidade de que outras comunidades, além daquelas indicadas nesse documento, possam ter sido atingidas pela pluma. Assim, outras comunidades poderão vir a ser indicadas, até por outras instituições, desde que outros dados não utilizados nesse momento indiquem que elas foram atingidas pela pluma.
> 5.6. Ainda não há previsão para que os efeitos da pluma de rejeitos decorrente do rompimento da barragem de Fundão cessem sobre a região. Desde 21/11/2015 até o presente momento, a foz do Rio Doce segue aportando continuamente no mar os rejeitos de barragem, em concentrações e vazões variadas. A calha do rio ainda continua preenchida com a lama do rejeito, que, dependendo da vazão do rio, mais ou menos rejeitos são carreados até a foz, e daí para o ambiente marinho, onde, dependendo das condições ambientais, poderá se deslocar para o norte ou para o sul. Além do que vem sendo aportado continuamente pelo Rio Doce, a pluma sedimentar que já está presente no mar e que se depositou no

> fundo oceânico, em processos de ressacas e fortes correntes geradas pelas frentes frias, pode ser remobilizada de uma região para outra de acordo com as condições ambientais, sendo necessário acompanhamento contínuo da mesma e, portanto, as informações aqui relatadas podem ser alteradas. (Nota Técnica n. 3/2017, 17 de fevereiro de 2017).

Apesar do reconhecimento via nota técnica elaborada por órgãos ambientais, as comunidades pesqueiras situadas ao norte e ao sul da foz do rio Doce permaneceram negligenciadas de todas as medidas previstas para a reparação no contexto de gestão do desastre, protagonizadas pela Fundação Renova. Dando seguimento ao embate, a Nota Técnica n. 3/2017 resultou, três meses depois, na Deliberação n. 58/2017 – que "elenca áreas estuarinas, costeira e marinha impactadas como área de abrangência socioeconômica nos termos da cláusula I, VI e VIII do TTAC" –, elaborada pelo Comitê Interfederativo, já no âmbito do sistema de governança, principal encaminhamento adotado como medida para "administrar" o desastre no rio Doce. Conforme o documento:

> 1. considera-se como 'áreas estuarinas, costeira e marinha impactadas' como impactadas pelo rompimento da barragem de Fundão as comunidades localizadas a partir de Nova Almeida à Conceição da Barra, dentre as quais, mas não se limitando: Urussuquara – São Mateus; Barra Nova Norte – São Mateus; Campo Grande – São Mateus; Barra Nova Sul – São Mateus; Barra Nova Norte – São Mateus; Nativo – São Mateus; Fazenda Ponta – São Mateus; São Miguel – São Mateus; Gameleira – São Mateus; Ferrugem – São Mateus; Pontal do Ipiranga – Linhares; Barra Seca – Linhares; Regência – Linhares; Povoação – Linhares; Degredo – Linhares; Portal de Santa Cruz – Aracruz; Itaparica – Aracruz; Santa Cruz – Aracruz; Mar Azul – Aracruz; Vila do Riacho – Aracruz; Rio Preto à Barra do Sahy – Aracruz; Nova Almeida – Serra.
> 2. A Fundação Renova deverá dar início ao Programa de Levantamento e de Cadastro dos Impactados nestas comunida-

> des, no prazo máximo de 30 dias a partir da data de aprovação dessa deliberação, com o objetivo de averiguar os impactos socioeconômicos advindos do desastre e direcionar os programas socioeconômicos a estas comunidades, quando couber.
> 3. A Fundação Renova deverá apresentar, na 13° Reunião Ordinária deste Comitê Interfederativo, em abril de 2017, cronograma das ações previstas do Programa de Levantamento e de Cadastro dos Impactados para as comunidades supracitadas
> 4. Esta deliberação não descarta a possibilidade de que impactos ambientais socioeconômicos em outras comunidades possam ser identificados no futuro. (Deliberação CIF n. 58/2017, 31 de março de 2017).

A deliberação do CIF exigia, portanto, o reconhecimento imediato das comunidades situadas ao norte e ao sul da foz do rio Doce como atingidas, o que implicaria o cadastramento imediato das pessoas atingidas nessas comunidades, via Programa de Levantamento e de Cadastro dos Impactados (PLCI) e posterior concessão do auxílio emergencial. Na época, a medida foi bastante comemorada entre os atingidos das regiões específicas que seriam reconhecidas e demais atingidos organizados em movimentos sociais e nos fóruns locais de atingidos.

O cumprimento pela Fundação Renova das medidas exigidas na Deliberação CIF n. 58/2017, fundamentada pela Nota Técnica n. 3/2017, não foi imediato e muito menos integral. Os prazos previstos na deliberação não foram cumpridos pela fundação. Iniciou-se um período de postergação, por parte da Fundação Renova, no que se refere ao reconhecimento do litoral do Espírito Santo e os devidos encaminhamentos burocráticos em decorrência desse reconhecimento. Segundo Guimarães (2017),[86] "após quatro meses de descumprimento da deliberação pela fundação, o CIF, em benefício dos interesses empresariais, se restringe a

86 Disponível em: http://www.ihu.unisinos.br/78-noticias/572739-rio-doce-a-farsa-da-recuperacao. Último acesso em: 4 de abril de 2022.

notificar a entidade em vez da devida multa, em respeito às comunidades" até aquele momento desassistidas de forma integral pelas medidas previstas no contexto de gestão do desastre, inclusive aquelas de caráter emergencial. Nesse contexto de postergação, o não cumprimento da Deliberação n. 58 por parte da Fundação Renova resultou na elaboração de uma nova deliberação. Assim, a Deliberação n. 93, de 04 de agosto de 2017, comunica o descumprimento da Deliberação CIF n. 58 e demanda ações de divulgação e cadastramento das áreas impactadas. O embate em relação ao cumprimento das deliberações CIF n. 58 e n. 93 se prolongaram e a Fundação Renova não cumpriu com as determinações impostas, evidenciando as dificuldades de efetivação do sistema de governança. Ainda assim, ela não sofria maiores penalidades. Dessa forma, Guimarães (2017) ressalta que "a deliberação, que gerou grandes expectativas nas comunidades do norte e sul da foz, serviu exclusivamente para conter os processos de resistência até então efervescentes" naquelas comunidades.

Em 2019, dois anos após a primeira Deliberação n. 58, de acordo com o monitoramento realizado pela Rambol (*expert* do MPF) e apresentado no "Relatório de monitoramento consolidado dos programas socioeconômicos e socioambientais para restauração da bacia do rio Doce" (dezembro de 2018 a março de 2019), a Fundação Renova ainda não havia efetivado o reconhecimento do litoral do Espírito Santo. Desde então, a situação de embate entre a Fundação Renova e os membros do CIF vem se arrastando dentro dos arranjos institucionais da governança. Enquanto isso, as pessoas atingidas no litoral do Espírito Santo sofrem com as alterações socioambientais e socioeconômicas nos territórios provocadas pela camada de rejeitos e a negligência da Fundação Renova no que se refere à aplicação dos programas socioeconômicos, inclusive os de caráter emergencial.

Já no primeiro semestre de 2020, em meio à situação de crise deflagrada pela pandemia provocada pela covid-19, as mineradoras (Samarco, Vale e BHP Billiton) resolveram contestar judicialmente o reconhecimento das áreas ao norte da foz do rio Doce como atingidas pelo rompimento da barragem de Fundão. No documento, as mineradoras solicitam a suspensão da obrigatoriedade de contratação das assessorias técnicas (ATs) para as comunidades localizadas em áreas estuarinas, costeiras e marinhas do litoral norte do Espírito Santo – São Mateus e Conceição da Barra. A contestação, feita na 12ª Vara Federal de Belo Horizonte, pode afetar negativamente todas as comunidades e categorias profissionais reconhecidas como atingidas pelo rompimento da barragem de Fundão depois de março de 2016, visto que, no pedido judicializado, as empresas alegam necessidade de conclusão dos estudos em andamento pela Fundação Renova para validar a inclusão dessas comunidades reconhecidas pela Deliberação n. 58/2017 no conjunto das demais localidades afetadas pelo rompimento da barragem, já reconhecidas pelo Termo de Transação e Ajustamentode Conduta, de 2016.

Disputas em torno da proibição da pesca na área estuarina e da comercialização do pescado

Com o rompimento da barragem e o carreamento dos rejeitos ao longo do rio Doce, os sedimentos oriundos da instalação rompida chegaram ao litoral do Espírito Santo e passaram a afetar a região estuarina e marítima da foz do rio Doce. A partir desse momento, a lama, também chamada de "pluma" pelos agentes da tecnociência, formada pelo material carreado, passou a se deslocar conforme as correntes climáticas, espraiando por diversas regiões marinhas localizadas nessa costa. Em virtude do ocorrido, a atividade da pesca ficou, temporariamente, interrompida ao longo do rio Doce. A interrupção momentânea coincidiu com o período de defeso no rio. Posteriormente, a atividade da pesca foi liberada, mas a proibição permaneceu na região estuarina e costeira nos anos seguintes. Nesta seção, a questão principal é apresentar os conflitos sobre a proibição da atividade pesqueira no ambiente marinho e os dispositivos mobilizados pela Samarco e pela Fundação Renova no intuito de proliferar as incertezas sobre a contaminação.

Segundo Silva e Torres (2018), no que se refere ao desenho institucional da proibição da pesca, o ponto de partida foi a ação civil pública (ACP) encaminhada pelo Ministério Público Federal e pela Procuradoria da República dos estados de Minas Gerais e Espírito Santo – Força-Tarefa Rio Doce, "que apresentava uma construção cronológica do processo, apontamento das medidas da proibição e a documentação que deu base para a interrupção da atividade pesqueira" (Silva; Torres, 2018, p. 188). As autoras pontuam que nesse documento foi identificada a primeira demarcação em relação à área de proibição de pesca, cuja área de abrangência na região da foz era 30 metros de profundidade. O documento aborda questões que extrapolam o limite da pesca no que diz respeito à foz do rio Doce, inclusive abrange os impactos identificados nos estados de Minas Gerais e do Espírito Santo.

Outra ACP (0002571-13.2016.4.02.5004) foi encaminhada pelo MPF em 3 de fevereiro de 2016, com pedido de antecipação dos efeitos de tutela em face da Samarco Mineração S.A. (Samarco), União, Instituto Brasileiro de Meio Ambiente e dos Recursos Naturais Renováveis, Instituto Chico Mendes de Conservação da Biodiversidade, estado do Espírito Santo e Instituto Estadual de Meio Ambiente e Recursos Hídricos, com pedido de liminar para que a atividade da pesca, de qualquer natureza, exceto aquela destinada à pesquisa científica, fosse imediatamente proibida na região da foz do rio Doce, entre a Barra do Riacho, em Aracruz, até Degredo/Ipiranguinha, em Linhares, dentro dos 25 metros de profundidade (Decisão, ACP, 2016, p. 9). Como será apresentado aqui, no desenrolar da mesma ação houve a proposta de redução da proibição da área de pesca para até 20 metros de profundidade, em maio do mesmo ano.

No que se refere ao desdobramento, daremos destaque à última ACP, pois ela concentra os impactos identificados no estado do Espírito Santo. A medida tinha o objetivo de preservar a saúde da população que consome os pescados da região e a sobrevivência das espécies já impactadas pelos rejeitos de mineração provenientes do rompimento da barragem da Samarco. No documento encaminhado à Justiça, ressalta-se a relevância do ecossistema em questão e a importância da sua biodiversidade para a manutenção dos ciclos vitais e sobrevivência das diferentes espécies que habitam aquela região. Além disso, a interdição da pesca respeitaria o princípio da precaução, uma vez que garantiria a conclusão dos trabalhos técnicos que buscam diagnosticar os impactos da lama no mar e a possível contaminação dos recursos pesqueiros. Outro ponto relevante da ação é a ampliação do escopo do desastre, pois o seu objeto extrapola a área tida como afetada, até então circunscrita à foz do rio Doce.

O MPF requereu ainda que a União, o estado do Espírito Santo, o Ibama, o ICMBio e o Iema fossem obrigados a adotar todas as medidas necessárias para proibir e fiscalizar, pelo tempo necessário à conclusão das análises técnicas, a pesca de qualquer natureza na região. Para isso, foi proposta aos órgãos públicos a criação de um grupo de trabalho visando a fiscalização das medidas de proibição da pesca na região; a elaboração e apresentação de um plano de trabalho e cronograma de fiscalização; e a ampla divulgação em seus *sites* e na mídia, acompanhado da Samarco, da proibição da pesca, que segue sem data para retorno.

No que se refere à empresa responsável pela barragem rompida, o MPF pede o custeio das operações de fiscalização a serem promovidas pelos órgãos públicos e a identificação e o cadastramento dos pescadores impactados pela proibição da pesca para o pagamento de auxílio subsistência, conforme previsto no Termo de Compromisso Socioambiental, já firmado entre a empresa e o Ministério Público. Também consta na ação o pedido para a Samarco indenizar os danos e lucros cessantes comprovadamente demonstrados por pescadores durante o período de interdição da pesca.

A decisão da Vara Federal de Linhares considerou que "os efeitos da pesca sobre a saúde das pessoas (que consumirão os camarões e peixes capturados) e sobre o meio ambiente marinho são, ainda, desconhecidos, mostrando-se razoável, neste momento, restringir aquela atividade econômica, para evitar danos que, conquanto incertos, são, ao menos, potenciais" (Decisão ACP 2016, p. 10). Assim decidiu-se pela antecipação liminar dos efeitos de tutela, ou seja, o pedido foi acatado pela Justiça Federal, em 22 de fevereiro de 2016. Não obstante, alguns pontos foram indeferidos pela Justiça. Entre eles, o pedido para obrigar a mineradora a custear as operações de fiscalização a serem promovidas pelos órgãos públicos e a identificar e cadastrar os pescadores impactados pela proibição da pesca para o pagamento de auxílio subsistência, conforme previsto no Termo de Compromisso Socioambiental, já firmado entre a empresa e o Ministério Público. Segundo a procuradora da República que integrava a força-tarefa do MPF na época: "A interdição da pesca, neste caso, só está sendo necessária em virtude da contínua deposição de rejeitos de mineração no meio ambiente [...] Trata-se de hipótese muito clara da aplicação do princípio do poluidor-pagador" (MPF, 2016).[87]

[87] MP-ES. MPF obtém decisão que proíbe pesca na Foz do Rio Doce por conta da lama da Samarco, 2016. *Online*. Disponível em: http://www.mpf.mp.br/es/sala-de-imprensa/noticias-es/mpf-obtem-decisao-que-proibe-pesca-na-foz-do-rio-doce-por-conta-da-lama-da-samarco. Acesso em: 18/12/2021.

Nesse ínterim, os primeiros resultados de monitoramento no ambiente marinho foram coletados, analisados e, posteriormente, apresentados. Trata-se do relatório de Análise dos Dados Coletados por meio do NpqHo Vital de Oliveira, durante o levantamento ambiental em Regência. Na ocasião, houve um Seminário de Avaliação do Impacto da Pluma de Rejeitos da Samarco nos Ambientes Costeiros e Marinhos (Espírito Santo e sul da Bahia), realizado em Vitória nos dias 15 e 16 de março de 2016, com a participação dos representantes das autarquias do Ministério do Meio Ambiente (ICMbio, Centro Nacional de Pesquisa e Conservação de Tartarugas Marinhas, Área de Conservação Ambiental Costa das Algas, Refúgio da Vida Silvestre de Santa Cruz, Reserva Biológica de Comboios). Após o seminário, foi elaborada a Nota Técnica n. 006/2-16 Conjunta – Centro Tamar/Apa Costa das Algas/Rebio de Comboios/RVS de Santa Cruz, relativo ao "relato das informações apresentadas pelos pesquisadores da Ufes e Furg quanto à contaminação de organismos marinhos na costa capixaba e suas implicações na proibição de pesca de camarão e demais recursos pesqueiros na região marinha próxima à foz do rio Doce (Aracruz e Linhares)". Dito isso, ressalta-se que, nesse período, a divulgação do resultado da pesquisa supracitada foi inicialmente negada para a sociedade civil, conforme descrito na segunda seção deste mesmo capítulo, gerando um desconforto coletivo e ampliando a sensação de incerteza da população no que se refere à contaminação da água na região.

Diante da divulgação desse estudo preliminar, cujas amostras foram coletadas em períodos distintos, a saber: "i) primeira campanha, a bordo do Navio Vital de Oliveira, realizada entre 25/11/15 e 04/12/15 (período agudo após a chegada da pluma de sedimentos na foz do rio Doce); ii) segunda campanha, a bordo do Navio Soloney Moura, entre 27/01/16 e 03/02/16; outras campanhas realizadas independentemente pela Ufes", e da elaboração da Nota Técnica n. 006/2-16 Conjunta – Centro Tamar/Apa Costa das Algas/Rebio de Comboios/RVS de Santa Cruz, o MPF expediu recomendação, em 31 de março de 2016, para a ampliação da área de proibição de pesca na foz do rio Doce.

Na sequência dos fatos, a Samarco apresentou contestação à decisão da Vara Federal de Linhares, sustentando dois pontos principais: a "necessidade de remessa dos autos ao Juízo da 12ª Vara Federal de Belo Horizonte e a improcedência do pedido de proibição da pesca". Sobre o segundo argumento, a empresa ressaltou que "o pleito não tem amparo em parecer da Anvisa" e garantiu que os resultados de monitoramentos realizados por ela não demonstravam contaminação no ambiente e nas espécies aquáticas: "a passagem da pluma de turbidez não resultou em contaminação de peixes, no que diz respeito aos metais chumbo, arsênio, níquel, cobre, zinco, mercúrio e cádmio; e também – não houve a contaminação de camarões, peixes e ostras na região da Barra do Riacho, Barra Nova, Barra Seca, Regência interior do Rio Doce e Santa Cruz". Por fim, alegou que um estudo realizado pelo especialista Anthony Wong, médico toxicologista e doutor em medicina pela USP, apontou que:

> i) '[...] os níveis de metais que estiveram ligeiramente acima da normalidade não são considerados perigosos ou tóxicos e são provenientes da poluição humana e de atividades de agricultura na região', não se relacionando aos rejeitos oriundos do acidente; ii) '[...] a qualidade dos peixes usados na alimentação não deve sofrer alterações em razão do acidente, visto que os particulados decorrentes do derramamento da lama da barragem não contêm quantidade nem concentrações suficientes para causar intoxicação humana'. (ACP, Vara Federal de Linhares, 2016, p. 2).

Enquanto isso, a Anvisa informou, por *e-mail*, que não tinha competência para assumir tal responsabilidade solicitada nos autos, alegando que a responsabilidade pela fiscalização dos pescados "nas etapas iniciais da cadeia produtiva é do Ministério da Agricultura e das Secretarias de Agricultura dos Estados", enquanto "nas etapas posteriores, isto é, nas casas atacadistas e nos estabelecimentos varejistas, a fiscalização dos pescados cabe aos órgãos de saúde pública dos Estados, do Distrito Federal e dos Territórios" (ACP, Vara Federal de Linhares, 2016, p. 5).

Já a União apresentou contestação sustentando que seria improcedente sua condenação para, por meio da Marinha do Brasil, fiscalizar o cumprimento de decisão judicial sobre a interdição/proibição da pesca, considerando o que já havia sido levado aos autos por meio do Ofício n. 90/Cepes-MB, da Capitania dos Portos do Espírito Santo, "[...] não faz parte do nosso rol de deveres e obrigações promover quaisquer fiscalizações de atividades pesqueiras e, consequentemente, elaborar planos de trabalho contendo relatórios e cronogramas acerca de tal temática" (ACP, Vara Federal de Linhares, 2016, p. 5).

Também se manifestou, na ocasião, a Federação das Colônias e Associações dos Pescadores e Aquicultores do Espírito Santo (Fecopes), que solicitou a possibilidade para intervir na ACP, como assistente litisconsorcial, nos termos do art. 124 do CPC/2015. A Fecopes solicitou a "redução da profundidade de pesca para 15 metros, possibilitando que os representados possam contribuir para subsistência própria e de sua família" (ACP, Vara Federal de Linhares, 2016, p. 5).

Em 25 de maio de 2016, a Vara Federal de Linhares deferiu, portanto, novas decisões sobre a ACP (0002571-13.2016.4.02.5004), entre elas: 1) indeferiu o pleito formulado pela Samarco de remessa do feito ao Juízo da 12ª Vara Federal de Belo Horizonte; 2) deferiu o pedido de revisão da tutela provisória a fim de readequar o limite de proibição/interdição da pesca para 20 metros de profundidade, dentro dos limites anteriormente já definidos.

O imbróglio jurídico, social e científico sobre a situação da proibição da pesca estava apenas começando. Diante de um cenário de medo e incerteza, engendrado pelas alterações no ambiente, a exemplo da turbidez da água e da mortandade dos peixes, a notícia da proibição da pesca no ambiente costeiro foi, por um lado, traduzida como um reforço às perspectivas que argumentavam para um cenário da contaminação na foz do rio Doce. Por outro lado, as incertezas sobre o desenho da proibição da pesca permitiram que alguns interlocutores na foz do rio Doce questionassem as possíveis outras fontes de contaminantes, especialmente a água para o consumo humano e para o uso recreativo e esportivo no ambiente marinho e fluvial. Ou seja, o argumento que foi se construindo entre os interlocutores era: se a pesca estava proibida, por que as atividades no rio e no mar não estavam? Era seguro usar a praia e o rio para atividades recreativas e esportivas? Como era possível irrigar os alimentos com a água do rio? Como era possível utilizar a água do rio para tratamento e posterior consumo humano? Enfim, muitas dúvidas e poucas respostas concretas.

A situação de incertezas no cotidiano dos moradores da foz do rio Doce vai se prolongando no tempo e a atividade da pesca permanece proibida. A vontade pela vida segue pulsando no plano ordinário e as atividades vão gradualmente retomando seu curso. Sendo assim, o retorno gradual das atividades cotidianas vai sendo verificado também nesse setor. Ao longo das atividades de campo, no período entre 2015 e 2019, era possível observar por meio de uma simples caminhada pelas ruas da vila de Regência, de um passeio pela areia da praia ou até mesmo de uma ida despretensiosa ao Porto dos Pescadores, o aumento no entorno da atividade pesqueira, apesar da sua proibição. Apesar do movimento descrito, há de se considerar que não era uma atitude homogênea entre os moradores da região. Muitos continuavam apresentando receios em relação à ingestão do pescado. No grupo referente àqueles sujeitos que não pescavam e não consumiam o peixe, observava-se uma predominância de mulheres.

Nesse ínterim, rumores sobre a possibilidade da criação de uma nova reserva na região da foz do rio Doce ganhavam força na comunidade. Depois de um retorno a campo em julho de 2016, o assunto sobre a suposta reserva passou a sobressair nos diálogos com os interlocutores. Após quatro meses de deslocamento físico da vila de Regência, retomei as atividades em campo, para a pesquisa realizada no âmbito dos projetos do Greenpeace e do Geppedes. Nesse período, eu buscava uma reaproximação com os interlocutores na tentativa de entender os efeitos da lama no território. É nesse momento que o assunto da reserva ganha fôlego. Diante de conversas informais, realizadas com alguns interlocutores, o assunto aparecia como um desdobramento da lama naquele território: "Quando a reserva chegar aqui, vai ser igual Caravelas, Canavieira [no estado da Bahia]. Regência vai ser abandonada. Eu não fico aqui com essa reserva". Indaguei a interlocutora a qual reserva ela estava se referindo, sua resposta foi: "É o projeto do [nome suprimido], esse projeto existe desde 2002. Agora ele conseguiu colocar o projetinho dele nesse acordo da Samarco com o governo" (moradora atingida de Regência, outubro de 2016).

Nesse sentido, as interpretações locais sobre a proibição da pesca na foz do rio Doce começaram a ser narradas não só como uma ampliação das incertezas em relação à contaminação daquela região, mas também como um mecanismo para possibilitar a criação e a implementação de mais uma reserva ambiental na região da foz do rio Doce. O tema da *reserva* não é novo naquela região. Em outro trabalho, apontei para esse cenário de criação de uma unidade de conservação na região e os conflitos decorrentes entre os pescadores locais e as instituições pró-reserva (Leonardo, 2014). De lá para cá, o debate tomou novos contornos. As discussões sobre a criação de uma unidade de conservação envolvem atualmente atritos entre os moradores da vila e dos povoados adjacentes, no caso os ribeirinhos da comunidade de Entre Rios e os indígenas da Aldeia Areal, que vivenciaram recentemente o processo de autoidentificação enquanto povos e comunidades tradicionais.

Sendo assim, considero que há um embate acerca da configuração de mais uma unidade de conservação na região da foz do rio Doce. Por isso, torna-se necessária uma investigação com mais atenção para a compreensão dos meandros dessa disputa. A despeito do cenário de conflito, que envolve a relutância de parte dos moradores, especialmente os pescadores artesanais, na criação dessa reserva, os arranjos institucionais no contexto de gestão do desastre contribuem para a sua criação, especialmente dentro do discurso de *governança*.

Em 2019, uma nova disputa reviveu os conflitos envolvendo a proibição de pesca na região na área estuarina e litoral do Espírito Santo. Em 3 de junho, foi publicada no *site* da Fundação Renova,[88] principal veículo de comunicação da fundação, a notícia de que a Agência Nacional de Vigilância Sanitária (Anvisa), por meio de nota técnica, havia atestado a "segurança do consumo do pescado do rio Doce", afirmando ainda que, "segundo agência, o limite diário de 200 gramas de peixe para adultos e 50 gramas para crianças não representa risco à saúde humana". O texto informava ainda que:

---

[88] Em nota técnica, a Anvisa deu parecer favorável ao consumo de peixes e crustáceos provenientes da bacia do Rio Doce: "Anvisa atesta segurança do consumo do pescado do rio Doce", disponível em: https://www.fundacao-renova.org/release/anvisa-atesta-seguranca-do-consumo-do- pescado-do--rio-doce/. Acesso em: 22/12/2021.

> região costeira, desde que respeitados os limites diários de até 200 gramas de peixe para adultos e jovens acima de 10 anos (ou 1,4 kg por semana) e de até 50 gramas para crianças até 10 anos e gestantes (ou 350 gramas semanais). Esses foram os parâmetros considerados seguros para o consumo, por representarem risco mínimo à saúde. (Fundação Renova, sítio eletrônico, 2019).

Alegando que a análise que culminou com a nota técnica da Anvisa partiu de uma solicitação do Grupo de Trabalho da Pesca e Aquicultura (GT – Pesca), que integra o Comitê Interfederativo, a Fundação Renova faz algumas considerações sobre os dados fornecidos à Anvisa para a elaboração da nota técnica:

> Para subsidiar a análise, o Instituto Chico Mendes de Conservação da Biodiversidade (ICMBio), a Fundação Renova e universidades (como a Universidade Federal do Rio Grande – Furg) enviaram dados brutos e analisados de amostras coletadas de Mariana até a foz do rio Doce e ao longo da região costeira, de Guarapari (ES) a Abrolhos (BA), incluindo afluentes e trechos não atingidos pelo rejeito da barragem de Fundão. Entre novembro e dezembro de 2018, a Anvisa recebeu 11 mil resultados analisados, abrangendo 76 espécies diferentes de peixes, quatro de camarões e uma de lagosta. As análises investigaram a presença de 12 elementos (entre metais e metaloides) nos pescados da região afetada: cádmio, cromo, cobre, chumbo, ferro, manganês, mercúrio, arsênio, alumínio, níquel, prata e zinco. (Fundação Renova, sítio eletrônico, 2019)

A notícia foi replicada e divulgada no mesmo dia por meios de comunicação, como um grande jornal eletrônico de circulação diária,[89] engendrando uma abrangente repercussão social e técnico-institucional sobre o caso. De imediato, a matéria do jornal foi muito compartilhada em diversos canais

[89] "Anvisa atesta segurança do consumo do pescado do Rio Doce, diz Renova", disponível em: https://www.agazeta.com.br/es/gv/anvisa-atesta-seguranca-do-consumo-do-pescado-do-rio-doce-diz-renova-0619. Acesso em: 22/12/2021.

das redes sociais, como grupos de WhatsApp e Facebook, com a participação dos atingidos, ampliando ainda mais a abrangência da circulação dessa informação. Já no que se refere aos desdobramentos técnico-institucionais, quatro dias depois do compartilhamento da informação pela Fundação Renova, as instituições dos Sistema de Justiça que atuam em defesa das pessoas atingidas pelo rompimento da barragem de Fundão, no caso os Ministérios Públicos e Defensorias Públicas, emitiram nota pública conjunta contestando a veracidade da informação divulgada no *site* da Fundação Renova e veiculada pela imprensa. Segundo as instituições dos sistemas de Justiça supracitados, a Nota Técnica 08/2019, apresentada pela Anvisa em 22 de maio de 2019, não atestava a segurança do consumo do pescado do rio Doce. Além disso, alegou-se que a informação, da forma como foi apresentada, abordava apenas de forma seletiva e pontual algumas conclusões da nota cabendo, portanto, alguns esclarecimentos à população afetada pelo desastre ambiental:

> Inicialmente, cabe esclarecer que o objetivo da Nota Técnica é estimar o risco à saúde humana, decorrente da ingestão de metais, por meio de consumo de pescados originários de regiões afetadas pelo rompimento da Barragem de Fundão/MG. Não obstante, sua validação ainda não seguiu todos os trâmites internos da Anvisa para produzir legalmente os seus efeitos.
> A Nota Técnica em questão está sob avaliação dos *experts* contratados pelo Ministério Público Federal, de modo a confirmar a referida informação e averiguar a base de dados e metodologia empregada para se chegar a qualquer conclusão. (MPF e DPU, Nota Pública, 7 de junho de 2019)

De toda forma, antes mesmo da avaliação dos *experts*, as instituições de Justiça já manifestaram o descompasso da suposta informação com o princípio da precaução e da saúde coletiva, atribuindo ao indivíduo a responsabilidade com uma hipotética futura contaminação, agravando, assim, a situação de insegurança alimentar e vulnerabilidade imposta aos atingidos pelo desastre no vale do rio Doce:

> Mesmo assim, o Ministério Público e a Defensoria Pública entendem que tal recomendação está em manifesto *descompasso com o princípio da precaução*, que impõe cautela redobrada para qualquer situação de incerteza científica e que envolva a saúde da população e seus reflexos nas futuras gerações e ao meio ambiente.
> Ademais, a sugestão de controle da ingestão de pescado *transfere o ônus da contaminação da Bacia do Rio Doce para as comunidades atingidas*, acarretando o agravamento da situação de insegurança alimentar, uma vez que não é crível que tais comunidades, pelo seu modo de vida, realize tal controle de modo efetivo. (MPF e DPU, Nota Pública, 7 de junho de 2019).

A nota pública das instituições de Justiça também tecia críticas à postura da Fundação Renova em divulgar informações "descontextualizadas da Anvisa", considerando que a mera "divulgação em sítios eletrônicos não cumpre a obrigação dos atores envolvidos com a divulgação de tão importante informação de forma clara e transparente". Alertava ainda para uma possível contribuição da Fundação Renova para o aumento da desinformação e ao incentivo à desconfiança acerca do processo de reparação e, por isso, adotariam as medidas cabíveis. Por fim, as instituições afirmam na nota que:

> As conclusões da Nota Técnica, na verdade, reforçam a existência de um quadro crônico de contaminação do pescado na Bacia do Rio Doce que, mesmo que demande mais estudos, atesta a imperiosa necessidade da continuidade de todos os programas socioeconômicos em andamento pela Fundação Renova, bem como a urgente expansão de seu fornecimento àquelas comunidades que ainda não foram contempladas. (MPF e DPU, Nota Pública, 7 de junho de 2019)

Na sequência as instituições de Justiça se reuniram com a Anvisa. A reunião também contou com a participação dos órgãos ambientais do Estado, AGERH, dos representantes do MAB e das assessorias técnicas contratadas pelo MPF. A reunião resultou na elaboração e divulgação de uma nova nota pública, assinada também pelos órgãos ambientais e Anvisa, considerando que a Nota Técnica n. 8/2019, emitida pela Anvisa, foi meramente informativa aos técnicos que ainda conduzem os estudos pertinentes. Sendo assim, não poderia, em hipótese alguma, ter sido usada para incentivar o retorno das atividades pesqueiras, o consumo de pescado ou a eventual interrupção dos programas socioeconômicos executados pela Fundação Renova.

Por se tratar de um desastre em curso, os conflitos decorrentes sobre o caso permanecem em constante movimento e essa dinamicidade do campo dificulta inclusive o processo de análise do material produzido e da escrita da etnografia. Destarte, na ocasião da escrita deste trabalho, os conflitos em torno da proibição da pesca permanecem. No que se refere à disputa judicial, de um lado, a empresa Samarco Mineração busca o fim dessa proibição, enquanto, do outro lado, o MPF, subsidiado pelos órgãos ambientais Ibama e ICMbio, bem como pelo corpo técnico de especialistas, que assessoram os operadores do direito em questão, não só discordam do fim da proibição, mas recomendam a ampliação da área de proibição da atividade pesqueira no ambiente marinho, especialmente na foz do rio Doce. Diante do imbróglio criado, naquele mesmo ano, a Samarco Mineração entrou com pedido de suspensão da proibição da pesca – aquele que tramita na 1ª Vara Federal de Linhares – alegando redução da contaminação da água do rio Doce e do litoral capixaba. O pedido resultou em uma audiência de conciliação no âmbito da ação civil pública proposta pelo MPF, em 2016, e que culminou na decisão liminar de 22 de fevereiro de 2016, conforme descrito no início da sessão.

Situação de campo: 26 de novembro de 2019.
1ª Vara Federal de Linhares

No dia anterior, 25 de novembro, fui sondada pelo meu companheiro, também integrante do MAB, sobre o interesse em participar da audiência para definir a liberação da pesca na área estuarina. Prontamente, demonstrei interesse. Naquele dia, procurei alguma informação sobre ela na internet; no entanto, minhas buscas não foram bem-sucedidas. No dia da audiência, cheguei à 1ª Vara Federal de Linhares sozinha. Logo na entrada foi preciso abrir a bolsa para averiguação (realizada por uma vigilante) e, em seguida, passar pelo detector de metais. Ainda na parte inferior do prédio, entreguei meu documento de identidade à recepcionista, que realizou meu cadastro. Comigo havia ainda cerca de cinco homens, todos vestindo ternos de cores escuras, exceto dois rapazes (mais tarde descobri que um era o tradutor de um pesquisador estrangeiro, que participou da audiência como depoente, levado pela BHP Billiton, e o outro era funcionário da Ramboll, *expert* do Ministério Público. Os outros três eram advogados das mineradoras).

Na fila era possível escutar a conversa dos advogados das mineradoras que chegaram depois de mim, comentando que aquela audiência estava mais cheia que as anteriores. Realizei o meu cadastro e recebi um crachá de visitante, na cor laranja. Em seguida, o vigilante informou que eu deveria me dirigir para a sala 101 e me explicou como chegar. Como o espaço da audiência estava supostamente com a lotação cheia, fomos direcionados, com exceção dos advogados, para uma outra sala de espera. Só adentrariam o espaço da audiência os depoentes, e na hora prevista para suas respectivas falas. Os advogados entraram. Questionei sobre a impossibilidade de assistir à audiência. Após algumas tentativas frustradas de adentrar a sala da audiência, um funcionário liberou a minha entrada e a do pesquisador da Ramboll, colocando um banco de três lugares no interior da sala. É interessante que, após a nossa entrada, foram colocados ainda, em momentos distintos, mais dois bancos, com três lugares em cada um, situação que fragiliza o argumento inicial de que a sala estava com a sua lotação máxima. Entrei na sala às 14h30min, cerca de uma hora e meia após o início estipulado para começar a audiência. Não havia pescadores e demais pessoas atingidas pelo derrame de rejeitos no vale do rio Doce, exceto um representante do MAB.

Entre os depoentes convidados pela Samarco Mineração, estava o médico e professor do Centro de Assistência Toxicológica do Hospital das Clínicas da Faculdade de Medicina da Universidade de São Paulo, Anthony Wong.[90] O professor foi convidado para fazer uma apresentação técnica a partir da leitura do Relatório de Consolidação de Estudos de Avaliação de Risco à Saúde Humana (ARSH), realizado pelas empresas Ambios e Tecnohidro a partir das pesquisas realizadas em áreas rurais dos municípios de Mariana e Barra Longa (MG) e no município de Linhares (ES). É importante destacar que Wong não fez nenhum estudo *in loco* sobre o comportamento do material derramado no rio Doce para apresentar na audiência. O que ele fez naquela ocasião foi apresentar e comentar

90 O médico faleceu em janeiro de 2021. Ele estava internado desde dezembro de 2020, em virtude de uma úlcera gástrica e uma hemorragia digestiva. O médico ficou conhecido nacionalmente, durante o ano de 2020, após manifestações públicas defendendo medicamentos como a hidroxicloroquina como tratamento para a Sars-Cov-2 e também por criticar o isolamento social como medida adotada para o combate da pandemia provocada pela covid-19.

algumas características das substâncias químicas apontadas no relatório em destaque, no caso: arsênio, cádmio, níquel, chumbo, mercúrio e ferro. Ao longo da sua apresentação, o médico projetou *slides* em inglês e explanou sobre as características de cada substância química citada, sobre as concentrações permitidas pelas legislações vigentes, os limites gerais para intoxicação humana e as diversas fontes de exposição que estão presentes no nosso cotidiano. Ressalto que, ao longo de toda a apresentação do professor, houve uma tentativa de naturalizar a existência desses metais no cotidiano, inclusive colocando em questionamento os potenciais riscos à saúde humana associados a eles. Como exemplo do relato, trago um trecho da explanação do professor quando ele falou sobre o elemento arsênio:

> [...] o que nós temos de ingestão diária de arsênio, em tudo que nós temos, água, leite, pão... aliás saiu um artigo de um autor mineiro em colaboração com autores americanos, sobre a ingestão de arsênio na dieta brasileira. E, justamente, a maior fonte de arsênio na dieta brasileira é no feijão, junto com o arroz. Então, de qualquer forma nós ingerimos 25 a 33 microgramas de arsênio por dia, através de água ou alimentos. Cronicamente nós estamos expostos... a água nossa aqui tem 01 a 039 de arsênio por líquido de água. E isso não leva a alterações de saúde. [...] Então, é importante lembrar que nós temos várias fontes de arsênio. É usado como medicamento, para tratar, por exemplo, leishmaniose. [...] Então, é importante lembrar que o arsênio orgânico é relativamente baixo em toxidade quando comparado às formas inorgânicas, seja equivalente, seja tetravalente. [...] então, o que nós temos no nosso corpo é justamente o arsênio quando faz estudos em animais sobre a presença de arsênio, é muito importante distinguir o que é a forma orgânica e inorgânica [...] (Anthony Wong, professor médico do Centro de Assistência Toxicológica do Hospital das Clínicas da Faculdade de Medicina da Universidade de São Paulo, 26 de novembro de 2019).

De maneira geral, a apresentação do médico foi longa e com bastante nomenclatura técnica. Todavia, os elementos químicos mencionados pelo professor foram abordados por ele de forma genérica, sem atentar para as especificidades do local, no caso a região da foz do rio Doce. O professor explicou que não havia feito pesquisa *in loco* e por isso não poderia falar da região diretamente. Ao término da sua explanação, o juiz da 1ª Vara Federal de Linhares agradeceu e colocou o especialista à disposição para responder às perguntas das partes presentes.

Na oportunidade, um dos advogados da Samarco foi o primeiro a perguntar. Caracterizou a apresentação como muito rica e muito técnica e pediu a opinião do especialista sobre a possibilidade de contaminação humana levando em consideração sua expertise em bioacumulação e as análises dos dados disponíveis nos relatórios produzidos pelos *experts* e disponibilizados pela Samarco. Em resposta, o especialista respondeu que não entendia os níveis de metais apresentados nos estudos técnicos como um impedimento para a atividade pesqueira na região, pois, na sua avaliação, ficar sem trabalhar seria um risco ainda maior de adquirir uma doença. Ademais, ressaltou que os níveis apresentados nos relatórios de pesquisa analisados por ele eram baixos quando comparados a outros lugares.

Na sequência, João Marcos, representando a Defensoria Pública do Estado do Espírito Santo (DP-ES), perguntou se o professor tinha tido a oportunidade de acompanhar algum estudo sobre as dinâmicas dos metais no organismo de pessoas afetadas pelo desastre. O especialista respondeu que não tivera a oportunidade. Em contrapartida, mencionou que tivera a oportunidade de acompanhar casos específicos em outros lugares: em Cubatão, no estado de São Paulo, e em Seveso, na Itália. Falando sobre a experiência particular de Seveso, ressaltou que o acidente em uma fábrica local liberou toxinas diversas no ambiente e por isso a população foi deslocada da região; no entanto, o gado se manteve no mesmo lugar. Segundo a análise do médico, enquanto os deslocamentos humanos geraram uma série de efeitos sociais, a exemplo de desagregações familiares, o gado que ficou na região não morreu nem foi contaminado. O especialista finalizou essa história resgatando a categoria "resiliência" no que se refere à natureza. Na oportunidade, ele ressaltou que "a resiliência da natureza é muito maior do que a nossa e isso deve ser levado em consideração na tomada de decisões sobre riscos".

Dando continuidade às explanações de especialistas, o juiz convidou o professor e pesquisador Adalto Bianchini para prestar depoimento. Adalto é professor titular do Instituto de Ciências Biológicas da Universidade Federal do Rio Grande (Furg) e integra a Rede Rio Doce Mar, que atende a uma cooperação técnica científica para o caso do rio Doce. De maneira geral, o professor salientou que os dados que seriam apresentados por ele na ocasião daquela audiência centralizavam-se no aspecto da avaliação das condições do pescado. Contudo ressaltou que a pesquisa desenvolvida pela Rede Rio Doce Mar é mais ampla e engloba outros aspectos da vida marinha. Antes de adentrar na apresentação dos dados da pesquisa, Adalto fez um preâmbulo questionando algumas falas e afirmações proferidas pelos especialistas anteriores. Entre as críticas, destaco que ele pontuou que seria um erro generalizar o comportamento das substâncias sem levar em consideração as especificidades da bacia do rio Doce, conforme a postura adotada pelo médico e professor Anthony Wong. Também problematizou as considerações feitas em relação à sobrevida dos metais. A pergunta que deveria ser feita, segundo Bianchini, era: "O que determinados metais podem provocar no ser humano durante o tempo em que eles permanecem no nosso organismo?". As considerações do professor causaram certo incômodo e constrangimentos visíveis nos outros especialistas e nas pessoas que estavam situadas do lado esquerdo da sala – que, basicamente, estavam representando os interesses das empresas mineradoras.

Em seguida, iniciou sua exposição trazendo dados sobre a pesquisa *in loco* realizada na região da foz do rio Doce. Durante a sua apresentação, também utilizou *slides* com mapas, gráficos e tabelas com os resultados da pesquisa. Na oportunidade, o professor explicou que "há quatro anos [vinha] fazendo o monitoramento ecotoxicológico de uma área de influência entre Abrolhos e Vitória" e que, nesse período, foram realizadas expedições caracterizadas por dois diferentes ciclos, a saber: ciclo ICMBio – antes do acordo técnico – e expedições caracterizadas por ciclo Renova – já no âmbito da Rede Rio Doce Mar. Também teve o cuidado de explicar que as análises apresentadas naquela exposição eram referentes aos dados coletados em duas estações: 1) estação seca – de setembro a outubro de 2018; e 2) estação chuvosa – de janeiro a fevereiro de 2019. Enquanto apresentava os aspectos metodológicos da pesquisa, o professor foi educadamente interrompido pelo juiz, que solicitou o foco da explanação no ambiente marinho, explicando que esse ambiente era o objetivo da ação que estava sendo discutida na audiência.

A partir de tabelas e gráficos, o professor apresentou dados e explanou sobre amostras não conformes de camarão e peixes no período chuvoso para cádmio, arsênio e alguns outros metais. Falou que mercúrio não era um problema encontrado. Sobre a saúde humana, disse que não tinha capacidade técnica para falar muita coisa, pois isso não estava no âmbito da sua especialização, mas que era necessário entender que todos esses metais encontrados nas amostras, com a liberação da pesca, entrariam em contato com o organismo humano e, por isso, havia necessidade de estudos para compreender o que isso poderia acarretar para a saúde das populações. Suas conclusões apontaram para a ampliação da área de proibição da pesca, tanto na direção norte quanto na direção sul, que estavam fora da jurisprudência do juiz em questão, como para o interior do oceano, falando em 40 metros de fundo.

A audiência judicial terminou sem a decisão imediata da Justiça. Ambas as partes ficaram responsáveis por enviar o material apresentado e debatido para o juízo a fim de que se pudesse tomar a decisão. Na decisão, a Justiça reforçou que a Nota Técnica n. 8/2019, emitida pela Anvisa, não garantia a segurança para a volta da pesca, se valendo, portanto, do princípio da precaução para negar a solicitação feita pela Samarco Mineração.

As situações de campo descritas evidenciam as estratégias corporativas de engajamento nos territórios (Benson; Kirsch, 2010), a fim de "produzir as incertezas" no contexto de gestão do desastre. Nas situações analisadas, tanto as empresas como a Fundação Renova trabalham no intuito de fabricar as incertezas em diversos espaços: no cotidiano dos atingidos, nas audiências públicas e nos espaços de disputa técnico-científica. Para isso, elas utilizam-se de táticas de negação das denúncias – que são feitas tanto por sujeitos atingidos como por especialistas da área – a partir da contratação de laudos alternativos ou mesmo do simples questionamento de pesquisas realizadas por instituições autônomas e qualificadas, mesmo não apresentando contralaudos que corroborem o seu entendimento sobre a suposta qualidade da água e do pescado, como vimos ao longo deste capítulo. Dessa forma, o dano da dúvida emerge como mais um problema imposto ao cotidiano – severamente alterado com a chegada e permanência da lama – daqueles sujeitos que vivem na foz sul do rio Doce.

CONSIDERAÇÕES FINAIS

Este livro tratou do "desastre sociotécnico" (Zhouri *et al.*, 2018) deflagrado com o rompimento de uma barragem de rejeitos da mineração de ferro. A barragem de minério rompida em Mariana (MG), em 5 de novembro de 2015, era de propriedade da empresa Samarco Mineração S.A., uma *joint-venture* entre a brasileira Vale S.A. e a anglo-australiana BHP Billiton. Foram 40 milhões de metros cúbicos de resíduos minerários que, carreados pelo rio Doce, percorreram 600 quilômetros até a sua foz, localizada no estado do Espírito Santo. A situação deflagrou uma crise (ainda em curso) em diversos municípios e povoados atingidos nos estados de Minas Gerais e do Espírito Santo. Por meio da etnografia, que enfatizou uma abordagem relacionada à variação de escala (Revel, 2007), procurou-se descrever e examinar os procedimentos administrativos adotados no contexto do desastre da Samarco (Vale e BHP Billiton) no rio Doce, protagonizados tanto por agentes corporativos quanto por agentes públicos, enfatizando as "tecnologias dedicadas à gestão da crise e suas afetações" (Zhouri *et al.*, 2018; Zucarelli, 2018) entre os moradores atingidos, em uma região litorânea do município de Linhares (ES), onde o rio Doce deságua no oceano Atlântico.

Entre o rompimento da barragem de Fundão e a chegada dos rejeitos até a foz do rio Doce transcorreram 16 dias. Com a notícia do rompimento da barragem, o cotidiano dos moradores na pacata vila de Regência foi drasticamente abalado. No dia 21 de novembro de 2015, a lama chegou à vila de Regência Augusta. Ao passar pela foz do rio Doce, ela se espalhou por todo o litoral capixaba, chegando ao extremo sul da Bahia e ao extremo norte do Rio de Janeiro. Desde então, a lama permanece no ambiente estuarino da foz do rio Doce, junto aos demais agenciamentos provocados por ela naquele território. A cada novo ciclo anual de chuvas, geralmente concentradas no período do verão, a coloração da água no ambiente fluvial e marinho é novamente alterada. A turbidez da água aumenta e retoma o tom alaranjado que marca a sua dolorosa presença em um cotidiano cronicamente devastado.

Tal situação foi compreendida neste trabalho como um *momento crítico* – termo associado à categoria analítica "eventos críticos" (Das, 1996, 2020) – na vida dos moradores na foz sul do rio Doce, engendrando mudanças abruptas no cotidiano dessa localidade, mesmo antes de os rejeitos atingirem suas imediações (Creado *et al.*, 2016; Leonardo *et al.*, 2017). Para Das (1996, 2020), esses "eventos" engendram inúmeras possibilidades de ordenamento do cotidiano. Sendo assim, o trabalho enfocou a descrição e o exame das transformações no cotidiano da vila de Regência e dos povoados adjacentes a partir das transformações e interações provocadas pela chegada da lama e agravadas pela gestão burocrática do desastre.

Ao longo do texto, buscou-se ressaltar que o tratamento institucional adotado no contexto de gestão do desastre, protagonizado por agentes públicos e corporativos, contribui com o agravamento do processo de sofrimento social (Das; Kleinman; Lock, 1996) observado no território. De um lado, a situação é identificada por meio das "estratégias corporativas de engajamento" (Benson; Kirsch, 2010) que foram mapeadas na vila de Regência e dos povoados adjacentes, e que incluem: 1) o controle da crítica; 2) o controle que se realiza sobre a definição das pessoas atingidas; e 3) a produção de incertezas, identificadas pela negação do dano e das denúncias a partir da contratação de laudos alternativos e da limitação das responsabilidades em relação aos danos produzidos. Essas estratégias são verificadas em momentos distintos do processo de reparação, mas se perpetuam enquanto modos de ação que provocam e agravam o sofrimento dos atingidos.

Conforme evidenciado ao longo do trabalho, as ações para gerenciar a crise em curso na foz sul do rio Doce são marcadas desde o início pelo "envolvimento estratégico" (Benson; Kirsch, 2010) da mineradora na região. O primeiro momento desse envolvimento estratégico compreende o intervalo de tempo entre novembro de 2015 e abril de 2016, após a assinatura do Termo de Compromisso Socioambiental Preliminar e seu aditivo (TCSA). Nesse período, funcionários da Samarco e de outras empresas contratadas pela mineradora deslocaram-se de forma permanente para a vila de Regência e passaram a atuar diretamente na região. Nessa primeira fase de atuação estratégica, as práticas e os dispositivos adotados pela corporação foram: 1) contratação da mão de obra local (no caso, os próprios pescadores artesanais) para executar as ações de mitigação em relação à chegada dos rejeitos à foz do rio Doce; 2) diálogo seletivo com a comunidade, a partir da priorização de lideranças já estabelecidas previamente no território; 3) realização de um cadastro dos moradores e a definição unilateral do "perfil de impactados" naquele território, excluindo determinados grupos de moradores dos direitos assistenciais garantidos previamente em acordo preliminar com as instituições de Justiça envolvidas no caso.

A presença desses trabalhadores *outsiders* na vila e os procedimentos administrativos adotados pela corporação nesse período colaboraram para a redução das críticas em relação aos efeitos do desastre naquela região, deflagraram conflitos internos e agravaram o "sofrimento social" (Das; Kleinman; Lock, 1996), imposto às pessoas atingidas na foz sul do rio Doce. Ademais, é preciso considerar ainda que, ao longo de todo o período em que a mineradora esteve atuando na vila, ela trabalhou no sentido de negar ou minimizar os efeitos do desastre por meio de campanhas publicitárias que constantemente afirmavam o caráter inerte do material despejado no rio Doce.

Em contrapartida, os agentes públicos também adotaram medidas que, durante a sua execução nos territórios, engendraram mais sofrimento social. Trata-se do uso das tecnologias com uma abordagem resolutiva centrada na consensualidade que foram priorizadas no contexto analisado. Entre as "tecnologias adotadas para o gerenciamento dessa crise" destacam-se neste trabalho os acordos extrajudiciais que produziram um desenho institucional de governança ao longo do vale do rio Doce. A partir de sua configuração, esses acordos são entendidos como dispositivos centrais, mobilizados pelas instituições de Justiça junto à empresa e suas acionistas para fornecer respostas e administrar a crise nos territórios. O expediente utilizado prioriza, portanto, uma abordagem resolutiva, centrada na consensualidade, ou seja, na "ideologia da harmonia" (Nader, 1994). Em linhas gerais, parte-se do pressuposto de que, por meio da cooperação, os dois lados da disputa teriam vantagens significativas. Assim, as vítimas e as empresas rés no processo são transformadas em "partes interessadas". Todavia, o que se observa é uma assimetria enorme de poder entre as partes. O acionamento desses dispositivos justifica-se pela necessidade de tornar mais célere a tramitação do processo de responsabilização dos agentes corporativos envolvidos, bem como promover a devida reparação às pessoas atingidas. Apesar dos elogios ao método consensual, na prática, a operacionalização dessas tecnologias de resolução de conflitos nos territórios não pode ser descrita exatamente como bem-sucedida, ao menos não da perspectiva dos interlocutores deste trabalho.

No transcorrer do tempo, acordos foram celebrados e dinâmicas foram impostas ao processo de gestão do desastre, criando inclusive um sistema próprio de governança e uma fundação de direito privado para gerenciar a crise em curso, a Fundação Renova. Esta foi criada no âmbito do Termo de Transação e Ajustamento de Conduta (TTAC), acordo que foi severamente questionado, pelas instituições de Justiça, pela sociedade civil e por pessoas atingidas, e anulado ao longo do processo. No seu lugar, iniciaram-se as tratativas para a negociação de um novo acordo para a resolução das demandas cíveis que envolvem o processo mediante a pactuação de um acordo final envolvendo as instituições de Justiça - via Força-Tarefa Rio Doce - e as empresas responsáveis pelo desastre. O processo que culminou com as assinaturas do TAP, Aditivo ao TAP e Tac-Gov, não foram harmônicas na sua elaboração e nem céleres para a resolução do conflito. Para piorar, o que conseguiu ser acordado nos instrumentos jurídicos não foi sequer cumprido pelas empresas nos territórios, como a ausência da contratação das assessorias técnicas independentes para auxiliar a participação qualificada dos atingidos de todo esse processo.

Sendo assim, e por meio de uma etnografia que enfatizou uma abordagem relacionada à variação de escala (Revel, 2007), identifiquei ao longo da pesquisa um grande descompasso entre as propostas elencadas no âmbito da negociação entre as instituições de Justiça e as empresas, e a operacionalização dessas práticas no território. Enquanto se discutia um novo acordo para o rio Doce que incluísse de fato a participação das pessoas atingidas no processo de reparação, o que se observava na região da foz sul do rio Doce era cada vez mais inserção e enraizamento da Fundação Renova enquanto ente responsável pelo controle do processo de reparação. Ou seja, o terceiro ente, criado no âmbito do TTAC, não foi excluído com a anulação do primeiro acordo.

Ao longo do texto, foi evidenciado que a Fundação Renova se caracteriza, portanto, como um agente que controla o processo de reparação, substituindo a mineradora na atuação com as populações atingidas. De imediato, a sua inserção no território é vista pelos moradores na vila de Regência e povoados adjacentes como uma continuidade da Samarco Mineração. Além de os dispositivos adotados pela Fundação Renova se assemelharem àquele conjunto de estratégias operacionalizadas pela mineradora na vila, alguns funcionários da mineradora que atuavam no território também se mantiveram em função na fundação privada. A Fundação Renova torna-se, portanto, responsável por executar as medidas de reparação e compensação e será responsável pelo agravamento do sofrimento social das vítimas (Das; Kleinman; Lock, 1996) no território da foz sul do rio Doce.

Dentre as diversas atuações da Fundação Renova que são questionáveis no território, priorizei duas dinâmicas que contribuem para o agravamento do sofrimento social dos interlocutores na vila de Regência e nos povoados adjacentes: 1) o cadastro dos atingidos e a definição unilateral de elegibilidade; e 2) a produção das incertezas. Na primeira situação, destaca-se o controle da Fundação Renova no processo de identificação e mensuração dos danos sofridos pelas vítimas. Ela é responsável pela definição dos atingidos elegíveis e não elegíveis às políticas de compensação, reparação e indenização previstas. As críticas são diversas em relação aos critérios, que não são públicos, utilizados para a definição da "elegibilidade dos impactados". Os interlocutores falam em "privilégios para alguns e outros não". Nessa posição de controle, por vezes ela é apontada pelos interlocutores como um agente provocador de inimizades e conflitos internos na comunidade, contribuindo com a desestruturação política, econômica e cultural nos territórios.

Outra prática protagonizada pela Fundação Renova que agrava o sofrimento social dos atingidos na foz sul do rio Doce é a produção das incertezas em relação à situação da água na região. Ao longo da tese, evidenciei alguns caminhos percorridos pela empresa e, na sequência, pela Fundação Renova, no intuito de negar ou minimizar os danos causados na vila de Regência e no litoral capixaba. Nesse sentido, as estratégias corporativas observadas foram a negação das denúncias a partir da contratação de laudos alternativos, ou mesmo forjando interpretações que não condizem com as análises apresentadas em laudos de terceiros, campanhas publicitárias para divulgar potabilidade da água, bem como a promoção de compensações e reparações pontuais e subdimensionadas com o patrocínio de festas e campeonatos de surfe na tentativa de mostrar uma "volta à normalidade" na região. Diante do exposto, o *dano da dúvida* emerge como mais um problema imposto ao cotidiano – severamente alterado com a chegada e permanência da lama – daqueles sujeitos que vivem na foz sul do rio Doce.

Dessa forma, com a chegada da "lama da Samarco" e o transcorrer do tempo, os múltiplos efeitos do desastre não cessaram; ao contrário, tiveram seus efeitos ampliados na vida dos interlocutores residentes na foz do rio Doce, que passaram a conviver com a presença física da lama e com os procedimentos administrativos adotados no contexto de gestão do desastre. Com efeito, em virtude da permanência da lama, a crise passa a ser experimentada no cotidiano daquela comunidade como um sentimento de descontrole e perda da ordem social, da estabilidade econômica e da segurança hídrica e alimentar outrora vivenciadas. Em face da precarização das condições de vida vivenciadas na foz sul do rio Doce, em especial dadas as suas condições de vulnerabilidade e risco, identifica-se um processo de deslocamento compulsório, classificado como deslocamento *in situ* (Feldman *et al.*, 2003).

A vivência desse desastre rememora, portanto, um passado marcado por outra espécie de "violência lenta" (Nixon, 2011) manifestada na região, quando as ações de cunho desenvolvimentista e conservacionistas aparecem nos relatos dos interlocutores. Os relatos colhidos ao longo da pesquisa acabam tendo um tom, obviamente, de denúncia acerca da situação vivenciada naquela região. A expressão "imprensados no tempo da crise", escolhida para dar título a este trabalho, é resgatada desse passado, rememorado no contexto de gestão do desastre. A situação evidencia, portanto, a experiência da "crise como contexto" (Vigh, 2008) no cotidiano dos moradores situados na foz sul do rio Doce.

REFERÊNCIAS

ACSELRAD, Henri. *Conflitos ambientais no Brasil.* Rio de Janeiro: Relume Dumará; Fundação Heinrich Boll, 2004.

ACSELRAD, Henri. Mediação e negociação de conflitos ambientais. *In:* VIÉGAS, Rodrigo; PINTO, Raquel; GARSON, Luiz. *Negociação e acordo ambiental:* o Termo de Ajustamento de Conduta (TAC) como forma de tratamento dos conflitos ambientais. Rio de Janeiro: Fundação Heinrich Böll; Fase e Ettern; Ippur., 2014.

ACSELRAD, H.; BEZERRA, G. Inserção econômica internacional e "resolução negociada" de conflitos ambientais na América Latina. *In:* ZHOURI, A.; LASCHEFSKI, K. (Org.) *Desenvolvimento e conflitos ambientais.* Belo Horizonte: Editora UFMG, 2010.

ALMEIDA, Alfredo Wagner B. Terras tradicionalmente ocupadas: processos de territorialização, movimentos sociais e uso comum. *Revista Brasileira de Estudos Urbanos e Regionais*, v. 6, n. 1, p. 9-32, maio 2004.

ALMEIDA, Mauro W. B. de. Caipora e outros conflitos ontológicos. *Revista de Antropologia da UFSCar*, v. 5, n. 1, jan.-jun., p. 7-28, 2013.

ANAYA. Felisa. *De "Encurralados pelos parques" a "vazanteiros em movimento":* as reivindicações territoriais das comunidades vazanteiras de Pau Preto, Pau de Légua e Quilombo da Lapinha no campo ambiental. 2012. Tese (doutorado). Universidade Federal de Minas Gerais, Faculdade de Filosofia e Ciências Humanas.

ANAYA, Felisa. "Vazanteiros em movimento": o processo de ambientalização de suas lutas territoriais no contexto das políticas de modernização ecológica. *Ciência Saúde Coletiva 19* (10), Out. 2014. Disponível em: www.scielo.br/j/csc/a/StVYfWNSWMMjxqbTXfBKQKG/. Acesso em 23 jan. 2022.

ARAUJO, Alexander Fonseca de. *Movimento de Atingidos por Barragens (MAB) no Espírito Santo:* emergência e interações de redes sociais no contexto do Desastre no Rio Doce. (Anais) IV Seminário de Ciências Sociais - PGCS UFES. 05 a 08 de novembro de 2019, Ufes, Vitória/ES.

BARRETO FILHO, Henyo. Preenchendo o buraco da rosquinha: uma análise antropológica das unidades de conservação de proteção integral na Amazônia brasileira. *Boletim Rede Amazônia.* Rio de Janeiro, ano 2, n. 1. p. 117-123, 2002.

BARRETO FILHO, Henyo. Notas para uma história social das áreas de proteção integral no Brasil. *In: Terras Indígenas & Unidades de Conservação da Natureza:* o desafio das sobreposições. São Paulo: Instituto Socioambiental, 2004. Disponível em: www.iieb.org.br/arquivos/artigo_henyo.pdf. Acesso em: dez. 2006

BARRIOS, Roberto. What does catastrophe reveal for whom? The Anthropology of crisis and disasters at the onset of the Anthropocene. *Annual Review of Anthropology,* 2017, 46, p. 151-166.

BEBBINGTON, Anthony *et al.* Movimientos sociales, lazos transnacionales y desarrollo territorial rural en zonas de influencia minera: Cajamarca-Perú y Cotacachi-Ecuador. *In:* BEBBINGTON, A. (Ed.) *Minería, movimientos sociales y respuestas campesinas:* una ecología política de transformaciones territoriales. Lima: IEP; Cepes, p. 163-230, 2007a.

BEBBINGTON, Anthony. Elementos para una ecología política de los movimientos sociales y el desarrollo territorial en zonas mineras. *In:* BEBBINGTON, A. (ed.) *Minería, movimientos sociales y respuestas campesinas:* una ecología política de transformaciones territoriales. Lima: IEP; Cepes, p. 23-46, 2007b.

BENSON, Peter; KIRSCH, Stuart. Capitalism and Politics of Resignation. *Current Anthropology,* v. 51(4), p. 459-486, 2010.

BEZERRA, Gustavo. Análise crítica dos discursos e práticas da "Resolução Negociada" de conflitos ambientais na América Latina. *Anais do 12º Encontro da Associação Nacional de Pós-Graduação e Pesquisa em Planejamento Urbano e Regional.* Belém: UFPA, 2007.

BICALHO, Charlene. S. *Além da superfície:* impactos do desenvolvimento na pesca artesanal de Regência Augusta/ES. 2012. 109 f. Dissertação. Programa de Pós-graduação em Administração, Universidade Federal do Espírito Santo - PPGAdm/UFES, Espírito Santo, 2012.

BICALHO, Charlene. S.; TRIGUEIRO, Aline; KNOX, Winifred; BEHR, Ricardo. Movimento das águas caboclas: Narrativa visual, cotidiano e ruptura na comunidade pesqueira de Regência Augusta/ES. *Cadecs.* v. 2; n. 1; 2014.

BIS DOS SANTOS, Leonardo. *De ação de governo à política de Estado:* o caso das áreas protegidas no estado do Espírito Santo, entre 1940 e 2000. Jundiaí: Paco Editorial, 2017.

BITTENCOURT, G. *A formação econômica do Espírito Santo:* o roteiro da industrialização, do engenho às grandes indústrias. Rio de Janeiro: Cátedra, 1987.

BOURDIEU, Pierre. *O poder simbólico.* Tradução: Fernando Tomaz. 15 ed. Rio de Janeiro: Bertrand Brasil, 2011.

BOURDIEU, Pierre. *Razões práticas:* sobre a teoria da ação. Tradução: Maria Correa., 11 ed. Campinas: Papirus, 2011.

BRONZ, Deborah. *Empreendimentos e empreendedores:* formas de gestão, classificações e conflitos a partir do licenciamento ambiental. Brasil, século XXI, 2011. 509 f. Tese 166. Conflitos ambientais, corporações e as políticas do risco (doutorado em Antropologia Social) - Programa de Pós-Graduação em Antropologia Social, Museu Nacional, Universidade Federal do Rio de Janeiro - PPGAS/MN/UFRJ, Rio de Janeiro, 2011

BRONZ, Deborah. *Nos bastidores do licenciamento ambiental:* uma etnografia das práticas empresariais em grandes empreendimentos. Rio de Janeiro: Contra Capa, 2016.

CASTRO, E. (Org.) *Mineração na América do Sul:* neoextrativismo e lutas territoriais. São Paulo: Annablume, 2016b.

COELHO, A. L. N. Bacia Hidrográfica do rio Doce (MG/ES): Uma análise socioambiental integrada. *Geografares*, n. 7, 2009.

CREADO, E; LEONARDO, F; TRIGUEIRO, A; ZANETTI, D. Modos de olhar, contar e viver: a chegada da "lama da Samarco" na foz do rio Doce, em Regência Augusta (ES), como um evento crítico. *In:* MILANEZ; LOSEKANN (org). *Desastre no Vale do Rio Doce: antecedentes, impactos e ações sobre a destruição.* Rio de Janeiro: Folio digital/Letra e Imagem, 2016.

CREADO, E; SILVA, B; TRIGUEIRO, A; LEONARDO, F. Práticas de ser, conhecer, pensar e escrever: incertezas e disputas sobre as condições das águas na foz do rio Doce no pós-rompimento da barragem de rejeitos de mineração da Samarco. *Anais da VI Reunião de Antropologia da Ciência e Tecnologia.* 2017.

CREADO, Eliana; TRIGUEIRO, Aline; TORRES, Clara Crizio de Araujo (Org.). *Vidas de rio e de mar:* pesca, desenvolvimento e ambientalismo. Vitória: ProeEx, 2018.

DAS, Veena; KLEINMAN, Arthur; LOCK, Margaret. Introduction. *Daedalus, Special Issue on Social Suffering,* v. 125, n. 1, p. XI-XX, 1996.

DAS, Veena. *Critical Events:* An Anthropological Perspective on Contemporary India. Delhi: Oxford University Press, 1995.

DAS, Veena. O ato de testemunhar: violência, gênero e subjetividade. *Cad. Pagu* [*online*]. 2011, n. 37 [cited 2017-08-22], p. 9-41. Disponível em: www.scielo.br/scielo.php?script=sci_arttext&pid=S0104. Acesso em: 31 jan. 2025.

DAS, Veena. *Vida e palavras:* a violência e sua descida ao ordinário. São Paulo: Editora Unifesp, 2020.

DIAS, Thais H. Análise da pré-execução do Programa de Indenização Mediada e a tutela adequada dos direitos coletivos *lato sensu*. *Anais do II Congresso de Processo Civil Internacional*, Vitória, 2017.

DIEGUES, Antônio Carlos. *O mito moderno da natureza intocada*. São Paulo: Annablume; Hucitec, 2002.

DORNELAS, R. *et al.* Ações Civis Públicas e Termo de Ajustamento de Conduta no caso do desastre ambiental da Samarco: Considerações a partir do observatório de ações judiciais. *In*: MILANEZ, B.; LOSEKANN, C. (org.). *Desastre no vale do Rio Doce:* Antecedentes, impactos e ações sobre a destruição. Rio de Janeiro: Folio Digital; Letra e Imagem, 2016.

ESTERCI, Neide; FERNANDEZ, Annelise. O legado conservacionista em questão. *Revista Pós-Ciências Sociais*. v. 6, n. 12, 2009.

FELDMAN-BIANCO, Bela (Org.) *Antropologia das sociedades contemporâneas*. São Paulo: Editora Unesp, 2010.

FAVRET-SAAD, Jeanne. Ser Afetado (tradução de Paula de Siqueira Lopes). *Cadernos de Campo*, n. 13, p. 155-161, 2005.

FELDMAN, Shelley; GEISLER, Charles; SILBERLING, Louise. Moving targets: displacement, impoverishment, and development. *International Social Science Journal*, 55, p. 7-13, 2003.

FERREIRA, Simone Raquel Batista. Marcas da colonialidade do poder no conflito entre a mineradora Samarco, os povos originários e comunidades tradicionais do Rio Doce. *In:* MILANEZ, B.; LOSEKANN, C. (org.) *Desastre no vale do Rio Doce:* Antecedentes, impactos e ações sobre a destruição. Rio de Janeiro: Folio Digital; Letra e Imagem, 2016.

FERREIRA, Simone Raquel Batista. Planície costeira do rio Doce, seus povos e comunidades tradicionais: modo de vida, identidade, territorialidade e resistência. *In:* TEIXEIRA e TEIXEIRA (org.) *Uma paisagem, um ambiente, um lugar, um território cultural:* A planície costeira do rio Doce na perspectiva da educação ambiental. 1 ed. São Mateus/Espírito Santo: Marcos Teixeira, 2020.

FONTINELLI, Davi. *Santa Tartaruga! Invenções e mudanças ontológicas no litoral norte do Espírito Santo*. 2016. 202 f. Dissertação (Mestrado em Ciências Sociais), Universidade Federal do Espírito Santo – Ufes – Programa de Pós-graduação em Ciências Sociais, Vitória, ES, 2016.

FRANCO, J. L. A.; DRUMMOND, J. A. História das preocupações com o mundo natural no Brasil: da proteção à natureza à conservação da biodiversidade. *In*: FRANCO, J. L. A.; DUTRA e SILVA, S.; DRUMMOND, J. A.; TAVARES, G. G. (orgs.) *História Ambiental:* fronteiras, recursos naturais e conservação da natureza. Rio de Janeiro: Garamond, 2012.

GIFFONI, Raquel Pinto. *Conflitos ambientais, corporações e as políticas do risco*. Rio de Janeiro: Garamond, 2019.

GUDYNAS, Eduardo. Diez tesis urgentes sobre el nuevo extractivismo. Contextos y demandas bajo el progresismo sudamericano actual. *In:* Caap – Centro Andino de Acción Popular; Claes – Centro Latinoamericano de Ecología Social (Org.). *Extractivismo, política y sociedad.* Quito: Caap; Claes, 2009.

GUDYNAS, Eduardo. Estado compensador y nuevos extractivismos. Las ambivalencias del progresismo sudamerican. *Nueva Sociedad*, n. 237, enero-febrero de 2012.

GUDYNAS, Eduardo. Extrativismos en America del Sur: conceptos y sus efectos derrame. *In:* ZHOURI, A.; BOLADOS, P.; CASTRO, E. (Org.) *Mineração na América do Sul:* neoextrativismo e lutas territoriais. São Paulo: Annablume, 2016.

GLUCKMAN, Max. Análise de uma situação social na Zululândia moderna. *In:* FELDMAN-BIANCO, Bela (org.) *Antropologia das sociedades contemporâneas.* São Paulo: Editora Unesp, 2010.

HERCULANO. Sirlene. Do desenvolvimento (in)suportável à sociedade feliz. *In:* GOLDEMBERG, Mirian (org.) *Ecologia, Ciência e Política.* Rio de Janeiro: Revan, 1992.

JUSTIÇA GLOBAL. *Vale de Lama:* Relatório de inspeção em Mariana após o rompimento da barragem de rejeitos do Fundão. Disponível em: www.global.org.br/wp/wp-content/uploads/2023/11/Vale-de-Lama-Justi-a-Global-1.pdf. Acesso em: 15 nov. 2016.

KIRSCH, Stuart. *Mining capitalism:* the relationship between corporations and their critics. Oakland: University of California Press, 2014.

KIRSCH, Stuart. Lost Worlds: Environmental Disaster, "Culture Loss," and the Law. *Current Anthropology*, v. 42, n. 2 (April 2001), p. 167-198.

KNOX, Winifred; TRIGUEIRO, Aline. A pesca artesanal no litoral do Espírito Santo. *In:* KNOX, W; TRIGUEIRO, A. (org.) *Saberes, narrativas e conflitos na pesca artesanal.* Vitória: Edufes, 2015.

LEFF, Enrique. *Ecologia, capital e cultura:* A territorialização da racionalidade ambiental. Petrópolis: Vozes, 2009.

LEONARDO, Flávia. A. M. *Entre o desenvolvimento econômico e a preservação ambiental:* o caso da pesca artesanal e a configuração de um cenário de injustiça ambiental em Regência Augusta/ES. Dissertação (mestrado), Ufes, 2014.

LEONARDO, F.; IZOTON, J.; VALIM, H.; CREADO, E.; TRIGUEIRO, A.; SILVA, B.; DUARTE, L.; SANTANA, N. *Rompimento da barragem de Fundão (Samarco/Vale/BHP Billiton) e os efeitos do desastre na foz do Rio Doce, distritos de Regência e Povoação, Linhares (ES).* Relatório de pesquisa. Geppedes. 2017.

LEONARDO, Flávia. A. M; IZOTON, João Paulo, L. "Nós não estamos lidando com lambaris, estamos lidando com tubarões": Sobre os efeitos e os desdobramentos institucionais do desastre da mineração na foz do rio Doce. *In:* CREADO, Eliana; TRIGUEIRO, Aline; TORRES, Clara Crizio de Araujo (Org.). *Vidas de rio e de mar:* pesca, desenvolvimento e ambientalismo. Vitória: ProeEx, 2018.

LI, Tania Murray. *The Will to Improve:* Governmentality, Development and the Practice of Politics. Durham: Duke University Press, 2007.

LIMA, Maryellen Milena. "Aqui não é o nosso lugar": Efeitos socioambientais, a vida provisória e o processo de (re)construção de Paracatu de Baixo, Mariana/MG. Monografia, UFMG. 2018.

LOPES, Raphaela de Araujo Lima. Caso do desastre socioambiental da Samarco: os desafios para a responsabilização de empresas por violações de direitos humanos. *In:* MILANEZ; LOSEKANN, C. (Org.). *Desastre no Vale do Rio Doce: antecedentes, impactos e ações sobre a destruição.* Rio de Janeiro: Folio Digital; Letra e Imagem, 2016.

LOSEKKAN, Cristiana. Não foi acidente! O lugar das emoções na mobilização dos afetados pela ruptura da barragem de rejeitos da mineradora Samarco no Brasil. *In:* ZHOURI, Andréa (Org.). *Mineração, violências e resistências:* um campo aberto à produção de conhecimento no Brasil. Marabá: Iguana; ABA, 2018.

LOSEKANN, Cristiana; VELVOET, R. O neoextrativismo visto através dos megaempreendimentos de infraestrutura: as zonas de sacrifícios no Espírito Santo. *In:* ZHOURI, A.; BOLADOS, P.; CASTRO, E. (Org.). *Mineração na América do Sul:* neoextrativismo e lutas territoriais. São Paulo: Annablume, 2016.

MANSUR, *et al.* Antes fosse mais leve a carga: introdução aos argumentos e recomendações referentes ao desastre da Samarco/Vale/BHP Billiton. *In:* ZONTA, M.; TROCATE, C. (Org.). *Antes fosse mais leve a carga: reflexões sobre o desastre da Samarco/*Vale/BHP Billiton. Marabá: Iguana, 2016.

MARINATO, Francieli Aparecida. *Índios imperiais:* os botocudos, os militares e a colonização do Rio Doce (Espírito Santo, 1824-1845). Dissertação (Mestrado) em História. Programa de Pós-Graduação em História Social da Ufes. Vitória, 2007.

MARSHALl, Judth. Rompimentos de barragens de rejeitos no Brasil e no Canadá: uma análise do comportamento corporativo. *Caderno Eletrônico de Ciências Sociais.* Vitória, v. 5, n. 1, p. 27-46, 2017.

MARTINEZ-ALIER, J. *Ecologismo dos pobres:* conflitos ambientais e linguagens de valoração. São Paulo: Contexto, 2007.

MATTEI, Ugo; NADER, Laura. *Pilhagem:* quando o Estado de Direito é ilegal. São Paulo: WMF Martins Fontes, 2013.

McCORMICK. *Rumo ao paraíso:* a história do movimento ambientalista. Rio de Janeiro: Relume Dumará, 1992.

MEDEIROS, C. *et al.* Mitos no desengajamento moral: retóricas da Samarco em um crime corporativo. *RAC*, Rio de Janeiro, v. 22, n. 1, art. 4, pp. 70-91, janeiro/fevereiro, 2018.

MELENDI, L; LOPO, R. Fundação Renova como forma corporativa: Estratégias empresariais e arranjos institucionais no desastre da Samarco/Vale/ BHP Billiton no Rio Doce, Mariana (MG). *Ambientes*. v. 3, n. 2, 2021, p. 206-250.

MILANEZ, B; SANTOS, R. S. P. Neoextrativismo no Brasil? Uma análise da proposta do novo marco legal da mineração. *Revista Pós Ciências Sociais*, 2013, 19, p. 119-148.

MILANEZ, B.; LOSEKANN, C.; CARNEIRO, K. ROLAND, M. Bacia do rio Doce: três anos de desastre. *Le Monde: Diplomatique* – Brasil, edição 137, 30 de novembro de 2018. Disponível em: https://diplomatique.org.br/tres-anos-de-desastre/. Acesso em: 12/09/2021.

NADER, Laura. Harmonia Coerciva: A economia política dos modelos jurídicos. *Revista Brasileira de Ciências Sociais*. v. 9, n. 26, São Paulo, out. 1994.

NIXON, Rob. *Slow Violence and the Environmentalism of the Poor*. Harvard University Press, 2011.

OLIVEIRA, Raquel Santos Teixeira. A Crise como contexto no médio Jequitinhonha. Sobre perícia e política. *Rede de Estudos Rurais:* Contextos Rurais e Agenda Ambiental no Brasil: práticas, políticas, conflitos, interpretações. Dossiê 3. 2012.

OLIVEIRA, Raquel, Santos Teixeira. A lama e suas marcas: neoextrativismo e seus efeitos em um contexto de desastre. *Perfiles Económicos*, n. 5, Julio, 2018, p. 77-103.

OLIVEIRA, Raquel, Santos Teixeira; ZUCARELLI, Marcos Cristiano. A gestão dos conflitos e seus efeitos políticos: Apontamentos de pesquisa sobre mineração no Espinhaço, Minas Gerais. *Revista Antropolítica*, n. 49, Niterói, p. 42-71, 2 quadri, 2020.

OLIVER-SMITH, Anthony. What Is a Disaster? Anthropological Perspectives on a Persistent Question. *In:* OLIVER-SMITH, A.; HOFFMAN, S. (Ed.) *The Angry Earth*. Disaster in Anthropological Perspective. Routledge, 1999.

OLIVER-SMITH, Anthony; HOFFMAN, Susanna. Introduction – Why Anthropologists should study disasters? *In:* HOFFMAN, S. & OLIVER-SMITH, A. (Ed.). *Catastrophe and Culture:* the Anthropology of disaster. Santa Fé: School of American Research Press, 2002.

PORTUGUEZ, Anderson Pereira. Comunidades de pescadores tradicionais e os vetores do desenvolvimento na planície costeira do rio Doce (ES) entre 1989-2015. *Brazilian Geographical Journal:* Geosciences and Humanities research medium, Ituiutaba, v. 10, n. 1, p. 77-93, jan./jun. 2019, p. 77.

QUIJANO, Aníbal. Colonialidade do poder, eurocentrismo e América Latina. *In:* LANDER, E. (org.) *A colonialidade do saber:* eurocentrismo e ciências sociais. Buenos Aires: Clacso, 2005, p. 227-277.

QUIJANO, Aníbal. Colonialidad del Poder y Clasificación Social. *Journal of World-Systems Research*, v. 2, p. 342.386, Summer/Fall 2000.

RANCIÉRE, Jaques. *O desentendimento:* política e filosofia. Tradução de Ângela Leite Lopes. 2. ed. São Paulo: Editora 34, 2018.

REIS, Regina Lúcia Paiva Rabello. *Caboclo Bernardo:* história e cultura na barra do rio Doce. Linhares: Unilinhares, 2003.

REVEL, Jacques. Micro-história, macro-história: o que as variações de escala ajudam a pensar em um mundo globalizado. *Revista Brasileira de Educação*, v. 15, n. 45, 2010, p. 434-444.

ROCHA, Haroldo; COSSETTI, Maria da Penha. *Dinâmica cafeeira e constituição da indústria no Espírito Santo – 1850/1930.* Vitória: Ufes/NEP/Coplan/IJSN/Geres, 1983.

ROCHA, Haroldo Correa; MORANDI, Ângela Maria. *Cafeicultura e grande indústria: a transição no Espírito Santo 1955-1985.* Vitória: Fundação Ceciliano Abel de Almeida, 1991.

ROLAND, M. C.; FARIA JÚNIOR, L. C. S.; MANSOLDO, F.; SENRA, L. M.; FERREIRA, L. Negociação em contextos de violações de Direitos Humanos por empresas: uma breve análise dos mecanismos de solução negociada à luz do caso do rompimento da barragem de Fundão. *In:* POEMAS (org.) *Rompimento da Barragem de Fundão Dossiê TAC Governança.* n. 1, v. 2, 2018.

SALDANHA, Miguel. *Do sistema tripolar GTP – geossistema, território e paisagem à geografia transversal e de travessias:* uma abordagem geográfica do distrito de Regência Augusta – Linhares (ES). Dissertação (Mestrado) em Geografia. Programa de Pós-Graduação em Geografia da Universidade Federal do Espírito Santo (Ufes). Vitória, 2018.

SANTOS, Rodrigo S. P.; WANDERLEY, Luiz Jardim. Dependência de barragem, alternativas tecnológicas e a inação do Estado: repercussões sobre o monitoramento de barragens e o licenciamento do Fundão. *In:* ZONTA, M.; TROCATE, C. (orgs.) *Antes fosse mais leve a carga:* reflexões sobre o desastre da Samarco/Vale/BHP Billiton. Marabá: Editorial Iguana, 2016.

SANTOS; MILANEZ. A construção do desastre e a privatização da regulação mineral: reflexões a partir do caso Vale do Rio doce. *In:* ZHOURI, Andréa (org.) *Mineração, violências e resistências:* um campo aberto à produção de conhecimento no Brasil. 1 ed. Marabá: Iguana/ABA, 2018, p. 28-64.

SANTOS, Ana Flávia; FERREIRA, Luciana; PENNA, Vinícius. Impactos supostos, violências reais: a construção da legalidade na implantação do Projeto Minas-Rio. *In:* ZHOURI, Andréa (org.) *Mineração, violências e resistências:* um campo aberto à produção de conhecimento no Brasil. 1 ed. Marabá: Iguana/ABA, 2018, p. 181-226.

SCOTT, J. C.; MENEZES, M. A. de; GUERRA, L. Formas cotidianas da resistência camponesa. *Raízes: Revista de Ciências Sociais e Econômicas, 21*(1), 10-31, 2000. https://doi.org/10.37370/raizes.2002.v21.175.

SCOTT, Parry. *Negociações e resistências persistentes:* agricultores e a barragem de Itaparica num contexto de descaso planejado. Recife: Ed. Universitária da UFPE, 2009. 290 p.

SCOTT, Parry. Descaso planejado: uma interpretação de projetos de barragem a partir da experiência da UHE Itaparica no rio São Francisco. *In:* ZHOURI, Andréa (org.) *Desenvolvimento, reconhecimento de direitos e conflitos territoriais.* Brasília: ABA, 2013.

SERRA, Cristina. *Tragédia em Mariana:* a história do maior desastre ambiental do Brasil. Rio de Janeiro: Record, 2018.

SILVA, Telma Camargo da. "As fronteiras das lembranças: memória corporificada, construção de identidades e purificação simbólica no caso de desastre radioativo". *Vivência*, n. 28, 2005, p. 57-73.

SILVA, Telma Camargo da. Eventos críticos: sobreviventes, narrativas, testemunhos e silêncios. *Anais da 27ª Reunião Brasileira de Antropologia*, realizada entre os dias 1 e 4 de agosto, Belém, Pará, Brasil, 2010.

SILVA, Telma Camargo da. Silêncios da dor: Enfoque Geracional e Agência no Caso do Desastre Radioativo de Goiânia, Brasil. *Iberoamericana* – Nordic Journal of Latin American and Caribbean Studies, 46(1), 2017, p. 17-29.

SILVA, B.; TORRES, C. A alimentação enquanto relação visceral com o pescado na vila de Regência e algumas pontuações sobre os seus desvios pós-lama da Samarco. *In:* CREADO, Eliana; TRIGUEIRO, Aline; TORRES, Clara Crizio de Araujo (Org.). *Vidas de rio e de mar:* pesca, desenvolvimento e ambientalismo. Vitória: ProeEx, 2018.

SILVA, Bianca de Jesus. *"A lama que rolou de cima":* alguns desdobramentos sociopolíticos e sociotécnicos sobre as águas do rio Doce e do Oceano Atlântico na região da Foz, após o rompimento da barragem de Fundão-MG. 2017. 164 f. Dissertação (Mestrado) Universidade Federal do Espírito Santo, Programa de Pós-Graduação em Ciências Sociais, Vitória/ES, 2017.

SUASSUNA, Dulce. *Um olhar sobre políticas ambientais:* o projeto Tamar. Brasília: Thesaurus, 2007.

SVAMPA, Maristella. Consenso de los commodities y lenguages de valoración em América Latina. *Nueva Sociedad*, n. 244, marzo-abril de 2013.

SVAMPA, Maristella. *As fronteiras do neoextrativismo na América Latina:* conflitos socioambientais, giro ecoterritorial e novas dependências. São Paulo: Elefante, 2019.

VALENCIO, N. Vivência de um desastre: Uma análise sociológica das dimensões políticas e psicossociais envolvidas no colapso de barragens. *In:*

VALENCIO, N. *et al. Sociologia dos desastres* – construção, interfaces e perspectivas no Brasil. São Carlos: RiMa Editora, p. 176-196, 2009.

VALENCIO, N. Desastres, ordem social e planejamento em defesa civil: o contexto brasileiro. *Saúde Social.* São Paulo, v. 19, n. 4, p. 748-762, 2010.

VALENCIO, N. Desastres: tecnicismo e sofrimento social. *Ciência e Saúde Coletiva,* 19 (9), p. 3631-3644, 2014a.

VALENCIO, N. Dos desastres recorrentes aos desastres à estreita. *In:* ZHOURI, A.; VALENCIO, N. (orgs.) *Formas de matar, de morrer e de resistir.* Belo Horizonte: EDUFMG, 2014b.

VALIM, Hauley S. *Religião e etnicidade:* o herói Caboclo Bernardo e a construção da identidade étnica na Vila de Regência Augusta/ES. 2008. 163 f. Dissertação (Mestrado) – Universidade Metodista de São Paulo, Faculdade de Filosofia e Ciências da Religião – Curso de Pós-Graduação em Ciências da Religião, São Bernardo do Campo, 2008.

VAN VELSEN, J. A análise situacional e método de estudo de caso detalhado. *In:* FELDMAN-BIANCO, Bela (Org.). *Antropologia das sociedades contemporâneas.* São Paulo: Editora Unesp, 2010.

VIANNA. A. Vidas, palavras e alguns outros traçados: lendo Veena Das. Ensaio bibliográfico. *MANA* 26(3): 1-20, 2020. http://doi.org/10.1590/1678-49442020v26n3a205.

VIEGAS. As resoluções de conflito ambiental na esfera pública brasileira: uma análise crítica. *Confluências* – Revista Interdisciplinar de Sociologia e Direito. v. 9, n. 2, 2007 – p. 23 a 49. Disponível em: https://periodicos.uff.br/confluencias/article/view/34325/19726. Acesso em: 23/11/2021.

VIEGAS, R. N., PINTO, R. G., GARZONI, L. F. N. *Negociação e acordo ambiental:* o termo de ajustamento de conduta (TAC) como forma de tratamento de conflitos ambientais. Rio de Janeiro: Fundação Heinrich Boll, 2014.

VIGH, H. Crisis and Chronicity: Anthropological Perspectives on Continuous Conflict and Decline. *Ethnos,* [s.l.], v. 73, n. 1, p. 5-24, 2008.

VILELA, Juliene Silva. *É sempre bom olhar para todos os lados:* depoimento dos atingidos pelo desastre de Mariana/MG e a construção de discurso pró-mineração em campanha da Samarco. 2020. Dissertação (Mestrado) – Universidade Federal de Minas Gerais, Faculdade de Letras, Programa de Pós-Graduação em Estudos Linguísticos, Minas Gerais, 2020.

TAUSSING, Michael. *O diabo e o fetichismo da mercadoria na América do Sul.* São Paulo: Unesp, 2010.

TEIXEIRA, João Luiz da Cunha. A história indígena na planície costeira do Rio Doce. *In:* TEIXEIRA; TEIXEIRA (Org.). *Uma paisagem, um ambiente:* um lugar, um território cultural: A planície costeira do rio Doce na perspectiva da educação ambiental. São Mateus: Marcos Teixeira, 2020.

TORRES, C. A.; CREADO, E. S. J.; CAMPOS, A. C.; FREITAS, P. L. T. Repertórios em rede: O caso da mobilização de duas espécies de tartarugas marinhas em uma ação civil pública. *Vivência:* Revista de Antropologia, n. 49, 2017.

TORRES, C. A.; CREADO, E. S. J.; CARVALHO, J. A. Orquídeas *versus* tartarugas marinhas: tentando narrar simultaneamente conflitos aparentes e ocultos. *Caderno Eletrônico de Ciências Sociais.* Vitória, v. 4, n. 1, 2016, p. 86-108.

TRIGUEIRO, A.; KNOX, W. *Imagens da pesca artesanal no Espírito Santo.* Vitória: Editora GM, 2013.

WOLF, Eric. Trabalho de campo e teoria. *In:* BIANCO, Bela Feldman; RIBEIRO, Gustavo Lins (Org.). *Antropologia e poder:* contribuições de Eric Wolf. Brasília: Editora Universidade de Brasília; São Paulo: Imprensa Oficial do Estado de São Paulo; Campinas: Editora da Unicamp, 2003.

ZHOURI, Andréa. Justiça Ambiental, Diversidade Cultural e Accountability – Desafios para a governança ambiental. *Revista Brasileira de Ciências Sociais* – v. 23, n. 68, p. 97-107, outubro/2008.

ZHOURI, A.; LASCHEFSKI, K. Desenvolvimento e conflitos ambientais: um novo campo de investigação. *In:* ZHOURI, A. LASCHEFSKI, K. (org.) *Desenvolvimento e conflitos ambientais.* Belo Horizonte: UFMG, 2010.

ZHOURI, A; OLIVEIRA, A; LASCHEFSKI, K. A supressão da vazante e o início do vazio: a água e a insegurança administrada no vale do Jequitinhonha/ MG. *Anuário Antropológico,* n. 2, 2011. Acesso em: 19 de abril de 2019.

ZHOURI, Andréa; OLIVEIRA, R; MOTTA, L. Deslocamentos múltiplos e a compulsoriedade do desenvolvimento: urbanização e barragens em face aos lugares. *XXXI LASA, Washington D.C* – EUA, 9 May-1st June, 2013. Painel: Deslocamentos e desigualdades no Capitalismo Global Contemporâneo.

ZHOURI, A.; VALENCIO, N.; OLIVEIRA, R.; ZUCARELLI, M. C.; LASCHEFSKI, K.; SANTOS, A. F. M. O desastre de Mariana: colonialidade e sofrimento social. *In:* ZHOURI, A.; BOLADOS, P.; CASTRO, E. (org.). *Mineração na América do Sul:* neoextrativismo e lutas territoriais. São Paulo: Annablume, 2016.

ZHOURI, A.; BOLADOS, P.; CASTRO, E. Introdução. *In:* ZHOURI, A.; BOLADOS, P.; CASTRO, E. (Org.). *Mineração na América do Sul:* neoextrativismo e lutas territoriais. São Paulo: Annablume, 2016.

ZHOURI, A.; OLIVEIRA, R.; ZUCARELLI, M. C.; MAGALHAES, M.. O desastre do Rio Doce: entre políticas de reparação e a gestão das afetações. ZHOURI, Andréa (Org.). *Mineração, violências e resistências:* um campo aberto à produção de conhecimento no Brasil. 1 ed. Marabá: Iguana/ABA, 2018, p. 28-64.

ZORZAL, M. Trajetória político-institucional recente no ES. *In:* INSTITUTO DOS SANTOS NEVES. *O Espírito Santo:* instituições, desenvolvimento e inclusão social. Vitória, 2010.

ZORZAL E SILVA, M. *et al.* Desastre socioambiental e Termo de Transação e Ajustamento de Conduta (TTAC) como instrumento de política pública: O caso da barragem de Fundão/MG. *Civitas, Rev. Ciênc. Soc.* v. 19, n. 2, Porto Alegre: May/Aug., 2019. Epub Sep. 16, 2019.

ZUCARELLI, Marcos Cristiano. Efeitos institucionais e políticos dos processos de mediação de conflitos. *In:* MILANEZ, B. & LOSEKANN, C. *Desastre no Vale do Rio Doce:* antecedentes, impactos e ações sobre a destruição. Rio de Janeiro: Folio Digital/Letra e Imagem, p. 311-335, 2016.

ZUCARELLI, Marcos Cristiano. *A matemática da gestão e a alma lameada:* os conflitos da governança no licenciamento do projeto de Mineração Minas-Rio e no desastre da Samarco [tese]. Belo Horizonte: Faculdade de Filosofia e Ciências Humanas, Universidade Federal de Minas Gerais, 2018.

ZUCARELLI, Marcos; LEONARDO. Flávia A. M. Acordos coercivos e a dissolução do direito à água na governança do desastre. *In:* SANT'ANA JÚNIOR, H. A.; RIGOTTO, R. M. *Ninguém bebe minério:* águas e povos *versus* mineração. 1 ed. Rio de Janeiro: 7Letras, 2020.

ZUNTI, Maria Lucia Grossi. *Panorama histórico de Linhares.* Linhares: Prefeitura Municipal de Linhares, 1941.

Documentos técnicos, reportagens de referência e documentários

A GAZETA. Projeto Tamar retira ninhos de tartarugas do Rio Doce para evitar contato com a lama. *Jornal A Gazeta.* 7 de novembro de 2015. (2015a) Disponível em: www.gazetaonline.com.br/noticias/cidades/2015/11/projeto-tamar-retira-ninhos-de-tartarugas-do-rio-doce-para-evitar-contato-com-a-lama-1013913975.html. Consultado em: 12 jan. 2020.

A GAZETA. Projeto Tamar retira ninhos de tartaruga do Rio Doce, no ES. *Jornal A gazeta.* 7 de novembro de 2015. (2015b) Disponível em: https://g1.globo.com/espirito-santo/noticia/2015/11/projeto-tamar-retira-ninhos-de-tartaruga-do-rio-doce-no-es.html. Consultado em 12 jan. 2020.

A GAZETA. Prefeitura de Linhares abre canal em Regência para passagem de lama, no Norte do ES. 9 nov. 2015. (2015c). Disponível em: https://globoplay.globo.com/v/4597187/. Consultado em 22 de fev. de 2017.

A GAZETA. Engenheiro afirma que barreiras para conter lama são ineficazes. 20 nov 2015. (2015d) Disponível em: www.gazetaonline.com.br/noticias/cidades/2015/11/engenheiro-afirma-que-barreiras-para-conter-lama-sao-ineficazes-1013915310.html. Consultado em 23 de setembro de2020.

AGÊNCIA NACIONAL DE ÁGUAS (ANA). Encarte especial sobre a bacia do rio Doce: Rompimento da barragem em Mariana, MG, Conjuntura dos Recursos Hídricos no Brasil. Informe 2015, Brasília. Disponível em: www.snirh.gov.br/portal/snirh/centrais-de-conteudos/conjuntura-dos-recursos-hidricos/encarteriodoce_22_03_2016v2.pdf. Acesso em: 22 jan. 2021.

AGÊNCIA NACIONAL DE ÁGUAS (ANA). Encarte Especial sobre a Bacia do Rio Doce: rompimento da Barragem em Mariana/MG. Brasília: Superintendência de Recursos Hídricos, 2016.

AQUINO, Yara. Lama da barragem chega ao mar. *In: Tribuna do Norte*. Disponível em: www.tribunadonorte.com.br/noticia/lama-de-barragem-chega-ao-mar/330675.

BRASIL. Ministério do Meio Ambiente. SNUC – Sistema Nacional de Unidades de Conservação da Natureza: Lei n. 9.985, de 18 de julho de 2000; Decreto n. 4.340, de 22 de agosto de 2002; Decreto n. 5.746, de 5 de abril de 2006.

BRASIL. Ministério do Meio Ambiente. PORTARIA n. 489 DE 17.12.2010 – DOU 20.12.2010 (Ministério do Meio Ambiente). Disponível em: www.icmbio.gov.br/portal/images/stories/mosaicos/portaria-foz-do-rio-doce.pdf

BRASIL. Termo de Transação e Ajustamento de Conduta (TTAC), de 2 de março de 2016a. Disponível em: www.ibama.gov.br/cif/ttac. Acesso em 22/10/2021.

BRASIL. Termo de Ajustamento Preliminar (TAP) entre Ministério Público Federal, Samarco Mineração S/A, Vale S/A e BHP, de 18 de janeiro de 2017a. Disponível em: www.mpf.mp.br/mg/sala-de-imprensa/docs/termo-de-acordo-preliminar-caso-samarco Acesso em: 22/10/2021.

BRASIL. Termo Aditivo (ao TAP) entre Ministério Público Federal, Ministério Público do Estado de Minas Gerais, Samarco Mineração S/A, Vale S/A e BHP, de 16 de novembro de 2017b. Disponível em: www.mpf.mp.br/grandes-casos/caso-samarco/documentos/aditivo-tap. Acesso em 22/10/2021.

BRASIL. Termo de Ajustamento de Conduta relativo à Governança (TAC Governança) entre Ministério Público Federal, Ministério Público do Estado de Minas Gerais, Ministério Público do Estado do Espírito Santo, Defensoria Pública da União, Defensoria Pública do Estado de Minas Gerais, Defensoria Pública do Estado do Espírito Santo, União Federal, Estado de Minas Gerais, Estado de Espírito Santo, Samarco Mineração S/A, Vale S/A, BHP Billiton Brasil Ltda. e Fundação Renova, de 25 de junho de 2018. Disponível em: www.mpf.mp.br/grandes-casos/caso-samarco/documentos/tac-governanca. Acesso em 22/10/2021.

BASTOS. Alex Cardoso. Monitoramento da influência da Pluma do Rio Doce após o rompimento da Barragem de Rejeitos em Mariana/MG – Novembro de 2015: Processamento, Interpretação e consolidação de dados. Universidade Federal do Espírito Santo. Centro de Ciências Humanas e Naturais. Departamento de Oceanografia. Vitória, 2017. Disponível em: https://crimideia.com.br/miniver/wp-content/uploads/2017/07/relatorio_consolidado_ufes_rio_doce-JULHO-2017.pdf. Consultado em: 12 de nov de 2021.

CEPEMAR. Estudo de Impacto Ambiental (EIA) para a Atividade de Pesquisa Sísmica Marítima 4D nas Áreas dos Campos de Golfinho, Canapu, Camarupim, Camarupim Norte, Peroá e Cangoá, na Bacia do Espírito Santo. Medidas Mitigadoras e Compensatórias e Projetos/Planos de Controle e Monitoramento. Relatório CPM RT 203/09. 2010.

FUTURA. Diagnóstico do turismo, cultura, esporte e lazer de Linhares. 2017. Disponível em: www.fundacaorenova.org/wp-content/uploads/2021/07/linhares_es.pdf. Acesso em: 28 fev. 2022.

GESTA. Parecer sobre o Cadastro Integrado do Programa de Levantamento e Cadastro dos Impactados (PLCI) elaborado pelas empresas Samarco e Synergia Consultoria Ambiental. Belo Horizonte, 23 de novembro de 2016. Disponível em: https://conflitosambientaismg.lcc.ufmg.br/wp-content/uploads/2017/02/GESTA-UFMG-Parecer-sobre-Cadastro-Integrado-do-PLCI-Samarco-Synergia.pdf Acesso: 23 fev. 2022.

IBAMA. Plano de Manejo Reserva Biológica de Comboios – Fase 1. *In:* IBAMA, 1997.

INCAPER. Programa de Assistência Técnica e Extensão Rural - PROATER, 2020-2023. Disponível em: https://incaper.es.gov.br/media/incaper/proater/municipios/Linhares.pdf. Acesso em: 18 nov 2021

INSTITUTO CHICO MENDES DE CONSERVAÇÃO DA BIODIVERSIDADE – ICMBIO. Nota Técnica n. 23/2017/TAMAR-Vitoria-ES/DIBIO/ICMBio. Monitoramento da Pluma de Sedimentos Proveniente da Barragem de Fundão. 25 set. 2017. Disponível em: www.icmbio.gov.br/portal/images/stories/Rio_Doce/nota_tecnica_23_2017_Tamar_ICMBio_monitoramento_pluma.pdf. Acesso em: 13 de julho de 2018.

INSTITUTO CHICO MENDES DE CONSERVAÇÃO DA BIODIVERSIDADE – ICMBIO. Plano de Manejo Reserva Biológica de Comboio, Dezembro de 2018. Disponível em: www.icmbio.gov.br/portal/images/stories/docs-planos-de-manejo/ Plano_de_Manejo_da_Rebio_de_Comboios.pdf. Acesso em: 24 nov. 2021.

INSTITUTO PRÍSTINO. Análise Técnica Referente à Revalidação da Licença Operacional da Barragem de Rejeitos do Fundão – Samarco Mineração S/A. Belo Horizonte, 21 de outubro de 2013. Disponível em: https://docplayer.com.br/10776560-Instituto-pristino-ip-082-2013-belo-horizonte-21-de-outubro-de-2013.html. Acesso em: 8 jul. 2018.

JUSTIÇA GLOBAL. Vale de Lama: Relatório de inspeção em Mariana após o rompimento da barragem de rejeitos do Fundão. Online. Acesso em: 15 nov. 2016.

LACRUZ, A.; SILVA, B.; SANCIO, L.; XARÁ, T.; SIMON, V. *"Imprensados – A Luta pelo Território Quilombola do Sapê do Norte", (DOCUMENTÁRIO),* 2013.

MAB. Em novo acordo sobre o crime em Mariana, empresas criminosas seguem mandando. 28 de junho de 2018. Disponível em: https://mab.org.br/2018/06/28/em-novo- acordo-sobre-crime-em-mariana-empresas-criminosas-seguem-mandando/# Online. Acesso em: 22 fev. 2022.

MINISTÉRIO PÚBLICO FEDERAL. Termo de Compromisso Socioambiental Preliminar (TCSA).

MPF. MPF cria força-tarefa para investigar danos causados pelo rompimento de barragens em MG, 13 de novembro de 2015. Disponível em: www.mpf.mp.br/pgr/noticias-pgr/mpf-cria-forca-tarefa-para-investigar-danos-causados-pelo-rompimento. Último acesso: 25 fev. 2022.

MINISTÉRIO PÚBLICO FEDERAL. Avaliação Participativa Rio Doce. Parecer Técnico n. 279/2018.

POEMAS. *Antes fosse mais leve a carga:* avaliação dos aspectos econômicos, políticos e sociais do desastre da Samarco/Vale/BHP em Mariana (MG). Mimeo 2015. Disponível em: www.ufjf.br/poemas/files/2014/07/PoEMAS-2015-Antes-fosse-mais-leve-acarga-vers%C3%A3o-final.pdf. Acesso em: abr. 2019.

PODER JUDICIÁRIO, Tribunal Regional Federal da Primeira Região. Ata de homologação 05 de maio de 2016. Disponível em: www.conjur.com.br/dl/ata-audiencia-homologacao-acordo.pdf. Acesso em: 11 ago. 2020.

RAMBOLL. Relatório de Monitoramento consolidado dos programas socioeconômicos e socioambientais para a restauração da bacia do rio Doce. 2019. Disponível em: www.mpf.mp.br/grandes-casos/caso-samarco/documentos/samarco_rel_ativ_mar2019_rev01_final. Acesso em: 04/12/2021.

RENOVA. Estatuto da Fundação Renova, 21 p., 28/06/2016. Disponível em: www.fundacaorenova.org/wp-content/uploads/2016/10/estatuto-registrado.pdf. Acesso em: 27 nov. 2017.

RENOVA. *Relatório anual de atividades – Ano 2018*. Janeiro de 2019.

RENOVA. *PG-006 – Programa de comunicação, participação, diálogo e controle social*. Maio de 2021. Disponível em: www.ibama.gov.br/phocadownload/cif/deliberacoes/cif-deliberacao-506-21-anexo.pdf. Acesso em: 04 dez. 2021.

SAMARCO. Composição de rejeitos não possui contaminantes. Disponível em: www.samarco.com/2015/11/27/composicao--de-rejeitos-nao-possui-contaminantes/. Acesso em: 11 dez. 2015.

SAMARCO. 2015. Sítio eletrônico. Disponível em: www.samarco.com/plano-emergencial-de-barragens/. Consulta em: 25 jan. 2022.

SAMARCO. "Fazer o que deve ser feito: esse é o nosso compromisso". *Relatório*, dezembro de 2015.

SAMARCO. 2016. Posicionamento sobre a suspensão da homologação do Acordo. *Sítio eletrônico*. Disponível em: www.samarco.com/posicionamento-

-sobre-a-suspensao-da-homologacao-do-acordo/ Consulta em: 25 jan. 2022.

VOZ DA FOZ. Jornal das comunidades de Areal, Povoação, Entre Rios e Regência com a Fundação Renova. Setembro de 2019. Edição 9. Disponível em: www.fundacaorenova.org/wp-content/uploads/2019/11/vozdafoze-9simples.pdf.

VOZ DA FOZ N. 3. Jornal das comunidades de Areal, Povoação, Entre Rios e Regência com a Fundação Renova. Maio de 2018. Disponível em: www.fundacaorenova.org/wp-content/uploads/2018/07/voz_da_foz_junho.pdf. Acesso em: 9 fev. 2020.

ZANETI. D. *Últimos dias em Regência.* [documentário] 2016. Disponível em: www. youtube.com/watch?v=Yd564T2M9V8. Acesso em: 14 jun. 2013.

CARTA-DENÚNCIA: DOIS ANOS DO MASSACRE DE ARACRUZ, UM CLAMOR POR JUSTIÇA E CONTRA A IMPUNIDADE

GRAYCE LOURDES AMBOSS MERÇON LEONARDO[91]
ALINE TRIGUEIRO[92]

Em 12 de junho de 2023, endereçamos uma carta ao Ministério dos Direitos Humanos e Cidadania que abrigava um clamor por justiça e também um pedido: a investigação rigorosa, respaldada em dados concretos, de um crime bárbaro ocorrido em duas escolas do estado do Espírito Santo no dia 25 de novembro de 2022. Essa carta está apresentada aqui, com alguns dados atualizados, como uma forma de denúncia.

Trata-se do massacre ocorrido na Escola Estadual Primo Bitti e no Centro Educacional Praia de Coqueiral, localizados no bairro Coqueiral, município de Aracruz. O ato violento foi perpetrado por um adolescente de 16 anos, ex-estudante da primeira escola, de posse de duas armas, uma do Estado e outra do próprio pai (um policial militar do Espírito Santo). O jovem

91 Mãe de Flávia Amboss Merçon Leonardo.

92 Professora do Departamento de Ciências Sociais/Ufes, ex-orientadora e amiga de Flávia. Coordenadora do Grupo de Estudos e Pesquisas em Populações Pesqueiras e Desenvolvimento (Geppedes/Ufes), do qual Flávia também fez parte.

adentrou as duas escolas armado, usando máscara e trajando uma indumentária com símbolos nazifascistas. Três professoras e uma estudante foram vítimas fatais desse crime e, infelizmente, a autora deste livro, Flávia Amboss Merçon Leonardo, de 36 anos, foi uma delas. Era professora de Sociologia da Escola Estadual Primo Bitti; as outras vítimas foram: Cybelle Passos Bezerra Lara, de 45 anos, professora de Matemática na mesma escola; Maria da Penha de Melo Banhos, de 48 anos, professora de Artes também na mesma escola; Selena Sagrillo, de 12 anos, estudante do sexto ano do Centro Educacional Praia de Coqueiral. Todas elas, mulheres! E isso merece ser ressaltado. Foi um crime de ódio, um ato violento e misógino que deixou ainda outras 12 pessoas feridas: dez mulheres (todas professoras da Escola Estadual Primo Bitti), uma estudante do sexo feminino, de 14 anos, e um estudante do sexo masculino, de 11 anos, ambos do Centro Educacional Praia de Coqueiral. Desde então, múltiplas repercussões emocionais e psicológicas vêm acometendo todos e todas que vivenciaram o crime, bem como os familiares e amigos das vítimas. Há um trauma e uma dor que merecem ser narrados.

Gostaríamos de compartilhar alguns aspectos dessa história, a fim de que o nosso ato de contar possa servir para sensibilizá-los quanto ao caráter emblemático do ocorrido e a importância de refletirmos sobre os desdobramentos desse caso. Queremos registrar que nós tememos a violência contra as mulheres num contexto de agravamento dos discursos de ódio e de crescimento do nazifascismo no Brasil e, no caso específico, no Espírito Santo. Tememos pelas vidas de docentes e discentes diante desse perigo dirigido às escolas, e também pela vida de todas as minorias (como maiorias minorizadas) que também são vítimas desse tipo de ameaça.

O massacre de Aracruz vai completar dois anos no dia 25 de novembro de 2024! E as vítimas sobreviventes, os familiares das vítimas fatais e a comunidade escolar continuam aguardando respostas sobre os rumos das investigações e punições. O sofrimento foi e continua sendo vivido de modo intenso, haja vista o teor dos relatos transcritos durante a audiência pública "Seis meses do massacre em Aracruz: memória, reparação e cuidado", realizada no âmbito da Comissão de Direitos Humanos, na Assembleia Legislativa do Espírito Santo (Ales), no dia 25 de maio de 2023, que foi presidida pela deputada estadual, a exma. sra. Camila Valadão (Psol), e pela deputada estadual, a exma. sra. Iriny Lopes (PT), como vice-presidenta da Comissão. Nessa audiência houve a presença de integrantes da comunidade escolar (alunas e professoras) e de familiares das vítimas do crime de Aracruz, como participantes da mesa.

> Meu entendimento, quando entrei na escola pela primeira vez após o ocorrido, foi de que o Estado quis jogar para baixo do tapete o que aconteceu, reformando e pintando a escola para deixar com uma cara que só parece nova. Entretanto, o sentimento de medo e de perda ainda está lá, embaixo das tintas coloridas. Pois, mesmo que a escola precisasse dessa reforma, essa ressignificação deveria acontecer num processo coletivo. (fala transcrita de Geovana Ramos Pereira, aluna da Escola Primo Bitti, durante audiência pública na Ales, em 25/05/2023)

> Como foi dito hoje no evento: que sociedade é esta que nós estamos produzindo? Há muito tempo? E Flávia falava muito disso: 'Mãe, no colégio, todos estão doentes, alunos e professores estão doentes!'. 'Eu entendo.' E eu perguntava a minha filha: 'Como que eu posso te ajudar?'. 'Não sei, mãe, mas eu estou vendo a hora que um aluno vai entrar naquele colégio e vai atirar'. Será que ela tinha bola de cristal? Ou ela tinha a realidade dos fatos acontecendo, vendo e ninguém fazendo nada? [...] Eu tenho plena certeza que essa fala foi levada numa reunião pedagógica lá no colégio. O que foi feito com isso? Acho que entrou em um ouvido e saiu no outro. Acho que ninguém acreditou que poderia um aluno entrar naquele

colégio e atirar. (fala transcrita de Grayce Lourdes Amboss Merçon, mãe de Flávia Amboss, umas das vítimas fatais do massacre, durante a audiência pública na Ales, em 25/05/2023)

Foi no âmbito da homenagem "Flávia presente: hoje e sempre!", realizada na Universidade Federal do Espírito Santo (Ufes), no Centro de Ciências Humanas e Naturais, no dia 25 de maio de 2023 (data emblemática dos seis meses do massacre), que surgiu a ideia da redação de uma carta de denúncia. A homenagem ressaltou a história e trajetória da Flávia na Ufes, como estudante de graduação e pós-graduação, a sua produção intelectual e também o seu legado em prol da luta por justiça social e ambiental no Espírito Santo. Gostaríamos de poder registrar a história dessa ativista dos direitos humanos (optamos por fazê-lo ao final desta carta) que se dedicava à causa dos povos da bacia do rio Doce, afetados profundamente pelo violento espalhamento da lama tóxica de rejeitos decorrente do transbordamento da barragem de Fundão (Mariana, MG), em novembro de 2015, por negligência das empresas Samarco/Vale/BHP Billiton (Leonardo *et al.*, 2017).

O município de Aracruz está localizado na região norte do Espírito Santo, um lugar que tem sido alvo de muitas outras violências marcadamente históricas contra os direitos dos povos originários e tradicionais. Talvez mereça relevo explanar brevemente sobre os conflitos acerca da posse de terra que se desenrolam desde a década de 1960, quando houve a usurpação dos territórios indígenas Tupiniquim e Guarani Mbya, e também de quilombolas e camponeses, pelo complexo agrofabril da Aracruz Celulose, atual empresa Suzano S.A. (Maracci, 2008). Trata-se de uma luta incansável desses povos pelo direito às suas terras ancestrais, ou seja, pela vida, e contra a dominação econômica e as ações do Estado (na sua política demarcatória ainda injusta e restrita) e suas formas violentas de impingir medo. Cabe dizer, ainda, o quanto a expansão da monocultura de eucalipto gera degradação do solo, desertificação, destrói o bioma da Mata Atlântica, compromete as águas locais (rios, córregos e lagos) e ameaça diretamente os modos de vida indígena, quilombola, camponês e também a pesca artesanal. A produção de celulose exige um enorme volume de água, um bem natural que é gerido localmente pela própria empresa, por meio da criação do Canal Caboclo Bernardo, por onde ela (a empresa Suzano S.A.) capta a água de vários mananciais, dirigindo-a ao processo produtivo (Santana, 2018). Isso tem gerado uma severa crise hídrica no norte do Espírito Santo.

O Espírito Santo ainda possui outras marcas de violência no curso da sua história. Foi neste estado da região Sudeste que a chamada Scuderie Le Cocq atuou como organização paramilitar, que funcionava como grupo de extermínio, sendo composto por policiais militares e civis, empresários, juízes, promotores, políticos, comerciantes etc. A Scuderie Le Cocq foi criada durante o regime militar no Rio de Janeiro, em 1965, e mais tarde chegou ao Espírito Santo, sendo extinta no ano de 2004 por decisão da Justiça Federal. A Scuderie foi responsável por inúmeras execuções sumárias de sindicalistas, militantes de movimentos sociais, testemunhas de crimes, crianças e adolescentes pobres (Bittencourt, 2014). Já um pouco mais tarde, em 2017, durante a greve da Polícia Militar ocorrida no Espírito Santo (momento de medo e violência marcantes, que fez com que as pessoas ficassem sitiadas em suas casas e exigiu a presença da Força Nacional), foram assassinadas mais de 300 pessoas, a maioria homens negros e moradores das periferias. As investigações dessas mortes não foram concluídas e as famílias das vítimas não receberam qualquer apoio ou reparação por parte do estado do Espírito Santo. E um dos municípios onde ocorreram protestos e paralisação dos PMs foi Aracruz.

Essa menção à memória das muitas violências presentes no Espírito Santo, dirigidas aos povos originários e tradicionais, juntamente àquelas perpetradas por organizações paramilitares ou mesmo as ações violentas efetuadas com o envolvimento de agentes da segurança pública durante a citada greve da PM, tem como objetivo alertar para o tipo de tensão e de herança que o crime cometido em Aracruz faz ecoar. Não nos parece que esse crime seja um fato isolado e, para tanto, vamos precisar acrescentar a essa história as estatísticas de violência contra mulheres, outra marca nefasta que o estado carrega.

No Espírito Santo a violência contra as mulheres, a misoginia e racismo são evidenciados nos altos índices de mortes violentas de mulheres, principalmente negras. Dados do Mapa da Violência 2015 – Homicídio de Mulheres no Brasil (Waiselfisz, 2015, p. 14) apontam que, em 2003, o Espírito Santo despontava com a maior taxa de homicídio de mulheres, alcançando a marca de 8,6 homicídios por 100 mil mulheres. Entre 2003 e 2013 o estado ainda mantinha a liderança dessa marca violenta, com as maiores taxas frente aos outros estados da federação. Dez anos depois, em 2013, o Espírito Santo assumiria a segunda posição na estatística, com o índice de 9,6 homicídios por 100 mil mulheres, atrás apenas de Roraima, com 15,3 homicídios por 100 mil mulheres (Waiselfisz, 2015, p. 15).

Houve, nos últimos seis anos, uma melhoria nesses índices, principalmente pela pressão das organizações feministas e de mulheres na efetivação de políticas públicas pelos gestores públicos em diferentes instituições do estado do Espírito Santo. Entretanto, a melhoria tem sido gradual e ainda muito sensível às instabilidades políticas. Segundo os dados da Secretaria de Segurança Pública, divulgado no Mapa de Mortes Violentas de Mulheres no Espírito Santo: de A a Z, Dados do Nevid/MP-ES (https://mpes.mp.br/mapadeaaz.html), observa-se que no ano de

2018 a taxa chegou a 4,6 mortes violentas por 100 mil mulheres, tendo diminuído para 4,4 no ano seguinte. Em 2021 houve um aumento de casos, atingindo 5,1 a cada 100 mil.

Voltemos ao caso de Aracruz. O crime brutal contra as escolas aconteceu no dia 25 de novembro de 2022, e essa data não nos parece ter sido escolhida pelo assassino à toa. O dia 25 de novembro é considerado o Dia Internacional da Não Violência Contra a Mulher, o que nos faz pensar sobre o tipo de mensagem que o ato misógino, brutal e violento cometido pelo ex-aluno, e filho de policial militar, quis reforçar. Vamos relembrar que quase todas as vítimas do massacre foram mulheres, e isso foi acentuado também pelo professor Daniel Cara durante a sua participação na audiência pública realizada na Assembleia Legislativa do Estado do Espírito Santo, já citada anteriormente. O professor e pesquisador da Faculdade de Educação da Universidade de São Paulo (USP) e dirigente da Campanha Nacional Pelo Direito à Educação apontou o ódio às mulheres como uma das motivações dos recentes massacres ocorridos em escolas no Brasil, inclusive em Aracruz. "A misoginia é a força motriz dos ataques às escolas", enfatizou, destacando ainda as perspectivas neonazista e fascista. Na mesma audiência, a professora da Escola Primo Bitti Leilany Santos Moreira afirmou: "A sociedade se recusa a debater que o discurso de ódio sustenta as células nazistas, além da misoginia, do racismo e da homofobia neste estado".

Sabemos que a realidade do Brasil é deveras complexa para que seja possível particularizar atenção ao caso do Espírito Santo. No entanto, consideramos que as histórias narradas aqui são demasiadamente graves e sinalizam para uma preocupação genuína. Não pretendemos nos alongar incluindo aqui outras estatísticas ou dados, no entanto é possível perceber o quanto o Espírito Santo encontra-se atravessado por várias formas de violência que aniquilam as vidas de mulheres, mas também de jovens negros e trabalhadores(as) pobres.

O adolescente que cometeu o crime em Aracruz conhecia o funcionamento da escola; mantinha-se ativo nas redes sociais e participava de grupos no Telegram que difundem ideias nazifascistas e misóginas. Em seu depoimento à polícia, narrou friamente como planejou tudo! Ele demonstrou surpreendente destreza no uso de armas, pois feriu de morte, em apenas quatro minutos de ação, quatro pessoas em duas escolas, deixando outras 12 feridas. A fala da exma. sra. deputada Iriny Lopes, na já citada audiência, ressalta este fato:

> Então, o que tem, o que é isso? O que é isso, são células, são núcleos para difundir o ódio, a violência e a necropolítica? E fazer a morte se transformar em algo prazeroso para quem pratica e para quem assiste de uma parte da sociedade? É uma pergunta que precisa ser respondida e que estava bem nítido, marcado naquele massacre. *Por fim, não é estranho que, em quatro minutos, quatro minutos, um jovem andando, correndo, tenha acertado tantas pessoas e entre elas fez quatro vítimas fatais, quatro minutos? Você tem que ser um gênio nessa atividade para você atingir um grau de precisão tão grande. Ele aprendeu sozinho? Com a idade dele, há quanto tempo ele treinava?* Quatro minutos, dois locais, correndo e andando, quatro mortes e diversos feridos. (Transcrição da fala da vice-presidenta da Comissão de Direitos Humanos, deputada Iriny Lopes, na audiência pública da Ales, em 25/05/2023, grifos nossos).

Também é sabido que o pai do adolescente divulgou, meses antes do crime, em suas redes sociais, imagens da capa de um livro nazista, *Mein Kampf*, bem como usava o símbolo nazista em suas redes sociais. Outro aspecto importante a ressaltar são as armas do crime. Foram utilizadas duas armas do próprio pai do adolescente, um tenente da Polícia Militar do Espírito Santo, uma delas, aliás, pertencente ao Estado. Pensamos que a responsabilidade estatal se duplica nesse caso, uma vez que uma arma pertencente ao Estado (que deveria estar sob a guarda do responsável) foi utilizada no massacre. Além disso, destaca-se o total descuido desse pai que, tendo um filho menor de idade, não tomou o devido cuidado em manter essas armas em um local seguro, conforme foi apontado pela professora Leilany no relato abaixo:

> [...] o ataque ocorrido em Coqueiral de Aracruz foi feito por um adolescente branco, filho de um policial militar, com uma arma do Estado, num bairro de classe média considerado pacífico. [...] Também não foi aventada a mais remota possibilidade de responsabilização para a mãe e o pai que ensinaram o uso, permitiram ou forneceram o acesso a armas, carro, roupas e livros de caráter nazista para o adolescente que matou as professoras Cybelle, Flávia e Penha, em nossa escola, e a menina Selena [...] (Transcrição da fala de Leilany Santos Moreira, professora de Língua Portuguesa da Escola Primo Bitti, na audiência pública da Ales, em 25/05/2023)

Entendemos que os familiares das três professoras mortas e da estudante, bem como as demais vítimas atingidas no massacre de Aracruz e seus familiares, têm direito a uma reparação digna do Estado, a um tratamento respeitoso e humanizado, direito à verdade sobre os fatos ocorridos e a responsabilização dos envolvidos; por isso, reivindicamos que haja uma investigação séria e cuidadosa, inclusive sobre a existência de células neonazistas no Espírito Santo, uma vez que, antes do massacre de Aracruz, as tentativas de ataques violentos contra as escolas ocorreram em outros estabelecimentos públicos, conforme relatado na fala abaixo. Essa violência não pode, do nosso ponto de vista, ser interpretada ou reduzida às práticas de *bullying* no cotidiano escolar. São ações extremistas de direita que dirigem sua violência à instituição escolar, ou seja, uma instituição que tem o papel de estar comprometida com a defesa da vida, com a formação humana e cidadã, com a construção de uma sociedade não racista, não misógina e não homofóbica.

> Quero só trazer um dado importante que me foi lembrado aqui, que meses antes do ataque em Aracruz nós tivemos um ataque em agosto, na cidade de Vitória, na Escola Éber Louzada. Esse não foi um ataque bem-sucedido, mas foi uma tentativa. *E, de acordo com dados da Secretaria de Segurança Pública, da Polícia Militar, especificamente, em 2022 nós tivemos 34 ameaças às escolas. [Em] 2022, vejam! O ataque, o massacre de Aracruz ocorreu em novembro de 2022. Se a gente considera o ano de 2022, a gente está falando de algo que já estava desenhado com esse dado da Secretaria de Segurança Pública de 34 ameaças contra as escolas identificadas no nosso estado, no ano passado.* Esse dado é muito alto, o que nos diz da necessidade de, ao contrário de apagar o problema, falar, porque é grave. Porque seguramente, aqui, nós temos, sim, células organizadas do neofascismo. Esse dado é uma demonstração disso. (Transcrição da fala da presidenta da Comissão de Direitos Humanos, deputada Camila Valadão, na audiência pública da Ales, em 25/05/2023, grifos nossos).

No âmbito da vida cotidiana e pelos relatos ouvidos, o sentimento dos familiares e trabalhadores de uma das escolas foi o de abandono e desrespeito estatal. Os filhos da professora Maria da Penha (duas crianças e uma adolescente) perderam a mãe e, por conta disso, o esposo, no início, não conseguiu trabalhar porque precisava cuidar das crianças. Nenhum apoio jurídico foi recebido até agora; o apoio psicológico foi parcial e a renda da família foi reduzida drasticamente. Os filhos passaram a receber pensão. Os pais da professora Flávia e o seu companheiro perderam a tão querida filha e companheira, e o Movimento de Atingidos por Barragem (MAB-ES) perdeu uma militante que se qualificou para dar densidade à sua atuação, enquanto a universidade perdeu uma pesquisadora competente, ética, comprometida com a luta pela vida. O esposo e os filhos da professora Cybelle perderam a esposa e a mãe. A menina Selena tinha apenas 12 anos e muitos projetos, deixou um vazio na vida de sua mãe e dos familiares. Outras professoras que sobreviveram ficaram com várias sequelas que as impedem de retornar ao trabalho. A estudante Thais Pessotti, atingida por disparos na cabeça, ficou 122 dias internada e, embora tenha sobrevivido, também ficou com várias sequelas que a acompanharão. Sem deixar de mencionar toda a comunidade escolar traumatizada com o crime e amedrontada, assim como os(as) colegas de trabalho das vítimas fatais, as trabalhadoras da limpeza que não conseguem entrar na escola sem lembrar da cena violenta que presenciaram, também alunos e alunas. Segundo relatos dos familiares e vítimas, o início do ano letivo de 2023 foi de um total desrespeito com as vítimas, sendo programada uma recepção aos alunos e à comunidade escolar, minimizando o massacre, oferecendo "cachorro quente e pizza".

A luta por memória, justiça e reparação continua a ser encampada pelos familiares e amigos. Desde a repercussão do massacre houve alguma mobilização: foi criado o Fórum Antifascista do Espírito Santo, composto por várias lideranças, entidades da sociedade civil, militantes de movimentos sociais e docentes; no ato do 8 de Março (de 2023) em Vitória (Dia Internacional das Mulheres), várias entidades e grupos da sociedade civil se engajaram nas manifestações contra o nazifascismo e cobraram justiça; houve ainda um ato público realizado em Aracruz para lembrar os quatro meses sem justiça, sem reparação e sem informações sobre as investigações; por fim, foi realizada uma audiência pública da Comissão de Direitos Humanos da Ales, presidida pelas parlamentares Camila Valadão e Iriny Lopes, no dia 25 maio de 2023, além de, nessa mesma data, ter ocorrido uma homenagem à professora Flávia Amboss Merçon Leonardo na Ufes, promovida pelo Centro de Ciências

Humanas e Naturais e pelo Departamento de Ciências Sociais. Houve, ainda, um ato na data de um ano do massacre (25 de novembro de 2023), que foi realizado em Aracruz, com vigília em frente à Escola Estadual Primo Bitti seguida da Marcha por Justiça, Memória e Reparação até o Centro Educacional Praia de Coqueiral, reunindo várias pessoas da comunidade escolar, amigos e familiares das vítimas e alguns movimentos sociais. Cabe ressaltar que nenhuma autoridade política, nem municipal nem estadual, esteve presente ou manifestou algum apoio ao ato, tampouco foi divulgada naquela data alguma informação sobre o andamento das investigações. A tônica tem sido o silêncio das autoridades e o descaso com as vítimas e familiares.

Escrevemos esta carta-denúncia porque, apesar de todo o esforço já realizado, tememos que haja o esquecimento desse crime e a não punição e responsabilização de todos os culpados.

Referências

BITTENCOURT, Matheus Boni. *As políticas da insegurança:* da Scuderie Detetive Le Cocq às Masmorras do Novo Espírito Santo. Dissertação (Mestrado). Programa de Pós-Graduação em Ciências Sociais, Universidade Federal do Espírito Santo, 2014.

DOCUMENTO [transcrição] da Audiência Pública: "Seis meses do massacre em Aracruz: memória, reparação e cuidado". Comissão de Direitos Humanos, Assembleia Legislativa do Espírito Santo, data: 25/05/2023. Presidência: deputada estadual Camila Valadão (Psol), e vice-presidência: deputada estadual Iriny Lopes (PT).

LEONARDO, Flávia Amboss Merçon *et al. Rompimento da barragem do Fundão (Samarco/Vale/BHP Billiton) e os efeitos do desastre na foz do rio Doce, distritos de Regência e Povoação, Linhares (ES).* Vitória: Greenpeace, 2017.

MARACCI, Marilda Teles. A luta indígena e a cidade: a sociedade envolvente. *Revista Geografares*, n. 6, 2008.

SANTANA, Nayara Pinto. Captação dos recursos hídricos para o uso industrial e impactos na pesca em Barra do Riacho, Aracruz (ES). *In:* CREADO, E.; TRIGUEIRO, A.; TORRES, C. *Vidas de rio e de mar:* pesca, desenvolvimentismo e ambientalização. Vitória: Proex-Ufes, 2018.

WAISELFISZ, Julio Jacobo. *Mapa da Violência 2015:* Homicídio de Mulheres no Brasil. Faculdade Latino-Americana de Ciências Sociais (Flacso), 2015.

FLÁVIA AMBOSS MERÇON LEONARDO: UMA ATIVISTA EM PROL DOS DIREITOS DOS POVOS DO RIO DOCE

Flávia Amboss Merçon Leonardo (16/05/1986 – 26/11/2022) dedicou grande parte da sua vida à luta junto das populações vulnerabilizadas e dos povos tradicionais do estado do Espírito Santo. Seu ativismo está imiscuído em sua trajetória acadêmica e envolve ações de pesquisa e de extensão, inicialmente no município de Vitória, posteriormente no norte do Espírito Santo, mais precisamente nas imediações da foz do rio Doce, nas comunidades de Regência Augusta (incluindo Entre Rios e Areal) e Povoação, localizadas no município de Linhares.

A história acadêmica de Flávia tem início no ano de 2006, quando foi aprovada no curso de graduação em Ciências Sociais da Universidade Federal do Espírito Santo (Ufes). Durante esse período ela integra e participa ativamente do Centro Acadêmico de Ciências Sociais, mobilizando com outros estudantes importantes ações e eventos, tais como a VI Semana de Ciências Sociais: Dilemas e Perspectivas da Sociedade Contemporânea (2007); e a VII Semana de Ciências Sociais: (Des)Envolvimento – Abordagens Crítico-Analíticas sobre as Diversas Facetas do Tema Desenvolvimento. (2009). Cabe dizer que esses eventos buscavam, de forma crítica e propositiva, pensar a sociedade brasileira e, em especial, a capixaba. Foram ações academicamente relevantes, que promulgaram o debate e reuniram nomes importantes do cenário intelectual, acadêmico, militante e político, em âmbito nacional e local. Flávia participou desse ambiente estudantil comprometido em pensar os rumos do desenvolvimento econômico no Espírito Santo e as repercussões devastadoras de uma política que atinge o ambiente e os territórios das populações tradicionais.

Enquanto estudante de graduação, sempre demonstrou anseio pelo conhecimento e possuía uma paixão: a Sociologia Ambiental, a partir do viés da Ecologia Política e da luta contra as injustiças. Dedicou tempo, na sua trajetória, a esse campo de estudos, participando de várias disciplinas no seu processo de formação e também de encontros acadêmicos, nos quais pôde apresentar e discutir as pesquisas que realizava. A sua prática acadêmica prezava por um entendimento profundo das desigualdades sociais a partir de uma ciência que era praticada de modo atento, sensível e situado, produzida junto às pessoas que sofriam injustiças.

Durante a graduação, Flávia manteve participação ativa como estudante de Iniciação Científica no projeto "A gestão política do meio ambiente na cidade de Vitória: as propostas de desenvolvimento local e os critérios de definição da sustentabilidade socioambiental", entre 2009 e 2011, sob a coordenação de uma professora do Departamento de Ciências Sociais (DCSO) da Ufes. Também dedicou tempo aos estudos monográficos, pensando o município de Vitória e a política ambiental a partir da dimensão dos conflitos pelo uso do espaço urbano. Escreveu dois trabalhos importantes: *Reflexões sobre política ambiental e a noção de sustentabilidade socioambiental: uma análise da criação e gestão de Parques Naturais Municipais na cidade de Vitória (ES)* (relatório de Iniciação Científica, em 2009) e *Reflexões sobre conflitos socioambientais: análise do Projeto de Reassentamento Popular em Área de Preservação Ambiental no Município de Vitória* (monografia concluída em 2010). Tais estudos já demonstravam uma tentativa de compreensão dos conflitos e das formas de estratificação engendradas no espaço da cidade de Vitória, no entrecruzamento com as políticas públicas urbanas e ambientais.

Merece ser dito que a história do Espírito Santo está marcada por inúmeras injustiças e violências contra os povos originários e tradicionais: povos indígenas, quilombolas, ribeirinhos, camponeses e pescadores artesanais. Uma violência que se perpetua de forma aguda desde a segunda metade do século XX, com a crise da cultura cafeeira e a abertura econômica para uma política desenvolvimentista que atraiu grandes projetos de desenvolvimento. Consultando os dados produzidos pela Rede Brasileira de Justiça Ambiental (https://rbja.org/a-rede/), na seção dos mapas de conflitos e injustiça ambiental e saúde no Espírito Santo, é possível perceber a história que une esses povos: os processos de expropriação de suas terras, perpetrados pelos grandes empreendimentos (sob a chancela e o apoio de ações políticas) voltados à produção de *commodities* para a exportação, tais como: a monocultura de eucalipto para produção de celulose, a exploração de petróleo e gás (incluindo o pré-sal), além de toda a logística voltada para o transporte de minérios (incluindo construção de ferrovias e minerodutos), bem como a construção de portos para escoamento das matérias-primas exploradas. Os direitos desses povos aos seus territórios, aos seus modos de vida e às suas práticas ancestrais de trabalho e sociabilidade têm sido recorrentemente negados. Flávia estava atenta a essas injustiças e se engajou nessa luta, sobretudo a partir do seu trabalho de mestrado, iniciado no ano de 2012 no Programa de Pós-Graduação em Ciências Sociais da Ufes.

A partir de 2012, Flávia se aproximou da realidade dos povos pescadores artesanais do distrito de Regência Augusta, no norte do Espírito Santo. A essa altura ela já acumulava várias experiências de pesquisa e de extensão em sua trajetória acadêmica. Já integrava, desde 2011, um grupo de pesquisa dedicado a pensar e atuar junto às comunidades pescadoras artesanais do litoral do estado: o Grupo de Estudos e Pesquisas em Populações Pesqueiras e Desenvolvimento (Geppedes/Ufes), tendo participado (como mestranda) do projeto de extensão "Oficinas de direitos sociais e humanos e apoio ao associativismo entre pescadores e pescadoras artesanais", realizado entre 2011 e 2012 e coordenado por professoras do Departamento de Ciências Sociais.

Com o estudo realizado na foz do rio Doce, no âmbito do seu projeto de mestrado (entre 2012 e 2014), Flávia vivenciou de perto a situação de pescadores e pescadoras artesanais. Passou a habitar o distrito de Regência Augusta, no município de Linhares (no norte do Espírito Santo) e a acompanhar atentamente o cotidiano local, dedicando atenção aos conflitos existentes entre a atividade da pesca artesanal e as ações e políticas desenvolvimentistas e preservacionistas dirigidas à localidade. Seu trabalho de mestrado iria discutir e revelar as injustiças em curso. Em 2014 ela defendeu a dissertação *Entre o desenvolvimento econômico e a preservação ambiental: o caso da pesca artesanal e a configuração de um cenário de injustiça ambiental em Regência Augusta (ES).*

Estudiosa dos conflitos sociais e das injustiças ambientais, Flávia participou do programa de extensão "Áreas protegidas e grandes projetos de desenvolvimento no horizonte de vivências das comunidades locais: os impactos socioambientais e seus desdobramentos", uma ação do Geppedes/Ufes coordenada por professoras do DCSO, entre 2016 e 2018. A área de abrangência do projeto era o norte do Espírito Santo. Durante a realização do projeto ocorreu o rompimento da barragem de Fundão, em Mariana (MG), e o espalhamento da lama de rejeitos tóxicos na bacia do rio Doce, em novembro de 2015, chegando à sua foz, nos distritos de Regência Augusta e Povoação (ES). Flávia, assim como os demais pesquisadores, foi severamente atingida pela lama, inclusive como moradora de Regência Augusta e engajada na causa dos povos pescadores. Ainda no âmbito do desenvolvimento daquela atividade de extensão, Flávia submeteu e coordenou (com outros parceiros/companheiros de Regência Augusta) um projeto financiado pelo edital público "Mão na massa e pé na lama", promovido pelo Greenpeace em parceria com o Projeto Colaborativo Rio de Gente, entre 2016 e 2017, contando com o suporte e a parceria do Geppedes/Ufes. O resultado do estudo foi a produção de um trabalho denso e a publicação em 2017 do relatório *Rompimento da Barragem do Fundão (Samarco/Vale/BHP Billinton) e os efeitos do desastre na foz do rio Doce, distritos de Regência e Povoação, Linhares (ES)*, disponível *online*, no qual podemos ler uma abordagem qualitativa e quantitativa sobre as repercussões devastadoras da chegada da lama de rejeitos da Samarco às localidades de Regência Augusta (sede da vila, Areal e Fazenda Entre Rios) e Povoação (sede da vila), no município de Linhares (ES).

Desde então, a vida junto ao rio Doce e com as pessoas do rio Doce se intensificou. Seguiu, posteriormente, para o doutorado, em 2018, no Programa de Pós-Graduação em Antropologia, integrando-se ao Grupo Gesta, na UFMG. Percorreu o rio acima, como se procurasse pelas nascentes, e nesse caminhar aprofundou a sua pesquisa e a sua militância junto aos povos do rio Doce, na busca por justiça. Vivenciou na pele o sofrimento social desses povos, e também sofreu.

Os seus últimos anos de vida foram dedicados à luta pela reparação junto aos povos atingidos pela lama da Samarco. Sua tese de doutorado, defendida em 2022, traz uma grande contribuição para o entendimento das formas difusas de sofrimento social em curso na foz do rio Doce e o modo como os agentes da reparação (por meio da Fundação Renova) insistem em negar os conflitos e obstruir as formas participativas desses povos nos processos decisórios. *Imprensados no tempo da crise: A gestão das afetações no desastre da Samarco (Vale e BHP Billiton) e a crise como contexto no território tradicionalmente ocupado na foz sul do rio Doce* é o resultado de sua pesquisa de doutorado.

Flávia militou pelos direitos humanos dos povos atingidos por barragens, integrou o MAB, fazendo parte da coordenação estadual do movimento, sempre articulando, lutando e acompanhando os processos de reparação. Desenvolveu vários projetos, inclusive ao lado das mulheres afetadas pela lama, e foi a idealizadora do Coletivo de Mulheres do MAB em Regência Augusta. Uma pessoa alegre e muito comprometida com o seu trabalho e com a causa. Era educadora, professora de Sociologia da Escola Estadual Primo Bitti, em Aracruz, local onde foi vítima do ato de ódio e da misoginia de um adolescente de 16 anos, filho de um tenente da Polícia Militar que usou as armas do próprio pai, uma delas do Estado, para disseminar de forma violenta os ideais nazifascistas. Flávia (assim como outras duas professoras e uma estudante) morreu injustamente. Lutou grande parte da sua vida contra as várias formas de violência e acabou vítima de um ato covarde e cruel no dia 25 de novembro de 2022. Faleceu em 26 de novembro de 2022.

Contar a história de Flávia é insistir em que a justiça é possível, que as investigações desse crime alcançarão êxito e que os culpados serão punidos. É insistir na memória da sua luta e na sua coragem.

Flávia presente, hoje e sempre!

Vitória, 3 de outubro de 2024.

ENTRE BORDADOS E PALAVRAS: FLÁVIA, O RIO E A RESISTÊNCIA QUE NÃO CESSA[1]

1 Carta escrita por Flávia Amboss para Arpillera bordada durante a pandemia.

16 ♥ 09 ♥ 2020

Querida companheira,

Escrevo de Praia Grande, onde estou em uma casa provisória, desde o mês de março, início do período de isolamento social, provocado pela pandemia do novo coronavírus. Aqui me sinto segura e bem, pois o lugar é confortável e perto do mar. Escuto o barulho das ondas do mar, consigo plantar, ver e sentir o sol entrar todos os dias no gramado. Vejo plantinhas crescendo e dando mudinhas e isso me deixa feliz, ando cansada, estressada e desanimada. O trabalho de casa está desgastante. E a crise econômica que tá grande: os preços dos alimentos no supermercado só aumentam e a energia, por mais que você economize, só aumenta o preço. O dinheiro não rende. Além disso, a ausência de preocupação social e governamental no que se refere a pandemia do novo coronavírus também me aflige e causa espanto. Tenho medo da morte, sobretudo, de perder familiares e amigos em virtude dessa pandemia. Não deixo de pensar nas pessoas que não conheço e se foram em virtude desse vírus. Penso nos que foram e nos que ficaram. Tudo isso é triste e assustador!

Soma-se a essas preocupações, o desgaste de fazer uma Tese. Estou na reta final e tenho que finalizar até o início do próximo ano.

mas, como encontrar tranquilidade para escrever em meio a esse caos que vivemos? A Tese fala sobre o rompimento da barragem de rejeitos da Samarco/Vale/BHP, que ocorreu em 05/11/2015. Vai fazer cinco anos que convivemos com esse desastre. Na época, eu morava na Vila de Regência e de lá assisti, perplexa, o início do processo institucional e corporativo de gestão desse desastre. Assisti o protagonismo da mineradora em executar medidas de mitigação que não surtiram nenhum efeito positivo, ao exemplo das boias de proteção colocadas no Rio Doce. Assisti, ou melhor tentei participar das reuniões de portas fechadas, sem sucesso, entre os funcionários da mineradora e algumas lideranças locais. Assisti a empresa distribuir cartões com auxílio emergencial, sem critérios transparentes sobre os perfis elegíveis. Busquei informações sobre a água do rio Doce e aquela distribuída pelo SAAE, também sem sucesso. Não entendo como pode uma mineradora causar tamanho dano ambiental, social, econômico e cultural e não ser responsável criminalmente por isso. É sobre isso que tento falar na Tese. Na Vila de Regência, muitas pessoas adoeceram, outras morreram, desde 2015. Muitos amigos estão tentando ficar bem, reinventando seus negócios e formas de trabalhar. Outros não estão conseguindo.

Para além dos danos econômicos, que são muitos, os danos da dúvida proporciona uma angustia grande, entre os moradores da vila e pessoas que visitam a região. Perguntas simples como: "pode comer peixe?"; "pode tomar banho no rio ou no mar?"; "posso beber a água do SAAE?"; "pode irrigar com essa água do rio?" não são respondidas de forma objetiva e célere pelas instituições envolvidas na gestão deste caso. Enquanto há um conflito entorno dos laudos, a população segue sendo desrespeitada no território. E desrespeito nenhuma questão tão antiga na vila de Regência, que também possui um histórico dos efeitos nefastos relacionados às atividades neoextrativistas e preservacionistas implementadas na região.

Enfim, não cabe aqui ficar escrevendo tanto assim, mas foi uma breve tentativa de explicar meu bordado. Posso ter falhado com as linhas, ou mesmo com as palavras, não seria surpresa. Apesar de todo o sofrimento causado na vila, Regência segue viva e esperando por Justiça! E é assim que sigo também. A pandemia me afastou da vila e dos amigos que lá estão. Em respeito e cuidado aos moradores, sobretudo, os mais velhos, não visitei a vila desde o início da pandemia, mesmo sabendo que muitos turistas estão desrespeitando, o que me causa espanto e raiva.

As palavras aqui escritas representam

um turbilhão em minha cabeça. Às vezes não consigo dormir e descançar, pois elas ficam transitando em minha mente, mesmo com os olhos fechados. E nesse sentido, receber a Arpileira, o kit bordado, e a carta da companheira foram um alento em meio a tantas emoções ruins. No início foi desafiador, pois não tenho familiaridade com linhas, agulhas e retalhos. Achei que não iria conseguir colocar em prática a metodologia proposta. Mas, o percurso foi prazeroso. Busquei tutoriais na internet de como bordar, liguei para a minha sogra que não a vejo desde o início da pandemia, para buscar auxílio via telefone. Revezei o tempo do bordado com o tempo da escrita. Entre parágrafos escritos e reescritos, bordei um pedaço dessa Arpileira, que você recebe agora. Ao buscar mais informações sobre as Arpileiras, vê outros bordados feito Brasil afora, por outras companheiras, a gente se percebe grande, frente aos nossos problemas individuais e coletivos. Escutar a Violeta Parra, relembrar sua história e de seu país também é uma expressão de coragem. Vale a pena fazer isso! Por isso digo, companheira, vamos juntas, porque juntas somos ainda mais fortes!

Um beijo grande e um abraço apertado!

Com carinho,